新工科·普通高等教育机电类系列教材

单片机原理及应用设计

主　编　王丽君　王欣欣
副主编　顾　波
参　编　刘海朝　赵建林　申　杰

机械工业出版社

本书详细介绍了美国 Atmel 公司的 AT89S51/AT89S52 单片机内部硬件组成及工作原理，重点介绍单片机应用的各种功能实现，包括键盘输入、信息输出、外部中断、定时计数、串行口通信、串行扩展相关应用及单片机控制系统的典型应用等。同时，本书介绍了软件开发工具 Keil C51 及虚拟仿真工具 Proteus 的安装、综合调试等，也对基于单片机的 C51 编程语言进行了说明。书中给出了部分设计案例，可为读者系统学习单片机接口设计实现功能应用提供参考和借鉴。本书为新形态教材，重点内容处以二维码的形式链接了知识点讲解视频，便于学生课前预习和课后复习。

本书可作为各类工科院校、职业技术学院的电气工程及其自动化、电子信息工程、测控技术与仪器、机电一体化、车辆工程、智能制造等相关专业学生的教材及参考用书，也可供相关技术人员参考。

图书在版编目（CIP）数据

单片机原理及应用设计 / 王丽君，王欣欣主编 .
北京：机械工业出版社，2024.11. --（新工科·普通高等教育机电类系列教材）. -- ISBN 978-7-111-76817
-3

Ⅰ. TP368.1
中国国家版本馆 CIP 数据核字第 2024Y2C672 号

机械工业出版社（北京市百万庄大街 22 号　邮政编码 100037）
策划编辑：路乙达　　　　　　责任编辑：路乙达　王　荣
责任校对：潘　蕊　王　延　　封面设计：张　静
责任印制：李　昂
河北泓景印刷有限公司印刷
2025 年 1 月第 1 版第 1 次印刷
184mm×260mm · 18 印张 · 433 千字
标准书号：ISBN 978-7-111-76817-3
定价：59.00 元

电话服务　　　　　　　　网络服务
客服电话：010-88361066　机 工 官 网：www.cmpbook.com
　　　　　010-88379833　机 工 官 博：weibo.com/cmp1952
　　　　　010-68326294　金 书 网：www.golden-book.com
封底无防伪标均为盗版　　机工教育服务网：www.cmpedu.com

前　言

单片机作为计算机的一个重要分支，具有普通计算机所不具备的一系列优点，其体积小、功能强、可靠性高、价格低、性能稳定，被广泛应用于智能仪器仪表、自动控制、通信系统、家用电器和计算机外围设备等。此外，单片机嵌入式系统还在农业、化工、军事、航空航天等领域得到广泛应用。各大工科院校都将"单片机原理及应用"课程列为重要的专业基础课，为了便于学生系统掌握单片机知识，将其充分应用于课程设计、毕业设计、电子设计大赛等实践环节，编者将长期从事该课程教研活动的经验进行梳理总结形成本书。

本书以美国 Atmel（爱特梅尔）公司的 AT89S51（各种 Intel 8051 内核单片机最具代表性的机型）为主，详细介绍其硬件结构、工作原理及典型功能应用设计。书中所有设计案例均基于 C51 编程语言实现，并结合先进虚拟仿真工具 Proteus 实现综合联调，以直观地展现功能的运行情况。

本书从单片机原理到硬件 / 软件设计、从问题提出到分析解决问题的思路，都进行了详尽说明。本书具有以下特点：

1）内容安排合理，精简但针对性强。从初学者角度出发，内容编排循序渐进，主要包含单片机基础知识（硬件结构和存储器分布等）、C51 编程语言、软件工具 Keil C51 和 Proteus 的使用，以及单片机基本功能及扩展功能的实现。内容结构整体符合学习规律，可读可用性强。

2）强调实际动手操作。在掌握基本硬件结构和软件编程语言的基础上，借助两个软件工具，将硬件、软件设计与案例设计有机地融为一体，使学生真正从理论出发，设计出能虚拟运行的应用系统，实现综合调试，同时可借助于开发板系统进行实物调试，提升学生的动手能力。

本书共 10 章，包含了 AT89S51 单片机相关应用技术的基本内容。

第 1 章介绍微型计算机的分类与组成，导出单片机的基本概念及当前流行的不同系列单片机。

第 2 章介绍 AT89S51 单片机的内部结构、引脚功能、指令时序。

第 3 章介绍单片机的 C51 语言基础，包括数据类型、存储类型、基本语句、函数等。

第 4 章介绍单片机系统开发与仿真工具 Proteus、Keil C51，并通过实例说明综合调试的方法。

第 5 ～ 8 章分别介绍单片机的基本功能应用，包含 I/O 端口、键盘扫描、液晶显示器、外部中断、定时器 / 计数器、串行通信，从各个功能的工作原理出发，详细分析仿真案例实现全过程。

第 9、10 章介绍单片机的典型应用，如单总线、I²C 总线、直流电动机、步进电动机、舵机等。

为培养学生的自主学习能力和工程应用能力，本书各章均配有一定数量的思考题和习题，书中实例介绍详尽。为适应信息时代的学生学习习惯，本书在重点内容处以二维码形式链接知识点讲解视频，可以随扫随学。

本书由华北水利水电大学王丽君、王欣欣担任主编，顾波担任副主编，刘海朝、赵建林、申杰参与编写。其中王丽君编写第 1 章，顾波编写第 2、4 章，刘海朝编写第 3、9 章，申杰编写第 5、6 章，王欣欣编写第 7、8 章，赵建林编写第 10 章，全书由王欣欣负责统稿。研究生姜仕同、亢业豪、王航、吴宗明等在文稿录入、校对修改、文字编辑、实例程序调试等方面做了大量工作，在此谨向他们致以衷心的感谢！

由于编者水平有限，书中难免存在疏漏和不足之处，恳请读者批评指正。

编　者

目　　录

前言

第1章　绪论 ················· 1

1.1　微型计算机的分类与组成 ·········· 1

1.1.1　微型计算机系统的基本构成 ······· 1

1.1.2　微型计算机系统的分类 ·········· 2

1.2　单片机概述 ··············· 4

1.2.1　单片机的概念 ·············· 4

1.2.2　单片机的发展历史 ············ 4

1.2.3　单片机的应用 ·············· 5

1.2.4　单片机的特点 ·············· 6

1.2.5　MCS-51 系列单片机简介 ········· 7

1.2.6　AT89S5x 系列单片机简介 ········· 7

1.2.7　其他类型的单片机 ············ 9

本章小结 ·················· 10

思考题与习题 ················ 10

第2章　AT89S51 单片机的硬件
结构 ················· 11

2.1　AT89S51 单片机的内部结构 ········ 11

2.1.1　中央处理器（CPU） ··········· 12

2.1.2　存储器 ················· 13

2.1.3　总线 ·················· 21

2.1.4　I/O 端口 ················ 21

2.2　AT89S51 单片机的引脚功能 ········ 25

2.3　AT89S51 单片机的指令时序 ········ 27

2.3.1　AT89S51 单片机的典型指令及执行
时序 ················· 27

2.3.2　外部程序存储器读时序 ·········· 28

2.3.3　外部数据存储器读时序 ·········· 29

2.3.4　最小系统 ················ 30

本章小结 ·················· 30

思考题与习题 ················ 31

第3章　单片机的 C 语言程序设计 ······ 32

3.1　C51 语言程序设计基础 ·········· 32

3.1.1　C51 语言的数据类型与存储
类型 ················· 32

3.1.2　常量与变量 ··············· 38

3.1.3　C51 语言的绝对地址访问 ········· 41

3.1.4　C51 语言的运算符与表达式 ······· 43

3.2　C51 语言的基本语句 ··········· 48

3.2.1　表达式语句和复合语句 ·········· 48

3.2.2　选择语句 ················ 49

3.2.3　循环语句 ················ 52

3.3　C51 语言的数组 ············· 57

3.3.1　一维数组 ················ 57

3.3.2　二维数组 ················ 59

3.3.3　字符型数组 ··············· 61

3.3.4　数组与存储空间 ············· 62

3.3.5　数组的应用 ··············· 62

3.4　C51 语言的指针 ············· 63

3.4.1　通用指针 ················ 63

3.4.2　存储器指针 ··············· 64

3.5　C51 语言的函数 ············· 64

3.5.1　函数的分类 ··············· 64

3.5.2　函数的定义 ··············· 66

3.5.3　函数调用 ················ 67

3.5.4　函数的返回值 ·············· 68

本章小结 ·················· 68

思考题与习题 ················ 69

第4章　开发与仿真工具 ··········· 71

4.1　Proteus 集成开发环境 ·········· 71

4.1.1　Proteus 软件介绍 ············ 71

4.1.2　Proteus 的主要功能 ··········· 71

4.1.3 Proteus 可模拟的元器件和仪器
　　　 以及联合仿真 ···················· 72
4.1.4 Proteus 软件的安装 ············ 72
4.1.5 Proteus 的新建工程介绍 ········ 74
4.1.6 主工具栏 ······················· 76
4.2 Keil C51 集成开发环境实例 ··········· 77
4.2.1 Keil C51 集成开发环境安装 ······· 77
4.2.2 Keil C51 集成开发环境介绍 ······· 80
4.2.3 Keil C51 使用实例 ············· 86
4.3 Proteus 应用案例 ·················· 89
4.3.1 流水灯案例 ···················· 89
4.3.2 静态数码管案例 ················ 93
4.3.3 LED 模拟交通灯案例 ··········· 96
4.3.4 LED 步进电动机案例 ··········· 98
本章小结 ····························· 100
思考题与习题 ························· 100

第 5 章　单片机 I/O 端口的应用 ········ 102
5.1 输出端口的应用 ················· 102
5.1.1 单片机控制 LED ··············· 102
5.1.2 LED 数码管显示器的设计 ········ 110
5.1.3 单片机控制蜂鸣器 ············· 114
5.2 输入端口的应用 ················· 117
5.2.1 单片机输入端口的结构和功能
　　　 特点 ························· 117
5.2.2 按键的输入电路设计 ············ 119
5.2.3 一键多功能信号灯的设计 ········ 123
5.3 单片机 I/O 端口的高级应用 ········ 127
5.3.1 LED 数码管显示方式和单片机与
　　　 LED 数码管动态显示接口 ········ 127
5.3.2 键盘扫描 ···················· 129
5.3.3 单片机与字符型液晶显示器接口
　　　 的设计 ······················ 133
5.3.4 时钟/日历芯片 DS1302 ······· 142
5.3.5 设计案例：多功能数字电子
　　　 时钟/日历的设计 ············· 145
本章小结 ····························· 154
思考题与习题 ························· 155

第 6 章　单片机中断系统的应用 ········ 156
6.1 单片机中断系统概述 ·············· 156
6.1.1 中断的概念 ··················· 156
6.1.2 中断源 ······················ 156
6.1.3 中断的特点 ··················· 157
6.1.4 中断优先级 ··················· 158
6.2 51 系列单片机的中断系统 ········· 161
6.2.1 单片机的外部中断触发方式 ······ 161
6.2.2 单片机的中断处理过程 ········· 161
6.2.3 单片机的中断请求的撤销 ········ 163
6.3 51 系列单片机中断系统软件设计
　　 方法 ·························· 164
6.3.1 中断系统的初始化编程 ········· 164
6.3.2 中断服务程序的编写 ··········· 165
6.4 设计案例：带应急信号处理的交通灯
　　 控制器的设计 ··················· 169
本章小结 ····························· 170
思考题与习题 ························· 170

第 7 章　单片机定时器/计数器的
　　　　 应用 ···················· 171
7.1 定时器/计数器的结构和工作原理 ···· 171
7.1.1 定时器/计数器工作方式
　　　 寄存器（TMOD） ············· 172
7.1.2 定时器/计数器控制
　　　 寄存器（TCON） ············· 172
7.2 定时器/计数器的 4 种工作方式 ····· 173
7.2.1 方式 0 ······················ 173
7.2.2 方式 1 ······················ 174
7.2.3 方式 2 ······················ 174
7.2.4 方式 3 ······················ 175
7.2.5 初值计算 ···················· 176
7.3 定时器/计数器的应用案例 ·········· 176
7.3.1 定时器的应用 ················· 177
7.3.2 计数器的应用 ················· 181
7.3.3 利用 T1 控制 P1.7 发出 1kHz 的
　　　 音频信号 ···················· 183
7.3.4 LED 数码管秒表 ·············· 185

7.3.5　门控位的应用——测量脉冲
宽度 ················· 187
7.4　AT89S52 单片机的定时器 / 计数器
T2 ····················· 190
7.4.1　T2 相关的寄存器 ············· 190
7.4.2　T2 的工作方式 ·············· 191
本章小结 ··············· 195
思考题与习题 ············· 196

第 8 章　单片机串行口的应用 ·········· 197
8.1　串行通信基础 ·············· 197
8.1.1　同步通信和异步通信 ········· 198
8.1.2　串行通信的传输方式 ········· 199
8.1.3　串行通信的错误校验 ········· 199
8.1.4　传输速率与传输距离 ········· 200
8.2　串行口的结构 ·············· 200
8.2.1　串行口控制寄存器（SCON）···· 201
8.2.2　电源控制寄存器（PCON）····· 203
8.3　串行口的工作方式 ··········· 203
8.3.1　方式 0 ·················· 203
8.3.2　方式 1 ·················· 206
8.3.3　方式 2 和方式 3 ············ 207
8.4　串行口波特率的确定方法 ······· 208
8.4.1　波特率的计算 ············· 209
8.4.2　波特率的选择 ············· 209
8.4.3　串行口初始化步骤 ·········· 210
8.5　串行口的多机通信 ··········· 210
8.5.1　多机通信工作原理 ·········· 210
8.5.2　多机通信工作过程 ·········· 211
8.6　串行口的应用案例 ··········· 211
8.6.1　串行通信标准接口简介 ······· 212

8.6.2　单片机与单片机间方式 1 通信
设计 ················· 214
8.6.3　单片机与单片机间方式 2/
方式 3 通信设计 ·········· 220
8.6.4　单片机与 PC 串行通信 ······· 222
本章小结 ··············· 227
思考题与习题 ············· 227

第 9 章　单片机串行扩展的应用 ········ 229
9.1　单总线扩展技术 ············· 229
9.1.1　单总线扩展的典型应用——
DS18B20 的温度测量系统 ····· 229
9.1.2　DS18B20 的使用方法 ········ 230
9.1.3　设计案例：单总线 DS18B20
温度测量系统 ··········· 236
9.2　I²C 总线的串行扩展 ·········· 239
9.2.1　I²C 总线系统的基本结构 ······ 239
9.2.2　I²C 总线的数据传送规定 ······· 240
9.2.3　AT89S51 的 I²C 总线扩展系统 ··· 243
9.2.4　设计案例：利用 I²C 总线扩展
EEPROM AT24C02 的 IC 卡
设计 ················· 244
本章小结 ··············· 252
思考题与习题 ············· 252

第 10 章　单片机控制系统的典型
应用 ··············· 254
10.1　单片机控制直流电动机 ········ 254
10.2　单片机控制步进电动机 ········ 258
10.3　单片机控制舵机 ··········· 262
10.4　电话键盘及拨号系统的模拟应用 ··· 267
本章小结 ··············· 278
思考题与习题 ············· 279

参考文献 ················ 280

第1章 绪 论

学习目标： 本章介绍计算机中的数制、微型计算机的基本构成与分类以及单片机技术，通过本章的学习，要求学生对单片机有初步了解，为后续章节的单片机学习打下基础。

1.1 微型计算机的分类与组成

自从 1946 年世界上第一台电子计算机诞生以来，电子计算机经历了飞速的发展。最初的计算机运算速度非常有限，每秒仅能进行 5000 次加法或 400 次乘法。如今，随着技术的进步和创新，计算机的性能不断提升。2013 年，我国推出了超级计算机"天河二号"，其浮点运算速度达到每秒 3.39 亿亿次；2016 年，我国推出了超级计算机"神威·太湖之光"，其浮点运算速度达到每秒 9.3 亿亿次。这展示了计算机发展的惊人进步。计算机的发展历程仅仅 70 多年，可谓日新月异。

如今，计算机已经广泛应用于各个领域，深刻地影响着人们的生活。无论是个人生活还是商业、科学、教育等领域，计算机都扮演着重要的角色。它们带来了高效的数据处理能力、快速的信息传递、精确的科学计算和创新的技术应用。

计算机的广泛应用使得人们的生活变得更加便利和智能化。人们依赖计算机来进行日常的通信、购物、娱乐等活动。同时，计算机也在医疗、交通、农业、环境保护等领域发挥着重要作用，推动着社会的进步和发展。计算机的发展将继续推动科技进步，为人们带来更多的便利和创新。

按照规模、速度和功能等将计算机分为巨型机、大型机、中型机、小型机、微型机，其中微型计算机的应用范围十分广阔，在无数应用领域以及日常生活中已成为不可或缺的工具。

1.1.1 微型计算机系统的基本构成

链 1-1 微型计算机系统的基本构成

微型计算机 [也称为个人计算机（PC）] 是一种小型的、个人使用的计算机系统。它由多个组件构成，包括以下主要部分：

1) 中央处理器：中央处理器（Central Processing Unit，CPU）是指计算机内部对数据进行处理并对处理过程进行控制的组件，包括运算器、控制器和各种寄存器。伴随着大规模集成电路技术的迅速发展，芯片集成密度越来越高，CPU 可以集成在一个半导体芯片上，这种具有中央处理器功能的大规模集成电路器件，统称为微处理器。系统各功能组件采用单总线方式连接，这种系统称为微型计算机。

2) 存储器：存储器通常分为内存储器（简称为内存）和外存储器（简称为外存）两

部分。内存也称为主存，多采用半导体存储器构成，用于存放正在运行的程序或正在处理的数据。换句话说，也就是所有程序只有调入内存才能执行。其特点是：存储容量小（现在一般为 8GB、16GB 等），存取速度较快。外存也称为辅助存储器，其存取速度较慢，但容量大，现在一般可达数百、数千 GB。它常被用于存放暂不执行的程序和数据，在关机或停电时信息不丢失，能够长期保存程序和数据，常用的有硬盘、光盘和 U 盘等。

3）输入 / 输出（I/O）设备：微型计算机通常包括键盘和鼠标作为主要的输入设备，还可以连接其他输入设备，如摄像头、扫描仪、游戏手柄等。显示器是微型计算机的主要输出设备，用于显示图像和文本。此外，还可以连接打印机、扬声器、耳机等其他输出设备。

4）总线：在微型计算机中，总线是连接计算机各个组件的物理通道。它扮演着数据传输和通信的角色，将信息从一个组件传递到另一个组件。

总线可以分为 3 种类型：

① 数据总线（Data Bus，DB）：数据总线用于在计算机的各个组件之间传输数据。它传输二进制数据的位（bit）或字节（byte）。数据总线的宽度决定了计算机的数据传输能力，通常以位数表示，如 32 位或 64 位数据总线。

② 地址总线（Address Bus，AB）：地址总线用于指定计算机内存或外围设备（以下简称外设）的特定位置。它传输二进制地址，以便计算机能够访问特定的存储单元或设备。地址总线的宽度决定了计算机的寻址能力，即能够访问的内存或设备的数量。

③ 控制总线（Control Bus，CB）：控制总线用于传输控制信号，指示计算机各个组件的操作和状态。它包括时钟信号、读写信号、中断信号等，用于同步和控制计算机的各个组件。

这些总线共同工作，使得计算机的各个组件能够协同工作，进行数据传输、寻址和控制。总线的速度和宽度对计算机的性能和数据传输速度有重要影响。

微型计算机的构成如图 1-1 所示。

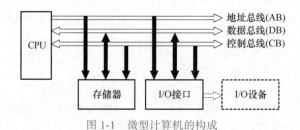

图 1-1　微型计算机的构成

1.1.2　微型计算机系统的分类

链 1-2 微型计算机系统的分类

微型计算机简称微型机或微机，由于其具备人脑的某些功能，所以也称其为"微电脑"。微型计算机的分类方式很多，按微处理器的字长分类，一般分为 4 位机、8 位机、32 位机和 64 位机；按应用形态可分为通用微型计算机、单板机和单片机。

1. 通用微型计算机

通用微型计算机是指能够运行通用操作系统（如 Windows、Linux 等）和应用软件的计算机系统。它们具有较高的计算能力和通用性，可以满足各种不同的应用需求。通用微型计算机包括台式计算机、笔记本计算机和服务器等。将 CPU、存储器、I/O 接口电路、总线接口等组装在不同的印制电路板（PCB）上，然后将多个电路板组装在一块主机板上，各种适配板卡插在主机板的扩展槽上，并与电源、软/硬盘驱动器及光驱等装在一个机箱内，再配上系统软件，就构成了一台完整的通用微型计算机，即人们日常生活中使用的个人计算机（PC）。

由于通用微型计算机通常安装有 Windows 操作系统，具有良好的人机交互界面，功能强大，可支持的软件资源丰富，通常被用于办公、家庭的事务处理及科学计算。PC 已经成为当代社会各领域中最为通用的工具。

2. 单板机

单板机是一种集成了主要计算机组件（如 CPU、内存、存储器、I/O 接口等）的完整计算机系统。它通常以单块电路板的形式呈现，具有较小的尺寸和较低的功耗。单板机常用于嵌入式系统、工业控制、物联网等领域，提供稳定可靠的计算能力和接口扩展性。在一块 PCB 上把 CPU、一定容量的只读存储器（ROM）、随机存储器（RAM）以及 I/O 接口电路等大规模集成电路片子组装在一起而成的微型计算机就是单板机，通常配有简单外设如键盘和显示器，且在 PCB 上固化有 ROM 或者可擦可编程只读存储器（EPROM）的小规模监控程序。单板机结构简单，价格低廉，但是软件资源较少，使用不方便。在早期，单板机经过开发后，主要用于简单的测控系统，目前单板机对比通用微型计算机与单片机已失去优势，主要用于微型计算机原理的教学和工业自动化。现在流行的单板机型号有：树莓派（Raspberry Pi）4B（见图 1-2）、Arduino、APC 8750、英特尔（Intel）Thin 等。

图 1-2　树莓派 4B

3. 单片机

单片机是一种集成了 CPU、内存、I/O 接口和外设控制器等功能的微型计算机系统。它通常用于控制和管理嵌入式系统中的特定任务，如家电、汽车电子、智能设备等。单片机具有低功耗、成本低廉和较小的尺寸等特点，适合于资源受限的应用场景。单片机也被称为单片微控器，属于一种集成式电路芯片。在单片机中主要包含 CPU、只读存储器（ROM）和随机存储器（RAM）等。简单地说，单片机就是一块芯片，这块芯片组成了一个系统，通过集成电路技术的应用，将数据运算与处理能力集成到芯片中，实现对数据的高速化处理。目前有 8 位机、16 位机和 32 位机之分。使用简单的开发装置可以对它进行在线开发。单片机凭借着强大的数据处理技术和计算功能，在工业过程控制、智能化仪器仪表和家用电器中得到广泛的应用。单片机内部结构示意图如图 1-3 所示。

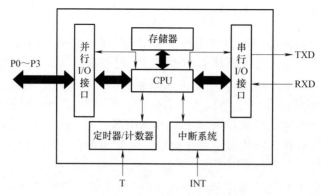

图 1-3 单片机内部结构示意图

1.2 单片机概述

单片机作为微型计算机的一个分支，产生于 20 世纪 70 年代，经过多年的发展，已经形成有几千种型号、上百种品牌的半导体产业，并以其极高的性价比受到人们的重视和关注。由于其小巧、低功耗和可靠性高等特点，单片机在许多领域得到广泛应用，如工业自动化、家用电器、汽车电子、智能设备、医疗设备等，并为控制和管理各种嵌入式系统中的任务提供了一种经济高效的解决方案。

1.2.1 单片机的概念

单片机全称是单片微型计算机，它是在一块半导体芯片上集成了 CPU、存储器（RAM、ROM）、I/O 接口、定时器 / 计数器、中断系统、系统时钟电路及系统总线等功能组件所构成的一台完整的微型计算机，也是专门设计用于控制和管理嵌入式系统中的特定任务的计算机系统。它们在嵌入式系统中扮演着控制器的角色，用于实时监测和响应外部环境，并控制相关设备的操作。国外通常把单片机称为嵌入式控制器或微控制器。为适应不同的应用需求，一般一个系列的单片机具有多种衍生产品，每种衍生产品的处理器内核都是一样的，只是存储器和外设的配置及封装不同，这样可以使单片机最大限度地和应用需求相匹配，功能不多不少，从而减少了功耗和成本。单片机的编程通常使用汇编语言或高级编程语言（如 C 语言）来实现。程序可以通过编程器将代码烧录到单片机的存储器中，以实现特定的控制和功能。图 1-4 所示是双列直插封装（DIP）的单片机 AT89C51 实物图。

1.2.2 单片机的发展历史

根据单片机的性能和发展时间，可以将单片机的发展历史分为以下 4 个阶段：

1. 第一代单片机

第一代单片机是在 20 世纪 70 年代问世的，1971 年美国 Intel 公司首先研制出 Intel 4004 单片机（见图 1-5），采用 4 位的 CPU 架构。它们具有较低的集成度和处理能力，主要用于简单的控制任务。这些单片机的存储器容量较小，编程通常使用汇编语言，这一阶段属于单片机的萌芽阶段。

图 1-4　AT89C51 单片机实物图

图 1-5　Intel 4004 单片机

2. 第二代单片机

第二代单片机在 20 世纪 80 年代开始出现。1974 年 12 月，仙童半导体公司推出了 8 位的 F8 单片机，只有 8 位 CPU、64B RAM 和两个并行口。1976 年 9 月，美国 Intel 公司推出了 MCS-48 系列 8 位单片机，其特点是采用了专门的结构设计，片内集成了 8 位 CPU、8 位并行 I/O 接口、8 位定时器 / 计数器以及 RAM、ROM 等，可满足一般工业控制的需求，极大地促进了单片机的变革和发展。此后，单片机的发展进入了一个新的阶段，代表产品有 Zilog（齐洛格）公司的 Z8 系列，Intel 公司的 MCS-51 系列，Motorola（摩托罗拉）公司的 6801 系列，Rockwell（罗克韦尔）公司的 6501、6502 等。这些单片机的存储器容量增加，编程可以使用高级编程语言（如 C 语言）。

3. 第三代单片机

第三代单片机在 20 世纪 90 年代开始出现，采用 16 位或 32 位的 CPU 架构。它们具有更高的性能和更大的存储容量，能够处理更复杂的控制和计算任务。这些单片机通常具有更多的外设接口和功能模块，如通信接口、定时器和计数器等。

4. 第四代单片机

第四代单片机是当前的单片机发展阶段，采用 32 位或更高的高性能 CPU 架构。它们具有更高的处理能力、更大的存储容量和更丰富的外设接口。这些单片机通常具有更多的集成功能，如嵌入式操作系统支持、网络连接能力、图形处理等。

随着技术的进步和需求的发展，单片机在性能、功能和集成度等方面不断提升。每个阶段的单片机都有其特定的应用领域和优势，为嵌入式系统提供了灵活高效的控制解决方案。

1.2.3 单片机的应用

以下是一些常见的单片机应用领域：

1）工业自动化：单片机在工业控制系统中扮演着重要的角色。它们用于控制和监测各种工业设备，如传感器、执行器、电机驱动器等。单片机可以实现实时监测、数据采集、调节控制和通信等功能，以满足自动化生产线、机器人控制和过程控制等应用的需求。

2）家用电器：单片机广泛应用于家用电器，如洗衣机、冰箱、空调、微波炉等。它们用于控制和管理设备的各种功能和操作，实现智能化、节能和便捷的家居体验。

3）汽车电子：单片机在汽车电子领域中扮演着关键的角色。它们用于控制发动机、车身电子系统、安全系统、娱乐系统等。单片机可以实现车辆的诊断、控制和通信功能，提高车辆的性能、安全性和舒适性。

4）医疗设备：单片机在医疗设备中起着重要的作用。它们用于控制和监测医疗设备的运行，如血压计、心电图仪、呼吸机等。单片机可以实现数据采集、处理和显示等功能，提供准确和可靠的医疗服务。

5）智能仪器仪表：单片机用于控制和管理各种仪器仪表，如电子测量仪器、实验室设备、控制面板等。它们可以实现数据采集、处理和显示等功能，提供精确和可靠的测量和控制服务。

6）通信设备：单片机在通信设备中起着关键的作用。它们用于控制和管理无线通信设备、调制解调器、网络路由器等。单片机可以实现数据处理、通信协议支持和网络连接等功能，提供高效和可靠的通信服务。

7）武器装备：在现代化的武器装备中，如飞机、军舰、坦克、导弹、鱼雷制导、智能武器装备和航天飞机导航系统等，都有单片机的嵌入。

除了上述领域，单片机还广泛应用于电子游戏、安防系统、物联网设备、嵌入式系统等各个方面。

1.2.4　单片机的特点

单片机应用广泛，是因为其具有以下特点。

1）集成度高：单片机将中央处理器（CPU）、存储器、输入/输出（I/O）接口和外设控制器等功能集成在一个芯片上。这种高度集成的设计使得单片机具有较小的尺寸和占用空间，适合在有限空间中使用。

2）低功耗：单片机通常采用低功耗设计，能够在较低的电源电压下工作。这使得单片机适合于需要长时间运行或使用电池供电的应用，节省能源并延长电池寿命。

3）实时性强：单片机能够对外部环境进行实时监测和响应。它们具有较快的响应时间和较高的实时性，适用于需要对外部事件或信号进行及时处理的应用，如工业自动化、控制系统等。

4）可靠性高，抗干扰能力强：单片机本身是根据工业控制环境要求设计的，各功能组件集成在一块芯片上，内部采用总线结构，减少了内部之间的连线，其信号通道受外界影响小，大大提高了可靠性与抗干扰能力。另外，由于其体积小，对于强磁场环境易于采取屏蔽措施。单片机分为军用级、工业用级及民用级3个等级系列，其中军用级、工业级具有较强的适应恶劣环境工作的能力。

5）程序可编程：单片机的行为和功能可以通过编程来定义和控制。程序可以通过编程器将代码烧录到单片机的存储器中，从而实现特定的控制和功能。这种可编程性使得单片机具有灵活性和可扩展性，能适应不同应用的需求。

6）成本低廉：由于集成度高，单片机的制造成本相对较低。这使得单片机成为经济高效的解决方案，适用于大规模应用和成本敏感的项目。

7）品种多样，型号繁多：生产单片机的厂商众多，生产出的每个系列拥有多种型号，开发者可根据需求、价格等因素自由选择。

8）多样的外设接口：单片机通常具有丰富的输入 / 输出接口，如数字输入输出（GPIO）、模拟输入输出（ADC、DAC）、通信接口（UART、SPI、I^2C）等。这些接口使得单片机能够与各种外设进行数据交互和控制，提供更广泛的应用能力。

综上所述，单片机具有集成度高、低功耗、实时性强、可编程性强、成本低廉和多样的外设接口等特点，这些特点使得单片机成为嵌入式系统中广泛应用的理想选择。

1.2.5 MCS-51 系列单片机简介

MCS-51 系列单片机是美国 Intel 公司于 20 世纪 80 年代在 MCS-48 系列基础上推出的高性能 8 位系列单片机，是最早进入我国并在国内得到广泛使用的机型。它包含 51 和 52 两个子系列，属于这一系列的单片机有多种型号，如 8051/8751/8031、8052/8752/8032、80C51/87C51/80C31、80C52/87C52/80C32 等。这些单片机都是以 8051 为内核，其硬件组成和指令系统也基本相同。

MCS-51 系列单片机在功能上有两大类，即基本型和增强型。以芯片型号的末位数字来判断，末位数字为"1"的为基本型，末位数字为"2"的为增强型，如 8051/8751/8031 为基本型，8052/8752/8032 为增强型。

MCS-51 系列单片机（51 子系列）的主要特点如下：

1）8 位 CPU。

2）片内带振荡器，频率范围为 1.2 ～ 12MHz。

3）片内带 128B 的数据存储器。

4）片内带 4KB 的程序存储器。

5）程序存储器的寻址能力为 64KB。

6）片外数据存储器的寻址能力为 64KB。

7）128 个位寻址空间。

8）21B 的特殊功能寄存器。

9）4 个 8 位的并行 I/O 接口：P0、P1、P2、P3。

10）2 个 16 位定时器 / 计数器。

11）2 个优先级别的 5 个中断源。

12）1 个全双工的串行 I/O 接口，可多机通信。

13）111 条指令，含乘法指令和除法指令。

14）采用单一 +5V 电源。

1.2.6 AT89S5x 系列单片机简介

1. 8051 内核单片机

Intel 公司于 1980 年推出的 MCS-51 系列奠定了单片机的经典体系结构，随后 Intel 公司以专利转让或技术交换的形式把 8051 的内核技术转让给了许多芯片生产厂家，如

Atmel（爱特梅尔）、Philips（飞利浦）、Cygnal、LG、ADI（亚德诺半导体）、Maxim（美信）、Dallas（达拉斯）等公司。人们常用 8051[或 80C51，"C"表示采用 CMOS（互补金属氧化物半导体）工艺] 来称呼所有这些具有 8051 内核，且使用 8051 指令系统的单片机，统称为 8051 单片机或简称为 51 单片机。8051 内核单片机由于其可靠性高、灵活性强和应用广泛的特点，成为许多嵌入式系统和控制应用的首选。此外，由于其成熟的生态系统和丰富的开发工具支持，8051 内核单片机仍然受到许多开发者的喜爱和使用。近年来，这些单片机芯片生产厂商推出的与 8051（80C51）兼容的主要产品见表 1-1。

表 1-1　与 8051（80C51）兼容的主要产品

单片机芯片生产厂商	单片机型号
Atmel	AT89C5x 系列（89C51、89C52、89S52、89C55 等）
ADI	ADμC8xx 系列高精度单片机
LG	GMS90/97 系列低价、高速单片机
Cygnal	C80C51F 系列高速 SOC 单片机
Philips	80C51、8xC552 系列
AMD（超威半导体）	8-515、535 单片机
Siemens（西门子）	SAB80512 单片机

2. AT89S5x 系列单片机

在众多具有 8051 内核的机型中，美国 Atmel 公司的 AT89C5x/AT89S5x 单片机在单片机市场中占有较大的份额。

Atmel 公司的技术优势是其闪烁（Flash）存储器技术，将 Flash 技术与 80C51 内核相结合，形成了片内带有 Flash 存储器的 AT89C5x/AT89S5x 系列单片机。AT89C5x/AT89S5x 系列单片机与 MCS-51 系列单片机在原有功能、引脚以及指令系统方面完全兼容，系列中的某些品种又增加了一些新的功能，如看门狗定时器（WDT）、在线编程（ISP）及串行外设接口（SPI）等，片内 Flash 存储器可直接在线重复编程。

AT89S5x 的"S"系列是 Atmel 公司继 AT89C5x 系列之后推出的新机型，"S"表示含有串行下载的 Flash 存储器。作为市场占有率第一的 Atmel 公司目前已经停产 AT89C51，将用 AT89S51 代替。AT89S51 在工艺上进行了改进，采用 0.35μm 新工艺，使成本得到降低，而且将功能进行了提升，增加了竞争力。

AT89xxx 系列单片机的主要性能如下：

1）能兼容 MCS-51 系列单片机产品。

2）具有 4/8KB 大小的可编程 Flash 存储器。

3）1000 次擦写周期。

4）全静态操作：0 ～ 33MHz（89S 系列）或 0 ～ 24MHz（89C 系列）。

5）3 级加密程序内存。

6）32 根可编程 I/O 线。

7）2 个或 3 个 16 位定时器 / 计数器。

8）6/8 个中断源。

9）全双工通用异步接收发送设备（UART）串行通道。

10）低功耗空闲和掉电模式。

11）看门狗定时器（WDT）及双数据指针（89Sxx 系列）。

12）具有在线编程能力（89Sxx 系列）。

1.2.7 其他类型的单片机

除上述 8051 内核的单片机外，世界上一些半导体器件厂家也推出其他类型的单片机，比较有代表性的单片机有以下几种：

1. Microchip（微芯）公司的 PIC 系列单片机

Microchip 公司的 PIC 系列单片机，其突出的特点是型号繁多，具有优越的开发环境，精简指令集，抗干扰性好，引脚可直连 220V，使用方便。在一些小型的应用中，比传统的 51 单片机更加灵活，外围电路更少，因而得到了广泛的应用。同时 PIC 中低档系列单片机共有 35 条指令，指令相对较少，非常有利于记忆和掌握；指令为单字节，占用程序存储器的空间小。

Microchip 公司的 PIC 系列单片机的主要产品是 PIC 16Cxx 系列和 PIC 17Cxx 系列 8 位单片机。PIC 系列从低到高有几十个型号，可以满足各种需要。其中，PIC 12C508 单片机仅有 8 个引脚，是目前世界上最小的单片机。该型号有 512B 的 ROM、25B 的 RAM、1 个 8 位定时器、1 根输入线、5 根 I/O 线。PIC 的高档型号，如 PIC 16C74 有 40 个引脚，其内部有 4KB 的 ROM、192B 的 RAM、8 路 A/D（模/数）转换器、3 个 8 位定时器、两个 CCP 模块、3 个串行口、一个并行口、11 个中断源、33 个 I/O 脚。

2. TI（德州仪器）公司的 MSP430 系列 16 位单片机

TI 是全球领先的半导体公司，TI 公司有 TMS370 的 8 位单片机，MSP430 系列的 16 位单片机，以及 2000、5000、6000 系列的数字信号处理器（DSP）。MSP430 系列单片机是一个超低功耗类型的 16 位单片机，它采用了 RISC（精简指令集计算机）内核结构，特别适合于应用电池的场合或手持设备。同时，该系列单片机将大量的外围模块（如液晶驱动器、看门狗、A/D 转换器、硬件乘法器、模拟比较器等）集成到片内，特别适合于设计片上系统。

3. Atmel 公司的 AVR 系列单片机

AVR 系列单片机吸收了 PIC 系列单片机与 MCS-51 系列单片机的优点，内部使用了 Flash 存储器，是性价比极高的单片机。AVR 系列单片机的特点是高性能、高速度、低功耗，以时钟周期为指令周期，实行流水作业，采用增强的 RISC 结构，使其具有高速处理能力，可以使用 Arduino 简化编程过程。

4. Freescale 单片机

Freescale（飞思卡尔）公司是全球领先的半导体厂商，于 2004 年从 Motorola 分离出来。Freescale 系列单片机采用哈佛结构和流水线指令结构，在许多领域都表现出低成本、高性能的特点，其体系结构为产品的开发节省了大量时间。Freescale 单片机具有 3 种系统时钟模块和 7 种工作模式。不同的单片机有不同的时钟产生机制，时钟模块有 RC 振荡器、外部时钟或晶体振荡器（以下简称晶振）、内部时钟，多数 CPU 具有上述 3 种时钟模块，可以在 FEI、FEE、FBI、FBILP、FBE、FBELP、STOP 这 7 种工作模式中运行。

5. ARM 系列单片机

ARM（安谋）公司是全球领先的半导体知识产权提供商。全世界超过 95% 的智能手机和平板电脑都采用 ARM 架构。ARM 公司设计了大量高性价比、耗能低的 RISC 处理器。该公司不直接进行芯片生产，而是靠转让设计许可，由被转让公司生产各具特色的芯片，ARM 单片机是以 ARM 处理器为核心的一类单片机。

ARM 系列单片机的特点是体积小、低功耗、低成本、高性能；支持 Thumb（16 位）/ARM（32 位）双指令集，能很好地兼容 8 位 /16 位器件；大量使用寄存器，指令执行速度更快；大多数数据操作都在寄存器中完成；寻址方式灵活简单，执行效率高；指令长度固定。

本 章 小 结

微型计算机包括中央处理器、存储器、输入设备、输出设备与总线。中央处理器包括运算器、控制器和各种寄存器，存储器通常分为内存储器（简称为内存）和外存储器（简称为外存）两部分。

微型计算机按应用形态可分为通用微型计算机、单板机和单片机。

单片机是在一块半导体芯片上集成了中央处理器、存储器（RAM、ROM）、输入 / 输出接口、定时器 / 计数器、中断系统、系统时钟电路及系统总线等功能组件所构成的一台完整的微型计算机。

单片机在家用电器、仪器仪表、工业控制、武器装备等领域应用范围十分广泛。

思考题与习题

1. 微型计算机由哪几部分组成？
2. 单片机、单板机与通用微型计算机有什么区别？
3. 什么是单片机？单片机由哪几部分组成？
4. 单片机主要应用于哪些领域？
5. 单片机有什么特点？

第 2 章　AT89S51 单片机的硬件结构

学习目标：本章介绍 AT89S51 单片机的内部结构、引脚功能和指令时序，通过对该部分内容的学习，学生需要了解 AT89S51 单片机的各个组成部分和基本功能，掌握 AT89S51 存储器的结构和特殊功能寄存器的功能，从而更好地进行程序设计和系统开发。

在嵌入式系统中，硬件和软件是密切配合的。了解单片机的硬件结构可以更好地编写和优化相应的软件程序。同时，对硬件的了解也可以有效地使用和配置单片机的功能和外设接口。因此，学生应以学习单片机硬件结构和功能为基础，不断深入学习和应用单片机。

2.1　AT89S51 单片机的内部结构

AT89S51 单片机是在一块芯片中集成了 CPU、RAM、ROM、定时器 / 计数器和多种功能的 I/O 线等一台计算机所需要的基本功能组件。其内部包含以下几个部分：

1）8 位 CPU。

2）片内带振荡器和时钟电路。

3）128B 的片内数据存储器。

4）4KB 的片内程序存储器（8031 无）。

5）21B 的特殊功能寄存器。

6）4 个 8 位并行 I/O 接口：P0、P1、P2、P3。

7）一个全双工串行 I/O 接口，可多机通信。

8）两个 16 位定时器 / 计数器。

9）中断系统有 5 个中断源，可编程为两个优先级。

10）看门狗（WDT）电路。

链 2-1 内部结构

AT89S51 单片机内部结构图如图 2-1 所示。各功能组件由内部总线连接在一起。

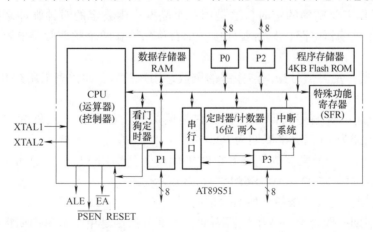

图 2-1　AT89S51 单片机内部结构图

2.1.1　中央处理器（CPU）

中央处理器（CPU）是单片机的核心组件，它由运算器和控制器等组件构成。

1. 运算器

运算器主要由 8 位的算术逻辑运算单元（ALU）、两个 8 位的暂存器（TMP1 和 TMP2）、8 位累加器（ACC）、寄存器（B）和程序状态字寄存器（PSW）组成。

1）算术逻辑运算单元（ALU）：可对 4 位、8 位、16 位数据进行操作和处理。如加、减、乘、除、增量、减量、十进制数调整、比较、逻辑与、逻辑或、逻辑异或、求补循环移位等操作。

2）累加器（ACC）：是使用最频繁的寄存器，它本身没有运算功能，它配合 ALU 完成算术和逻辑运算。在算术和逻辑运算中，参与运算的两个操作数必须有一个是在 A 累加器中，运算结果也存放在 A 累加器中。

3）寄存器（B）：8 位寄存器，在乘和除法运算中用来存放一个操作数和部分的运算结果。在不作乘除用时，可作为一般通用寄存器来使用。

4）程序状态字寄存器（PSW）：8 位寄存器，如图 2-2 所示，用来提供当前指令操作结果引起的状态变化信息特征，如有无进位、半进位、溢出等，以供程序查询和判断用。

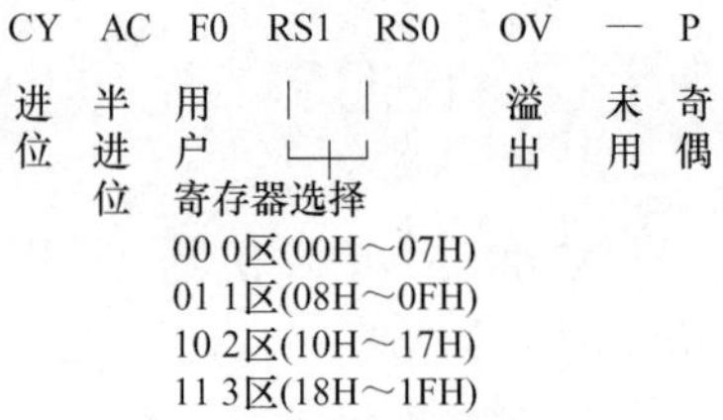

CY	AC	F0	RS1	RS0	OV	—	P
进位	半进位	用户位	寄存器选择		溢出	未用	奇偶

寄存器选择
00　0区（00H～07H）
01　1区（08H～0FH）
10　2区（10H～17H）
11　3区（18H～1FH）

图 2-2　程序状态字寄存器

2. 控制器

控制器包括指令寄存器、指令译码器和定时控制逻辑电路等。这部分是整个 CPU 的控制中枢。控制过程是取指→译码→控制。

（1）指令寄存器和指令译码器

从存储器中取出指令经过指令寄存器和指令译码器翻译成控制信号，再通过定时控制电路，在规定的时刻向有关组件发出相应的控制信号，如寄存器传送、存储器读写、加或减算术操作、逻辑运算等命令，其动作的依据就是该时刻执行的指令。

（2）时钟和定时电路

CPU 的操作需要精确的定时，这是用一个晶振产生稳定的时钟脉冲来控制的。单片机内部已集成了振荡器电路，只需要外接一个石英晶体和两个频率微调电容就可工作，其频率范围为 1.2 ～ 12MHz。

1）振荡周期：定时信号振荡器频率的倒数，用 P 表示。如频率采用 6MHz 时为 1/6μs，采用 12MHz 时为 1/12μs。

2）时钟周期：对振荡周期二分频，它是振荡周期的两倍，又称为状态周期，用 S 表示，其前半周期为 P1，后半周期为 P2。

3）机器周期：一个机器周期含 6 个时钟周期，分别用 S1 ～ S6 表示；含 12 个振荡周期，分别用 S1P1、S1P2、…、S6P1、S6P2 表示。

4）指令周期：完成一条指令所需要的时间。

一个指令周期一般含 1 ～ 4 个机器周期。大部分指令是单字节单周期指令，少数是单字节双周期、双字节双周期指令，只有乘法和除法指令占用 4 个机器周期。图 2-3 是单片机各种周期的关系图。

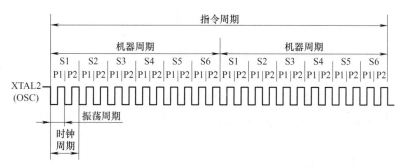

图 2-3　各种周期的相互关系

注：XTAL2（OSC）表示单片机的引脚，用来提供外部振荡源给片内的时钟电路。

2.1.2　存储器

AT89S51 存储器结构与常见的微型计算机的配置方式不同，它把程序存储器和数据存储器分开，各有自己的寻址系统、控制信号和功能。程序存储器用来存放程序和始终要保留的常数，例如所编程序经汇编后的机器码；数据存储器通常用来存放程序运行中所需要的常数或变量，例如做加法时的加数和被加数、做乘法时的乘数和被乘数、A/D 转换时实时记录的数据等。

从物理地址空间看，AT89S51 有 4 个存储器地址空间，即片内程序存储器、片外程序存储器、片内数据存储器和片外数据存储器。

MCS-51 系列各芯片的存储器在结构上有些区别，但区别不大，从应用设计的角度可分为如下几种情况：片内有程序存储器、片内无程序存储器、片内有数据存储器且存储单元够用和片内有数据存储器且存储单元不够用。

1. 程序存储器

一个微处理器能够聪明地执行某种任务，除了强大的硬件外，还需要运行的软件，其实微处理器并不聪明，它们只是完全按照人们预先编写的程序执行而已。那么设计人员编写的程序就存放在微处理器的程序存储器中，也称为只读存储器（ROM）。程序相当于给微处理器处理问题的一系列命令，其实程序和数据一样，都是由机器码组成的代码串，只是程序代码存放于程序存储器中。

链 2-2 程序存储器

MCS-51 系列单片机具有 64KB 程序存储器寻址空间，它是用于存放用户程序、数据和表格等信息。对于内部无 ROM 的 8031 单片机，它的程序存储器必须外接，空间地址为 64KB，此时单片机的 $\overline{EA}$ 端必须接地，强制 CPU 从外部程序存储器读取程序。对于内部有 ROM 的 8051 等单片机，正常运行时，$\overline{EA}$ 端则需接高电平，使 CPU 先从内部的程序存储器中读取程序，当 PC 值超过内部 ROM 的容量时，会自动转向外部的程序存储器读取程序。

对于 AT89S51 单片机，如果 $\overline{EA}$ 端接高电平，程序首先执行地址为 0000H～0FFFH（4KB）的内部程序存储器，再执行地址为 1000H～FFFFH（60KB）的外部程序存储器，如果 $\overline{EA}$ 端接地，全部程序均执行外部程序存储器。在程序存储器中有些特殊的单元，这在使用中应加以注意。

其中一组特殊单元是 0000H～0002H，系统复位后，PC 为 0000H，单片机从 0000H 单元开始执行程序，如果程序不是从 0000H 单元开始，则应在这 3 个单元中存放一条无条件转移指令，让 CPU 直接去执行用户指定的程序。

另一组特殊单元是 0003H～002AH，这 40 个单元各有用途，它们被均匀地分为 5 段，它们的定义如下：

0003H～000AH：外部中断 0 中断地址区。

000BH～0012H：定时器 / 计数器 0 中断地址区。

0013H～001AH：外部中断 1 中断地址区。

001BH～0022H：定时器 / 计数器 1 中断地址区。

0023H～002AH：串行中断地址区。

可见以上的 40 个单元是专门用于存放中断处理程序的地址单元，中断响应后，按中断的类型，自动转到各自的中断区去执行程序。因此以上地址单元不能用于存放程序的其他内容，只能存放中断服务程序。但是通常情况下，每段只有 8 个地址单元是不能存下完整的中断服务程序的，因而一般也在中断响应的地址区安放一条无条件转移指令，指向程序存储器的其他真正存放中断服务程序的空间去执行，这样中断响应后，CPU 读到这条转移指令，便转向其他地方去继续执行中断服务程序。

2. 数据存储器

数据存储器也称为随机存储器。MCS–51 系列单片机的数据存储器在物理上和逻辑上都分为两个地址空间，一个内部数据存储器和一个外部数据存储器。MCS–51 系列单片机内部 RAM 有 128B 或 256B 的用户数据存储（不同的型号有分别），它们是用于存放执行的中间结果和过程数据的。

链 2-3 数据存储器

MCS–51 系列单片机的数据存储器均可读写，部分单元还可以位寻址。访问内部数据存储器用 MOV 指令，访问外部数据存储器用 MOVX 指令。

AT89S51 单片机内部 RAM 共有 256 个单元，这 256 个单元共分为两部分。一部分是 00H～7FH 单元（共 128B）为用户数据 RAM。另一部分是 80H～FFH 单元（也是 128B），为特殊功能寄存器（SFR）。图 2-4 清楚地表示出了它们的结构分布。

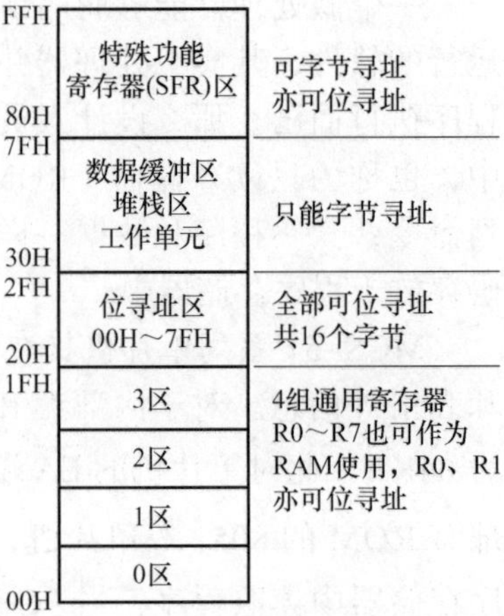

00H～1FH 这 32 个单元被均匀地分为 4 块，每块包含 8 个 8 位寄存器，均以 R0～R7 来命名，通常称这些寄存器为通用寄存器。在程序中可以通过程序状态字寄存器（PSW）来管理它们，CPU 只要定义这个寄存的 PSW 的第三位和第四位（RS0 和 RS1），即可选中这 4 组

FFH 80H	特殊功能 寄存器(SFR)区	可字节寻址 亦可位寻址
7FH 30H	数据缓冲区 堆栈区 工作单元	只能字节寻址
2FH 20H	位寻址区 00H～7FH	全部可位寻址 共16个字节
1FH	3区	4组通用寄存器 R0～R7也可作为 RAM使用，R0、R1 亦可位寻址
	2区	
	1区	
00H	0区	

图 2-4　AT89S51 内部 RAM 分布

通用寄存器。不设定为第 0 区，也叫默认值，这个特点使 MCS–51 系列单片机具有快速现场保护功能。特别注意的是，如果不加设定，在同一段程序中 R0 ～ R7 只能用一次，若用两次程序会出错。对应的编码关系见表 2-1。表 2-2 给出了这些通用寄存器在 RAM 中的具体地址。

表 2-1　程序状态字与工作寄存器对应关系

PSW.4（RS1）	PSW.3（RS0）	工作寄存器区
0	0	0 区 00H ～ 07H
0	1	1 区 08H ～ 0FH
1	0	2 区 10H ～ 17H
1	1	3 区 18H ～ 1FH

如果用户程序不需要 4 个工作寄存器区，则不用的工作寄存器单元可以作为一般的 RAM 使用。

表 2-2　通用寄存器和 RAM 地址对照表

0 区		1 区		2 区		3 区	
地址	寄存器	地址	寄存器	地址	寄存器	地址	寄存器
00H	R0	08H	R0	10H	R0	18H	R0
01H	R1	09H	R1	11H	R1	19H	R1
02H	R2	0AH	R2	12H	R2	1AH	R2
03H	R3	0BH	R3	13H	R3	1BH	R3
04H	R4	0CH	R4	14H	R4	1CH	R4
05H	R5	0DH	R5	15H	R5	1DH	R5
06H	R6	0EH	R6	16H	R6	1EH	R6
07H	R7	0FH	R7	17H	R7	1FH	R7

内部 RAM 的 20H ～ 2FH 单元为位寻址区，既可作为一般单元用字节寻址，也可对它们的位进行寻址。位寻址区共有 16 个字节，128 位。位地址分配见表 2-3，CPU 能直接寻址这些位，执行例如置"1"、清"0"、求"反"、转移、传送和逻辑等操作，常称 AT89S51 单片机具有布尔处理功能，布尔处理的存储空间指的就是这些位寻址区。表 2-3 给出了 RAM 20H ～ 2FH 单元的位寻址区的地址映像。

表 2-3　RAM 位寻址区地址映像

字节地址	位地址							
	D7	D6	D5	D4	D3	D2	D1	D0
2FH	7FH	7EH	7DH	7CH	7BH	7AH	79H	78H
2EH	77H	76H	75H	74H	73H	72H	71H	70H
2DH	6FH	6EH	6DH	6CH	6BH	6AH	69H	68H

（续）

字节地址	位地址							
	D7	D6	D5	D4	D3	D2	D1	D0
2CH	67H	66H	65H	64H	63H	62H	61H	60H
2BH	5FH	5EH	5DH	5CH	5BH	5AH	59H	58H
2AH	57H	56H	55H	54H	53H	52H	51H	50H
29H	4FH	4EH	4DH	4CH	4BH	4AH	49H	48H
28H	47H	46H	45H	44H	43H	42H	41H	40H
27H	3FH	3EH	3DH	3CH	3BH	3AH	39H	38H
26H	37H	36H	35H	34H	33H	32H	31H	30H
25H	2FH	2EH	2DH	2CH	2BH	2AH	29H	28H
24H	27H	26H	25H	24H	23H	22H	21H	20H
23H	1FH	1EH	1DH	1CH	1BH	1AH	19H	18H
22H	17H	16H	15H	14H	13H	12H	11H	10H
21H	0FH	0EH	0DH	0CH	0BH	0AH	09H	08H
20H	07H	06H	05H	04H	03H	02H	01H	00H

3. 特殊功能寄存器

特殊功能寄存器（SFR）也称为专用寄存器，特殊功能寄存器反映了 AT89S51 单片机的运行状态。很多功能也通过特殊功能寄存器来定义和控制程序的执行。AT89S51 有 21 个特殊功能寄存器，它们被离散地分布在内部 RAM 的 80H ～ FFH 地址中，这些寄存的功能已做了专门的规定，用户不能修改其结构。表 2-4 是特殊功能寄存器分布一览表，下面将对其主要的寄存器做一些简单的介绍。

链 2-4 特殊功能寄存器

（1）程序计数器（Program Counter，PC）

程序计数器在物理上是独立的，它不属于特殊内部数据存储器。PC 是一个 16 位的计数器，用于存放一条要执行的指令地址，寻址范围为 64KB，PC 有自动加 1 功能，即完成了一条指令的执行后，其内容自动加 1。PC 本身并没有地址，因而不可寻址，用户无法对它进行读写，但是可以通过转移、调用、返回等指令改变其内容，以控制程序按要求去执行。

表 2-4　特殊功能寄存器

标识符	名称	地址
ACC	累加器	E0H
B	寄存器	F0H
PSW	程序状态字寄存器	D0H
SP	堆栈指针	81H
DPTR	数据指针（包括 DPH 和 DPL）	83H 和 82H

（续）

标识符	名 称	地址
P0	口 0	80H
P1	口 1	90H
P2	口 2	A0H
P3	口 3	B0H
IP	中断优先级寄存器	B8H
IE	中断允许寄存器	A8H
TMOD	定时器 / 计数器工作方式寄存器	89H
TCON	定时器 / 计数器控制寄存器	88H
TH0	定时器 / 计数器 0（高位字节）	8CH
TL0	定时器 / 计数器 0（低位字节）	8AH
TH1	定时器 / 计数器 1（高位字节）	8DH
TL1	定时器 / 计数器 1（低位字节）	8BH
SCON	串行口控制寄存器	98H
SBUF	串行数据缓冲器	99H
PCON	电源控制寄存器	87H
T2CON[①]	定时器 / 计数器 2 控制寄存器	C8H
TH2[①]	定时器 / 计数器 2（高位字节）	CDH
TL2[①]	定时器 / 计数器 2（低位字节）	CCH
RLDH[①]	定时器 / 计数器 2 重装高字节	CBH
RLDL[①]	定时器 / 计数器 2 重装低字节	CAH

① 与定时器 / 计数器有关，仅在 52 子系列芯片中存在。

（2）累加器（Accumulator，ACC）

累加器是一个最常用的专用寄存器，大部分单操作指令中的一个操作数取自累加器，很多双操作数指令中的一个操作数也取自累加器。加、减、乘、除法运算的指令，运算结果都存放于累加器或累加器对中。大部分的数据操作都会通过累加器进行，它相当于一个交通要道，在程序比较复杂的运算中，累加器成了制约软件效率的"瓶颈"，它的功能较多，地位也十分重要，以至于后来发展的单片机，有的集成了多累加器结构，或者使用寄存器阵列来代替累加器，即赋予更多寄存器以累加器的功能，目的是解决累加器的"交通堵塞"问题，提高单片机的软件效率。

（3）寄存器（B）

在乘、除法指令中，乘法指令中的两个操作数分别取自累加器和寄存器，其结果存放于寄存器对中。除法指令中，被除数取自累加器，除数取自寄存器，其结果商存放于累加器、余数存放于寄存器中。

（4）程序状态字寄存器（Program Status Word，PSW）

程序状态字寄存器是一个 8 位寄存器，用于存放程序运行的状态信息，

链 2-5 程序
状态字寄
存器

这个寄存器的一些位可由软件设置，有些位则由硬件运行时自动设置。寄存器的位序和位标志的对应关系见表 2-5，其中 PSW.1 是保留位，未使用。各个位的定义介绍如下：

表 2-5　程序状态字寄存器

位序	PSW.7	PSW.6	PSW.5	PSW.4	PSW.3	PSW.2	PSW.1	PSW.0
位标志	CY	AC	F0	RS1	RS0	OV	—	P

1）PSW.7（CY）进位标志位，此位有两个功能：一是在执行某些算数运算时，存放进位标志，可被硬件或软件置位或清零；二是在位操作中做累加位使用。

2）PSW.6（AC）辅助进位标志位，当进行加、减运算且有低 4 位向高 4 位进位或借位时，AC 置位，否则被清零。（AC）辅助进位位也常用于十进制调整。

3）PSW.5（F0）用户标志位，供用户设置的标志位。

4）PSW.4、PSW.3（RS1、RS0）寄存器组选择位。

5）PSW.2（OV）溢出标志位。带符号加减运算中，超出了累加器所能表示的符号数有效范围（−128 ～ +127）时，即产生溢出，OV=1，表明运算结果错误；OV=0，表明运算结果正确。

执行加法（ADD）指令时，当位 7 向位 8 进位，而位 8 不向 CY 进位时，OV=1。或者位 6 不向位 7 进位，而位 7 向 CY 进位时，同样 OV=1，否则清零。

溢出标志常用于 ADD 和 SUBB 指令对带符号数做加减运算时，OV=1 表示加减运算的结果超出了目的寄存器所能表示的带符号数（2 的补码）的范围（−128 ～ +127）。

在 AT89S51 单片机中，无符号数乘法（MUL）指令的执行结果也会影响溢出标志。若置于累加器和寄存器的两个数的乘积超过 255，OV=1，否则 OV=0。此积的高 8 位放在寄存器内，低 8 位放在累加器内。因此，OV=0 意味着只要从累加器中取得乘积即可，否则要从寄存器对中取得乘积。除法（DIV）指令也会影响溢出标志。当除数为 0 时，OV=1，否则 OV=0。

6）PSW.0（P）奇偶校验位。声明累加器的奇偶性，每个指令周期都由硬件来置位或清零，若值为 1 的位数为奇数，则 P 置位，否则清零。

（5）数据指针（DPTR）

数据指针为 16 位寄存器，编程时，既可以按 16 位寄存器来使用，也可以按两个 8 位寄存器来使用，即高位字节（DPH）寄存器和低位字节（DPL）寄存器。

DPTR 主要是用来保存 16 位地址，当对 64KB 外部数据存储器寻址时，可作为间址寄存器使用。在访问程序存储器时，DPTR 可用作基址寄存器，采用基址 + 变址的寻址方式访问程序存储器。

（6）堆栈指针（Stack Pointer，SP）

堆栈是一种数据结构，它是一个 8 位寄存器，它指示堆栈顶部在内部 RAM 中的位置。系统复位后，SP 的初始值为 07H，使得堆栈实际上是从 08H 开始的。但从 RAM 的结构分布中可知，08H ～ 1FH 隶属于 1 ～ 3 工作寄存器区，若编程时需要用到这些数据单元，必须对堆栈指针（SP）进行初始化，原则上设在任何一个区域均可，但一般设在 30H ～ 1FH 之间较为适宜。

数据的写入堆栈称为入栈（PUSH，有些文献也称为插入运算或压入），从堆栈中取出数据称为出栈（POP，也称为删除运算或弹出），堆栈的最主要特征是"后进先出"规则，也即最先入栈的数据放在堆栈的最底部，而最后入栈的数据放在栈的顶部，因此，最后入栈的数据出栈时则是最先的。这和往一个箱里存放书本一样，需将最先放入箱底部的书取出，必须先取走最上层的书籍。道理是非常相似的。

那么堆栈有何用途呢？堆栈的设立是为了中断操作和子程序的调用而用于保存数据的，即常说的断点保护和现场保护。微处理器无论是转入子程序还是中断服务程序的执行，执行完后，还是要回到主程序中来，在转入子程序和中断服务程序前，必须先将现场的数据进行保存，否则返回时，CPU 并不知道原来的程序执行到哪一步，原来的中间结果如何，所以在转入执行其他子程序前，先将需要保存的数据压入堆栈中保存，返回时再复原当时的数据，供主程序继续执行。

转入中断服务程序或子程序时，需要保存的数据可能有若干个，都需要一一地保留。如果微处理器进行多重子程序或中断服务程序嵌套，那么需要保存的数据就更多，这要求堆栈还需要有相当的容量，否则会造成堆栈溢出，丢失应备份的数据。轻者使运算和执行结果错误，重则使整个程序紊乱。

AT89S51 的堆栈是在 RAM 中开辟的，即堆栈要占据一定的 RAM 存储单元。同时AT89S51 的堆栈可以由用户设置，SP 的初始值不同，堆栈的位置则不一定，不同的设计人员，使用的堆栈区则不同，不同的应用要求，堆栈要求的容量也有所不同。堆栈的操作只有两种，即进栈和出栈，但不管是向堆栈写入数据还是从堆栈中读出数据，都是对栈顶单元进行的，SP 就是即时指示出栈顶的位置（即地址）。在子程序调用和中断服务程序响应的开始和结束期间，CPU 都是根据 SP 指示的地址与相应的 RAM 存储单元交换数据的。

堆栈的操作有两种方法，第一种方法是自动方式，即在中断服务程序响应或子程序调用时，返回地址自动进栈。当需要返回执行主程序时，返回的地址自动交给 PC，以保证程序从断点处继续执行，这种方式是不需要编程人员干预的；第二种方法是人工指令方式，使用专有的堆栈操作指令进行进出栈操作，也只有两条指令，进栈为 PUSH 指令，在中断服务程序或子程序调用时作为现场保护，出栈为 POP 指令，用于子程序完成时，为主程序恢复现场。堆栈结构如图 2-5 所示。

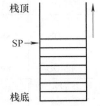

图 2-5　堆栈结构

（7）I/O 端口专用寄存器（P0、P1、P2、P3）

I/O 端口寄存器 P0、P1、P2 和 P3 分别是 MCS-51 系列单片机的 4 组 I/O 端口锁存器。MCS-51 系列单片机并没有专门的 I/O 端口操作指令，而是把 I/O 端口也当作一般的寄存器来使用，数据传送都统一使用 MOV 指令来进行，这样的好处在于，4 组 I/O 端口还可以当作寄存器直接寻址方式参与其他操作。

（8）定时器 / 计数器（TL0、TH0、TL1 和 TH1）

MCS-51 系列单片机中有两个 16 位定时器 / 计数器 T0 和 T1。它们各由两个独立的8 位寄存器组成，共有 4 个独立的寄存器：TH0、TL0、TH1、TL1。可以对这 4 个寄存器寻址，但不能把 T0、T1 当作一个 16 位寄存器来寻址。

（9）定时器 / 计数器工作方式寄存器（TMOD）

TMOD 是一个专用寄存器，用于控制两个定时器 / 计数器的工作方式，TMOD 可以用字节传送指令设置其内容，但不能位寻址，各位的定义见表2-6。

表 2-6　定时器 / 计数器工作方式寄存器（TMOD）

位序	D7	D6	D5	D4	D3	D2	D1	D0
位标志	GATE	C/$\overline{T}$	M1	M0	GATE	C/$\overline{T}$	M1	M0
定时器 / 计数器	定时器 / 计数器 1				定时器 / 计数器 0			

（10）串行数据缓冲器（SBUF）

串行数据缓冲器（SBUF）用来存放需发送和接收的数据，它由两个独立的寄存器组成，一个是发送缓冲器，另一个是接收缓冲器，要发送和接收的操作其实都是对串行数据缓冲器进行的。

（11）其他控制寄存器

IP、IE、TCON、SCON 和 PCON 分别包含有中断系统、串行口和供电方式的控制和状态位，这些寄存器将在以后有关章节中叙述。表2-7给出了特殊功能寄存器的地址表。

表 2-7　特殊功能寄存器地址表

SFR	字节地址	位地址							
		D7	D6	D5	D4	D3	D2	D1	D0
P0	80H	P0.7	P0.6	P0.5	P0.4	P0.3	P0.2	P0.1	P0.0
		87H	86H	85H	84H	83H	82H	81H	80H
SP	81H								
DPL	82H								
DPH	83H								
PCON	87H								
TCON	88H	TF1	TR1	TF0	TR0	IE1	IT1	IE0	IT0
		8FH	8EH	8DH	8CH	8BH	8AH	89H	88H
TMOD	89H								
TL0	8AH								
TL1	8BH								
TH0	8CH								
TH1	8DH								
P1	90H	P1.7	P1.6	P1.5	P1.4	P1.3	P1.2	P1.1	P1.0
		97H	96H	95H	94H	93H	92H	91H	90H
SCON	98H	SM0	SM1	SM2	REN	TB8	RB8	TI	RI
		9FH	9EH	9DH	9CH	9BH	9AH	99H	98H
SBUF	99H								
P2	A0H	P2.7	P2.6	P2.5	P2.4	P2.3	P2.2	P2.1	P2.0
		A7H	A6H	A5H	A4H	A3H	A2H	A1H	A0H

（续）

SFR	字节地址	位地址							
		D7	D6	D5	D4	D3	D2	D1	D0
IE	A8H	EA			ES	ET1	EX1	ET0	EX0
		AFH	AEH	ADH	ACH	ABH	AAH	A9H	A8H
P3	B0H	P3.7	P3.6	P3.5	P3.4	P3.3	P3.2	P3.1	P3.0
		B7H	B6H	B5H	B4H	B3H	B2H	B1H	B0H
IP	B8H				PS	PT1	PX1	PT0	PX0
		BFH	BEH	BDH	BCH	BBH	BAH	B9H	B8H
PSW	D0H	CY	AC	F0	RS1	RS0	OV	—	P
		D7H	D6H	D5H	D4H	D3H	D2H	D1H	D0H
ACC	E0H								
B	F0H								

2.1.3　总线

AT89S51 单片机属于总线型结构，通过地址 / 数据总线可以与存储器（RAM、EPROM）、并行 I/O 接口芯片相连接。

在访问外部存储器时，P2 口输出高 8 位地址，P0 口输出低 8 位地址，由地址锁存允许（ALE）信号将 P0 口（地址 / 数据总线）上的低 8 位锁存到外部地址锁存器中，从而为 P0 口接收数据做准备。

在访问外部程序存储器（即执行 MOVX 指令）时，外部程序存储器选通（PSEN）信号有效，在访问外部数据存储器（即执行 MOVX 指令）时，由 P3 口自动产生读 / 写（$\overline{RD}$ / $\overline{WR}$）信号，通过 P0 口对外部数据存储器单元进行读 / 写操作。

AT89S51 单片机所产生的地址、数据和控制信号与外部存储器、并行 I/O 接口芯片连接简单、方便。

2.1.4　I/O 端口

I/O 端口又称为 I/O 接口，也叫作 I/O 通道或 I/O 通路，I/O 端口是 AT89S51 单片机对外部实现控制和信息交换的必经之路，I/O 端口有串行和并行之分，串行 I/O 端口一次只能传送一位二进制信息，并行 I/O 端口一次能传送一组二进制信息。

1. 并行 I/O 端口

AT89S51 单片机设有 4 个 8 位双向 I/O 端口（P0、P1、P2、P3），每一根 I/O 线都能独立地用作输入或输出。P0 口为三态双向口，能带 8 个低功耗肖特基 TTL（LSTTL）电路。P1、P2、P3 口为准双向口（在用作输入线时，口锁存器必须先写入"1"，故称为准双向口），负载能力为 4 个 LSTTL 电路。

（1）P0 口（P0.7 ～ P0.0、39 ～ 32 引脚）

图 2-6 是 P0 口位结构图。V1、V2 构成输出驱动器，与门 3、反相器 4 以及多路模拟开关 MUX 构成输出控制电路，三态门 1、2 组成输入缓冲器。

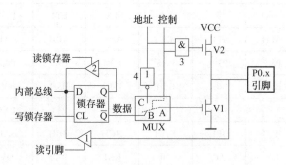

图 2-6　P0 口位结构

P0 口有两种功能，即地址 / 数据分时复用总线和 I/O 端口。

1）P0 口作为地址 / 数据复用总线使用。当单片机系统有外接存储器时，P0 口可作为地址 / 数据分时复用总线使用。当需要输出地址信息时，控制信号为"1"，CPU 控制多路开关 MUX 使 A、C 相接，地址信息经过反相器 4 到达 P0 口引脚；当需要输出数据时，控制信号为"0"，CPU 控制多路开关 MUX 使 A、B 相接，数据经过锁存器的 $\overline{Q}$ 端到达 P0 口引脚；当需要从 P0 口引脚输入数据时，控制信号仍为"0"，CPU 会自动先向锁存器写 1，使 $\overline{Q}$ 端为低电平，从而 V1 截止，引脚上的输入信号经缓冲器 1 进入内部数据总线。

2）P0 口作为通用 I/O 端口使用。当单片机系统没有外接存储器时，P0 口可作为准双向 I/O 端口使用，这时，控制信号为"0"，CPU 控制多路开关 MUX 使 A、B 相接，数据经过锁存器的 $\overline{Q}$ 端到达 P0 口引脚，同时因与门输出为低电平，输出级 V2 管处于截止状态，输出级为漏极开路电路，在驱动 NMOS 电路时应外接上拉电阻；用作输入口时，应先将锁存器写"1"，这时输出级两个场效应晶体管均截止，可作为高阻抗输入，通过三态输入缓冲器读取引脚信号，从而完成输入操作。

3）P0 口线上的"读 – 修改 – 写"功能。图 2-6 上面一个三态缓冲器是为了读取锁存器 Q 端的数据。Q 端与引脚的数据是一致的。结构上这样安排是为了满足"读 – 修改 – 写"指令的需要，这类指令的特点是先读口锁存器，随之可能对读入的数据进行修改再写入到端口上。例如：ANL P0，A；ORL P0，A；XRL P0，A；…。

（2）P1 口（P1.0 ～ P1.7、1 ～ 8 引脚）准双向口

P1 口作为通用 I/O 端口使用，内含有上拉电阻。P1 口位结构如图 2-7 所示。输出数据时（即写数据到引脚），数据被写到 P1 口的锁存器，若写的数据为"1"，则锁存器的 $\overline{Q}$ 端为低电平，V 截止，P1.x 引脚为高电平；反之，若写的数据为"0"，则锁存器的 $\overline{Q}$ 端为高电平，V 导通，P1.x 引脚为低电平。因此在作为输入时，必须先将"1"写入口锁存器，使场效应晶体管截止。该口线由内部上拉电阻提拉成高电平，同时也能被外部输入源拉成低电平，即当外部输入"1"时该口线为高电平，而输入"0"时该口线为低电平。P1 口作为输入时，可被任何 TTL（晶体管 – 晶体管逻辑）电路和 MOS（金属氧化物半导

体）电路驱动，由于具有内部上拉电阻，也可以直接被集电极开路和漏极开路电路驱动，不必外加上拉电阻。P1 口可驱动 4 个 LSTTL 门电路。

（3）P2 口（P2.0～P2.7，21～28 引脚）准双向口

P2 口位结构如图 2-8 所示，引脚上拉电阻同 P1 口。在结构上，P2 口比 P1 口多一个输出控制部分。

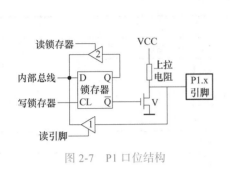

图 2-7　P1 口位结构

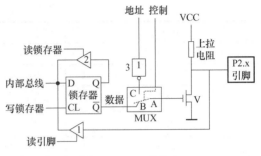

图 2-8　P2 口位结构

1）P2 口作为通用 I/O 端口使用。当 P2 口作为通用 I/O 端口使用时，是一个准双向口，此时转换开关 MUX 使 AB 相接，输出级与锁存器接通，引脚可接 I/O 设备，其输入输出操作与 P1 口完全相同。

2）P2 口作为地址总线口使用。当系统中接有外部存储器时，P2 口用于输出高 8 位地址 A15～A8。这时在 CPU 的控制下，转换开关 MUX 使 A、C 相接，接通内部地址总线。P2 口的口线状态取决于片内输出的地址信息，这些地址信息来源于 PCH、DPH 等。在外接程序存储器的系统中，由于访问外部存储器的操作连续不断，P2 口不断送出地址高 8 位。例如，在 8031 构成的系统中，P2 口一般只作为地址总线口使用，不再作为 I/O 端口直接连外设。

在不接外部程序存储器而接有外部数据存储器的系统中，情况有所不同。若外接数据存储器容量为 256B，则由 P0 口送出 8 位地址，P2 口上引脚的信号在整个访问外部数据存储器期间也不会改变，故 P2 口仍可作为通用 I/O 端口使用。若外接存储器容量较大，则可以由 P0 口和 P2 口送出 16 位地址。在读写周期内，P2 口引脚上将保持地址信息，但从结构可知，输出地址时，并不要求 P2 口锁存器锁存 "1"，锁存器内容也不会在送地址信息时改变。故访问外部数据存储器周期结束后，P2 口锁存器的内容又会重新出现在引脚上。这样，根据访问外部数据存储器的频繁程度，P2 口仍可在一定限度内作为一般 I/O 端口使用。P2 口可驱动 4 个 LSTTL 门电路。

（4）P3 口（P3.0～P3.7、10～17 引脚）双功能口

P3 口是一个多用途的端口，也是一个准双向口，作为第一功能使用时，其功能同 P1 口。P3 口位结构如图 2-9 所示。

当作第二功能使用时，每一位功能定义

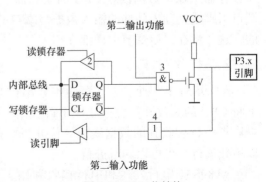

图 2-9　P3 口位结构

见表 2-8。P3 口的第二功能实际上就是系统具有控制功能的控制线。此时相应的口线锁存器必须为"1"状态，与非门的输出由第二功能输出线的状态确定，从而 P3 口线的状态取决于第二功能输出线的电平。在 P3 口的引脚信号输入通道中有两个三态缓冲器，第二功能的输入信号取自第一个缓冲器的输出端，第二个缓冲器仍是第一功能的读引脚信号缓冲器。P3 口可驱动 4 个 LSTTL 门电路。

表 2-8　P3 口的第二功能

端口功能	第二功能
P3.0	RXD——串行输入（接收数据）端口
P3.1	TXD——串行输出（发送数据）端口
P3.2	$\overline{INT0}$——外部中断 0 输入线
P3.3	$\overline{INT1}$——外部中断 1 输入线
P3.4	T0——定时器 0 外部输入
P3.5	T1——定时器 1 外部输入
P3.6	$\overline{WR}$——外部数据存储器写选通信号输出
P3.7	$\overline{RD}$——外部数据存储器读选通信号输入

每个 I/O 端口内部都有一个 8 位数据输出锁存器和一个 8 位数据输入缓冲器，4 个数据输出锁存器与端口号 P0、P1、P2 和 P3 同名，皆为特殊功能寄存器。因此，CPU 数据从并行 I/O 端口输出时可以得到锁存，数据输入时可以得到缓冲。

P1、P2、P3 口内部均有上拉电阻，当它们用作通用输入口（即读引脚状态）时，对应位的锁存器 Q 端必须先置为"1"；P0 口内部无上拉电阻，作为 I/O 端口使用时，必须外接上拉电阻，读引脚时，对应的锁存器也必须先置"1"。当系统有外接存储器时，P0 一般分时用作地址 / 数据总线，P2 用作高 8 位地址总线，P3 口的 P3.7 和 P3.6 负责提供外部数据存储器的读、写信号；当系统没有外接存储器时，P0、P1、P2、P3 均可用作 I/O 端口。

4 个并行 I/O 端口作为通用 I/O 端口使用时，共有写端口、读端口和读引脚 3 种操作方式。写端口实际上就是输出数据，是将累加器或其他寄存器中数据传送到端口锁存器中，然后由端口自动从端口引脚线上输出。读端口不是真正地从外部输入数据，而是将端口锁存器中输出数据读到 CPU 的累加器。读引脚才是真正地输入外部数据的操作，是从端口引脚线上读入外部的输入数据。端口的上述 3 种操作实际上是通过指令或程序来实现的，这些将在以后章节中详细介绍。

2. 串行 I/O 端口

AT89S51 有一个全双工的可编程串行 I/O 端口。这个串行 I/O 端口既可以在程序控制下将 CPU 的 8 位并行数据变成串行数据一位一位地从发送数据端（TXD）发送出去，也可以把串行接收到的数据变成 8 位并行数据送给 CPU，而且这种串行发送和串行接收可以单独进行，也可以同时进行。

AT89S51 串行发送和串行接收利用了 P3 口的第二功能，即利用 P3.1 引脚作为串行数据的发送端（TXD）和 P3.0 引脚作为串行数据的接收端（RXD），具体见表 2-8。串行 I/O 端口的电路结构还包括串行口控制寄存器（SCON）、电源及波特率选择寄存器（PCON）和串行数据缓冲器（SBUF）等，它们都属于特殊功能寄存器（SFR）。其中PCON 和 SCON 用于设置串行口工作方式和确定数据的发送和接收波特率，SBUF 实际上由两个 8 位寄存器组成，一个用于存放欲发送的数据，另一个用于存放接收到的数据，起着数据的缓冲作用，这些将在后面的章节中详细加以介绍。

2.2　AT89S51 单片机的引脚功能

AT89S51 单片机采用 40Pin 封装的 DIP 结构，图 2-10 是它们的引脚配置，40 个引脚中，正电源和地线两根，外置石英振荡器的时钟线两根，4 组 8 位共 32 个 I/O 端口，中断口线与 P3 口线复用。现在对这些引脚的功能说明如下：

1）Pin20：接地引脚。

2）Pin40：正电源引脚，正常工作或对片内 EPROM 烧写程序时，接 +5V 电源。

3）Pin19：时钟 XTAL1 引脚，片内振荡电路的输入端。

4）Pin18：时钟 XTAL2 引脚，片内振荡电路的输出端。

AT89S51 的时钟有两种方式，一种是内部时钟方式，需在 18 和 19 引脚外接石英晶体（2 ~ 12MHz）和振荡电容，振荡电容的容量一般取 10 ~ 30pF；另外一种是外部时钟方式，即将 XTAL2 引脚悬空，外部时钟信号从 XTAL1 引脚输入。AT89S51 单片机的时钟电路如图 2-11 所示。

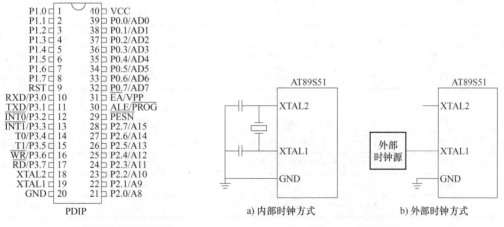

图 2-10　AT89S51 单片机的引脚配置图　　　　　　图 2-11　时钟电路

5）输入 / 输出（I/O）引脚：Pin39 ~ Pin32 为 P0.7 ~ P0.0 的输入 / 输出引脚，Pin8 ~ Pin1 为 P1.7 ~ P1.0 的输入 / 输出引脚，Pin28 ~ Pin21 为 P2.7 ~ P2.0 的输入 / 输出引脚，Pin17 ~ Pin10 为 P3.7 ~ P3.0 的输入 / 输出引脚，这些输入 / 输出引脚的功能在2.1.4 小节中已经详细讲解过了，在此不再说明。

6）Pin9：RST（复位信号复用脚）。大规模集成电路在上电时一般都需要进行一次复位操作，以便使芯片内的一些组件处于一个确定的初始状态，复位是一种很重要的操作。

器件本身一般不具有自动上电复位能力，需要借助外部复位电路提供的复位信号才能进行复位操作。

AT89S51 单片机的第 9 引脚（RST）为复位引脚，系统上电后，时钟电路开始工作，只要 RST 引脚上出现大于两个机器周期时间的高电平即可引起单片机执行复位操作。有两种方法可以使 MCS–51 系列单片机复位，即在 RST 引脚加上大于两个机器周期时间的高电平或 WDT 计数溢出。单片机复位后，PC=0000H，CPU 从程序存储器的 0000H 开始取指执行。复位后单片机内部各 SFR 的值见表 2-9。单片机的外部复位电路有上电自动复位和按键手动复位两种。

表 2-9　复位后单片机内部各 SFR 的值

符号	描述	地址	复位值
P0	Port0	80H	1111 1111B
SP	堆栈指针	81H	0000 0111B
DPIR（DPL、DPH）	数据指针（低、高）	82H	0000 0000B
PCON	电源控制寄存器	87H	00X1 0000B
TCON	定时器控制寄存器	88H	0000 0000B
TMOD	定时器工作方式寄存器	89H	0000 0000B
TL0	定时器 0 低 8 位寄存器	8AH	0000 0000B
TL1	定时器 1 低 8 位寄存器	8BH	0000 0000B
TH0	定时器 0 高 8 位寄存器	8CH	0000 0000B
TH1	定时器 1 高 8 位寄存器	8DH	0000 0000B
P1	Port1	90H	1111 1111B
SCON	串行口控制寄存器	98H	0000 0000B
SBUF	串行数据缓冲器	99H	XXXX XXXXB
P2	Port2	A0H	1111 1111B
IE	中断允许寄存器	A8H	0X00 0000B
P3	Port3	B0H	1111 1111B
IP	中断优先级控制器	B8H	XX00 0000B
PSW	程序状态字寄存器	D0H	0000 0000B
ACC	累加器	E0H	0000 0000B
B	寄存器	F0H	0000 0000B

① 上电复位电路：最简单的上电复位电路由电容和电阻串联构成，如图 2-12 所示。上电瞬间，由于电容两端电压不能突变，RST 引脚电压端 V_R 管 $=V_{CC}$，随着对电容的充电，RST 引脚的电压呈指数规律下降，到 t_1 时刻，V_R 降为 3.6V，随着对电容充电的进行，V_R 最后将接近 0V。RST 引脚的电压变化如图 2-13 所示。为了确保单片机复位，t_1 必须大于两个机器周期的时间，机器周期取决于单片机系统采用的晶振频率，图 2-12 中，电阻 R 不能取得太小，典型值为 8.2kΩ；t_1 与 RC 电路的时间常数有关，由晶振频率和电阻 R 可以算出电容 C3 的取值。

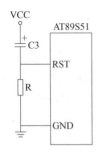

图 2-12 上电复位电路

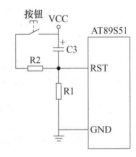

图 2-13 RST 引脚的电压变化图

② 上电复位和按键复位组合电路：图 2-14 为上电复位和按键复位组合电路，R2 的阻值一般很小，只有几十欧姆，当按下复位按键后，电容迅速通过 R2 放电，放电结束时的 V_R 为 $(R_1 \times V_{CC}) / (R_1+R_2)$，由于 R_1 远大于 R_2，V_R 非常接近 V_{CC}，使 RST 引脚为高电平，松开复位按键后，过程与上电复位相同。

7）Pin30：ALE/ $\overline{PROG}$。当访问外部程序存储器时，ALE（地址锁存）的输出用于锁存地址的低位字节。而访问内部程序存储器时，ALE 端将有一个 1/6 时

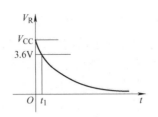

图 2-14 上电复位和按键复位组合电路

钟频率的正脉冲信号，这个信号可以用于识别单片机是否工作，也可以当作一个时钟向外输出。特别是当访问外部程序存储器时，ALE 会跳过一个脉冲。如果单片机是 EPROM，在编程期间，$\overline{PROG}$ 将用于输入编程脉冲。

8）Pin29：$\overline{PESN}$。当访问外部程序存储器时，此引脚输出负脉冲选通信号，PC 的 16 位地址数据将出现在 P0 和 P2 口上，外部程序存储器则把指令数据放到 P0 口上，由 CPU 读入并执行。

9）Pin31：$\overline{EA}$ /VPP（程序存储器的内外部选通线）。AT89S51 内置有 4KB 的程序存储器，当 $\overline{EA}$ 为高电平并且程序地址小于 4KB 时，读取内部程序存储器指令数据，而地址超过 4KB 则读取外部程序存储器指令数据。如 $\overline{EA}$ 为低电平，则不管地址大小，一律读取外部程序存储器指令数据。显然，对内部无程序存储器的 8031，$\overline{EA}$ 端必须接地。

2.3 AT89S51 单片机的指令时序

链 2-6 指令时序

前面在讲控制器时简略地提到了指令时序的一些基本概念，在本节，将详细讲解 AT89S51 单片机的指令时序。

2.3.1 AT89S51 单片机的典型指令及执行时序

AT89S51 单片机指令系统中，按它们的长度可分为单字节指令、双字节指令和三字节指令。执行这些指令需要的时间是不同的，也就是它们所需的机器周期是不同的，概括起来有下面几种形式：单字节指令单机器周期、单字节指令双机器周期、双字节指令单机

器周期、双字节指令双机器周期、三字节指令双机器周期和单字节指令四机器周期（如单字节的乘除法指令）。

AT89S51 单片机的单周期和双周期指令及执行时序如图 2-15 所示，图中的 ALE 脉冲是为了锁存地址的选通信号，显然，每出现一次该信号单片机即进行一次读指令操作。从时序图中可看出，该信号是振荡周期六分频后得到，在一个机器周期中，ALE 信号两次有效，第一次在 S1P2 和 S2P1 期间，第二次在 S4P2 和 S5P1 期间。下面简要说明几个典型指令的时序。

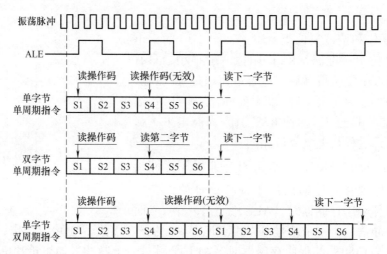

图 2-15　AT89S51 单片机指令时序

1. 单字节单周期指令

单字节单周期指令只进行一次读指令操作，当第二个 ALE 信号有效时，PC 并不加 1，那么读出的还是原指令，属于一次无效的读操作。

2. 双字节单周期指令

双字节单周期指令两次的 ALE 信号都是有效的，只是第一个 ALE 信号有效时读的是操作码，第二个 ALE 信号有效时读的是操作数。

3. 单字节双周期指令

两个机器周期需进行 4 次读指令操作，但只有 1 次读操作是有效的，后 3 次的读操作均为无效操作。单字节双周期指令有一种特殊的情况，如 MOVX 指令，执行这类指令时，先在 ROM 中读取指令，然后对外部数据存储器进行读或写操作，第一个机器周期的第一次读指令的操作为有效，而第二次读指令的操作则为无效。在第二个指令周期时，则访问外部数据存储器，这时，ALE 信号对其操作无影响，即不会再有读指令操作动作。

图 2-15 所示时序图只描述了指令的读取状态，而没有画出指令执行时序，因为每条指令都包含了具体的操作数，而操作数类型种类繁多，有兴趣的学生可参阅有关书籍。

2.3.2　外部程序存储器读时序

图 2-16 是 AT89S51 单片机外部程序存储器读时序，从图中可看出，P0 口提供低 8

位地址，P2 口提供高 8 位地址，S2 结束前，P0 口上的低 8 位地址是有效的，之后出现在 P0 口上的就不再是低 8 位的地址信号，而是指令数据信号，当然地址信号与指令数据信号之间有一段缓冲的过渡时间，这就要求，在 S2 期间必须把低 8 位的地址信号锁存起来，这时是用 ALE 选通脉冲去控制锁存器把低 8 位地址予以锁存，而 P2 口只输出地址信号，而没有指令数据信号，整个机器周期地址信号都是有效的，因而无须锁存这一地址信号。

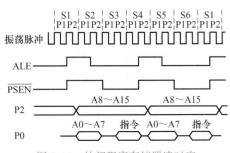

图 2-16　外部程序存储器读时序

从外部程序存储器读取指令，必须有两个信号进行控制，除了上述的 ALE 信号，还有一个 $\overline{\text{PSEN}}$（外部 ROM 读选通脉冲）信号，从图 2-16 可看出，$\overline{\text{PSEN}}$ 从 S3P1 开始有效，直到将地址信号送出和外部程序存储器的数据读入 CPU 后才失效。而后又从 S4P2 开始执行第二个读指令操作。

2.3.3　外部数据存储器读时序

图 2-17 是 AT89S51 单片机外部数据存储器读时序，CPU 对外部数据存储的访问是对 RAM 进行数据的读或写操作，属于指令的执行周期，值得一提的是，读或写是两个不同的机器周期，但它们的时序却是相似的，本书只对 RAM 的读时序进行分析。

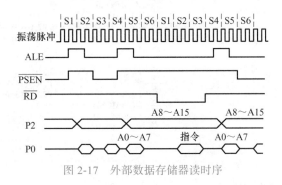

图 2-17　外部数据存储器读时序

上一个机器周期是取指令阶段，是从 ROM 中读取指令数据，接着的下个周期才开始读取外部数据存储器的内容。

在 S4 结束后，先把需读取 RAM 中的地址放到总线上，包括 P0 口上的低 8 位地址 A0 ～ A7 和 P2 口上的高 8 位地址 A8 ～ A15。当 $\overline{\text{RD}}$ 选通脉冲有效时，将 RAM 的数据通过 P0 数据总线读进 CPU。第二个机器周期的 ALE 信号仍然出现，进行一次外部 ROM 的读操作，但是这一次的读操作属于无效操作。对外部 RAM 进行写操作时，CPU 输出的则

是 $\overline{WR}$（写选通信号），将数据通过 P0 数据总线写入外部存储器中。

2.3.4　最小系统

前文对 AT89S51 单片机的内部结构、外部引脚和指令时序进行了详细的介绍，下面以一个传统的单片机最小系统来综合介绍本章所学习的内容。

一个最小的 AT89S51 单片机微机系统由 4KB Flash 存储器、128B 的 RAM 单元、4 个 I/O 端口、时钟电路和复位电路组成，如图 2-18 所示。AT89S51 单片机最小系统的工作原理是，通过外部晶振提供时钟信号，单片机根据时钟信号进行指令执行和数据处理。外部电源提供工作电压，辅助电路可以用于与外部环境进行交互，例如通过按键输入或发光二极管（LED）指示输出。

最小系统的设计目的是提供一个简单、基本的平台，用于学习、实验和原型开发。它为开发人员提供了一个可以运行程序的基本环境，并可以通过扩展和添加其他组件来满足特定的应用需求。

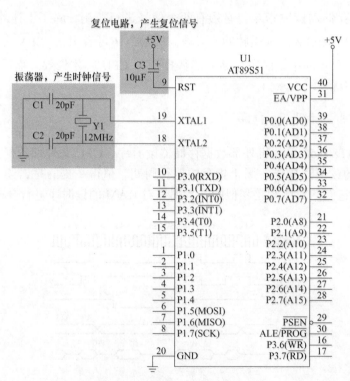

图 2-18　AT89S51 单片机最小系统

本 章 小 结

AT89S51 单片机的内部结构主要包括中央处理器、存储器、总线和 I/O 端口。其引脚功能包括供电和通用 I/O 端口等。指令时序方面，AT89S51 单片机的每个机器周期由 6 个时钟周期构成，可以根据需要选择不同的时钟源。这些特性使得 AT89S51 单片机成为一款灵活、易于使用和功能丰富的单片机。

通过深入学习本章内容，可以全面了解 AT89S51 单片机的硬件结构，为正确使用和开发单片机应用程序提供基础。同时，还可以为后续学习更高级的单片机概念和技术打下坚实的基础。

思考题与习题

1. AT89S51 单片机的硬件结构包括哪些主要组成部分？简要描述每个组成部分的功能和作用。

2. AT89S51 单片机的 I/O 端口是如何工作的？如何配置和控制 I/O 端口的输入和输出？

3. AT89S51 单片机的存储器体系结构是怎样的？有哪些不同类型的存储器可供使用？它们各自的特点是什么？

4. 如果要将 P2 口的引脚配置为输出，并将其设置为高电平，应该如何编写程序来实现？

5. 如果要使用 AT89S51 单片机的定时器 / 计数器来生成 1ms 的延时，应该如何配置和编写程序？

第 3 章　单片机的 C 语言程序设计

学习目标：本章要求学生在掌握 C 语言的编程基础上，能够进行 C51 单片机的程序设计，利用单片机解决一些基本的问题。

8051 单片机的程序设计主要采用两种语言：汇编语言和高级语言。采用高级语言进行程序设计，对系统硬件资源的分配较汇编语言更简单，程序的阅读、修改、移植比较容易，适合编写规模较大的程序，尤其适合编写运算量较大的程序。

C51 语言是目前的 8051 单片机应用开发中普遍使用的程序设计语言。C51 语言能直接对 8051 单片机的硬件进行操作，它既有高级语言的特点，又有汇编语言的特点，因此在 8051 单片机程序设计中，C51 语言得到非常广泛的应用。

3.1　C51 语言程序设计基础

人们很早就和数字打交道，从自然数到分数，从分数到小数，从有理数到无理数，从实数到复数。计算机是处理数字的机器，人们平时使用的这些数据，计算机能直接处理吗？从使用者的角度来说是能直接处理的，但从开发者的角度来说是不能直接处理的。首先，任何计算机都是受处理位数限制的。换句话说，就是用计算机系统来表达数据是有一个范围的。而现实中，数的大小是无限的。其次，计算机内部表示数据都是用高低电平来表示，或者说是用二进制来表示，理论上可以无限表示，实际中由于表示位数不可能无限大，所以也是有一定范围的。如何用计算机内部有限的位数来表示现实中具体的数，这个问题在不同的学科和教材上都讲过，即"数据在计算机中的表示方式和信息编码"，这也是学习计算机入门的首要问题，许多学生在学习这部分知识时总是感觉很抽象，似懂非懂。下面通过学习单片机最基本的工作原理来理解这一问题。

3.1.1　C51 语言的数据类型与存储类型

1. 数据类型

链 3-1 数据类型

C 语言对数据大小进行了限制。在 C 语言中，对数据类型的描述包括数据的表示方式、数据长度、数值范围和构造特点等。程序设计中用的数据可分为常量和变量，各种变量先说明类型，然后才能使用。这个地方有一点复杂的是，在 C51 语言里的数据范围和其他编程环境可能还不完全一样，因此表 3-1 仅仅代表的是 C51 语言支持的数据类型。

实际使用时，应尽量避免使用有符号的数据类型，因为单片机处理整数（尤其是无符号数）时，指令集更为直接和简洁，而浮点运算需要额外的函数库支持，这会使程序变得复杂且降低运算速度。常用的数据类型有"bit"和"unsigned char"，这两种数据类型可以直接支持机器指令，运算速度很快。

表 3-1　C51 语言支持的数据类型

数据类型	位数	字节数	值域
char	8	1	−128 ～ +127，默认有符号字符变量
signed char	8	1	−128 ～ +127，有符号字符变量
unsigned char	8	1	0 ～ +255，无符号字符变量
int	16	2	−32768 ～ +32767，默认有符号整型数
signed int	16	2	−32768 ～ +32767，有符号整型数
unsigned int	16	2	0 ～ +65535，无符号整型数
signed long	32	4	−2147483648 ～ +2147483647，有符号长整型数
unsigned long	32	4	0 ～ +4294967295，无符号长整型数
float	32	4	± 1.175494E−38 ～ ± 3.402823E+38
double	32	4	± 1.175494E−38 ～ ± 3.402823E+38
*	8 ～ 24	1 ～ 3	对象指针
bit	1		0 或 1
sfr	8	1	0 ～ 255
sfr16	16	2	0 ～ 65535
sbit	1		可进行位寻址的特殊功能寄存器的某位的绝对地址

2. C51 语言的扩展数据类型

C51 语言中使用的数据类型包括 C 语言中标准的数据类型和 C51 语言扩展的数据类型。C 语言中标准的数据类型有无符号字符型、有符号字符型、无符号整型、有符号整型、无符号长整型、有符号长整型、浮点型和指针型等。C51 语言扩展的数据类型有位变量型（bit）、特殊功能寄存器型（sfr）、16 位特殊功能寄存器型（sfr16）、特殊功能位型（sbit）等。

下面对 4 种 C51 语言扩展数据类型进行说明：

（1）位变量型（bit）

由于 8051 单片机能够进行位操作，因此扩展了 bit 数据类型。即 bit 是用来定义位变量的，并且 bit 数据类型定义的变量值只能是 1（true）或 0（false）。

1）C51 语言使用关键字"bit"来定义位变量。

```
bit bit_name;                // 一般格式
bit lock_pointer;            // 将 lock_pointer 定义为位变量
```

2）C51 语言的函数可以包含类型为"bit"的参数，也可将其作为返回值。

```
bit fun(bit b0,bit b1)       // 位变量 b0,b1 作为函数 fun 的参数
{
...
return (b1);                 // 位变量 b1 作为 fun 函数的返回值
}
```

3）位变量定义的限制，位变量不能用来定义指针和数组。

```
bit *ptr;                    // 错误，bit 不能用来定义指针
bit array[ ];                // 错误，bit 不能用来定义数组
```

（2）特殊功能寄存器型（sfr）

8051 单片机的特殊功能寄存器分布在片内数据存储区的地址单元 80H ～ FFH 之间，sfr 数据类型占用一个内存单元。利用它可以访问 8051 单片机内部的所有特殊功能寄存器。

定义语法：sfr 特殊功能寄存器名字 = 特殊功能寄存器地址；

例如：

```
sfr P1=0x90;                 // 定义 P1 端口在片内的寄存器
P1=0xff;                     // 使 P1 的所有引脚输出高电平，来操作特殊功能寄存器
```

需要注意的是，"sfr"后面必须跟一个特殊功能寄存器名，"="后面的地址必须是常数，不允许带有运算符的表达式，这个常数值的范围必须在特殊功能寄存器地址范围内，位于 80H ～ FFH 之间。

（3）16 位特殊功能寄存器型（sfr16）

sfr16 数据类型占用两个内存单元，可以理解为两个连续地址的"sfr"，和"sfr"一样，是用于操作特殊功能寄存器的。

定义语法：sfr16 特殊功能寄存器名字 = 特殊功能寄存器地址；

例如：

```
sfr16 DPTR=0x82;             // 定义片内 16 位数据指针寄存器 (DPTR),82H 为其低 8 位地址 ,83H 为
                             // 其高 8 位地址
```

（4）特殊功能位型（sbit）

"sbit"用来声明可位寻址的特殊功能寄存器和别的可位寻址的目标。这里说一个如何判断该特殊功能寄存器是否可位寻址的方法：根据该特殊功能寄存器的字节地址来判断，如果字节地址的低 4 位为 0 或 8，那么该特殊功能寄存器可位寻址。

例如：

中断允许寄存器（IE），它的字节地址为 A8H，那么 IE 可位寻址。

I/O 端口 P0，它的字节地址为 80H，那么 P0 可位寻址。

定时器工作方式寄存器（TMOD），它的字节地址为 89H，那么 TMOD 不可位寻址。

"sbit"的 3 种定义方法如下：

1）sbit 位名 = 特殊功能寄存器 ^ 位置。

```
sfr PSW=0xd0;
sbit CY=PSW^7;               // 定义 CY 位为 PSW.7, 位地址为 D7H
sbit OV=PSW^2;               // 定义 OV 位为 PSW.2, 位地址为 D2H
```

需要注意的是，符号"^"前面是特殊功能寄存器的名字，符号"^"后面的数字定义特殊功能寄存器可位寻址位在寄存器中的位置，取值必须是 0 ～ 7。

2）sbit 位名 = 字节地址 ^ 位置。

```
sbit CY=0xd0^7;              //CY 位地址为 D7H
```

```
sbit OV=0xd0^2;          //OV 位地址为 D2H
```

3）sbit 位名 = 位地址。

```
sbit CY=0xd7;            //CY 位地址为 D7H
sbit OV=0xd2;            //OV 位地址为 D2H
```

【例 3-1】AT89S51 单片机片内 P1 口的各寻址位的定义如下：

```
sfr P1=0x90;
sbit P1_0=P1^0;
sbit P1_1=P1^1;
sbit P1_2=P1^2;
sbit P1_3=P1^3;
sbit P1_4=P1^4;
sbit P1_5=P1^5;
sbit P1_6=P1^6;
sbit P1_7=P1^7;
```

对于 sbit 数据类型的使用频率是比较高的，对于 bit 数据类型的使用频率较低，而对于 sfr 和 sfr16 这两种数据类型，C51 语言为了方便用户处理，把 8051 单片机（或 8052 单片机）常使用的特殊功能寄存器和其中的可寻址位进行了定义，放在了 reg51.h（或 reg52.h）的头文件中，使用时只需要使用 #include 将头文件包含到程序中即可使用特殊功能寄存器名和其中的可寻址位的名称了。当然可以在 Keil 环境或者文本编辑器中打开这个头文件查看其内容，也可以根据需求进行相应的增减操作。

另外要注意不要把"bit"与"sbit"相混淆。"bit"用来定义普通的位变量，它的值只能是二进制的 0 或 1。而"sbit"定义的是特殊功能寄存器的可寻址位，它的值是可进行位寻址的特殊功能寄存器某位的绝对地址，例如 PSW 中 OV 位的绝对地址 0xd2。

3. 数据存储类型

在讨论 C51 语言的数据类型时，必须同时提及它的存储类型，以及它与 8051 单片机存储器结构的关系，因为 C51 语言定义的任何数据类型必须以一定的方式，定位在 8051 单片机的某一存储区中，否则就没有任何实际意义。

链 3-2 存储类型

8051 单片机有片内、片外数据存储区，还有程序存储区。片内数据存储区是可读写的，8051 单片机的衍生系列最多可有 256B 的内部数据存储区（例如 AT89S52 单片机），其中低 128B 可直接寻址，高 128B（80H ～ 0FFH）只能间接寻址，从地址 20H 开始的 16B 可位寻址。内部数据存储区可分为 3 个不同的数据存储类型：data、idata 和 bdata。

访问片外数据存储区比访问片内数据存储区慢，因为访问片外数据存储区需要通过数据指针加载地址来间接寻址访问。C51 语言提供两种不同的数据存储类型：xdata 和 pdata 来访问片外数据存储区。

程序存储区只能读不能写。程序存储区可能在 8051 单片机内部或外部，或者外部和内部都有，这由 8051 单片机的硬件决定，C51 语言提供了 code 存储类型来访问程序存储区。

C51 语言的数据存储类型与 8051 存储空间的对应关系见表 3-2。

表 3-2　C51 语言的数据存储类型与 8051 存储空间的对应关系

存储区	数据存储类型	与存储空间的对应关系
DATA	data	片内 RAM 直接寻址区，位于片内 RAM 的低 128B
BDATA	bdata	片内 RAM 位寻址区，位于 20H ～ 2FH 空间
IDATA	idata	片内 RAM 的 256B，必须间接寻址的存储区
XDATA	xdata	片外 64KB 的 RAM 空间，使用 @DPTR 间接寻址
PDATA	pdata	片外 RAM 的 256B，使用 @Ri 间接寻址
CODE	code	程序存储区，使用 DPTR 寻址

下面对表 3-2 中的各种存储区做以下说明：

（1）DATA 区

DATA 区的寻址是最快的，应把经常使用的变量放在 DATA 区，但是 DATA 区的存储空间是有限的，DATA 区除了包含程序变量外，还包含了堆栈和寄存器组。DATA 区声明中的存储类型标识符为 data，通常指片内 RAM 的低 128B 的内部数据存储的变量，可直接寻址。

例如：

unsigned char data system status=0;
unsigned int data unit_id[8];
char data inp_string[20];

标准变量和用户自声明变量都可存储在 DATA 区中，只要不超出 DATA 区的范围即可，由于 C51 语言使用默认的寄存器组来传递参数，这样 DATA 区至少失去了 8B 的空间。另外，当内部堆栈溢出的时候，程序会莫名其妙地复位。这是因为 8051 单片机没有报错的机制，堆栈的溢出只能以这种方式表示，因此要留有较大的堆栈空间来防止堆栈溢出。

（2）BDATA 区

BDATA 区实质上是 DATA 中的位寻址区，在这个区中声明变量就可进行位寻址。BDATA 区声明中的存储类型标识符为 bdata，指的是片内 RAM 可位寻址的 16B 存储区（字节地址为 20H ～ 2FH）中的 128 位。

例如：

unsigned char bdata status_byte;
unsigned int bdata status_word;
sbit stat_flag=status_byte^4;
if(status_word^15)
    {
    ...
    }
stat_flag=1;

C51 语言编译器不允许在 BDATA 区中声明 float 和 double 型的变量。

（3）IDATA 区

IDATA 区使用寄存器作为指针来进行间接寻址，常用来存放使用比较频繁的变量。与外部存储器寻址相比，它的指令执行周期和代码长度相对较短。IDATA 区声明中的存储类型标识符为 idata，指的是片内 RAM 的 256B 的存储区，它只能间接寻址，速度比直接寻址慢。

例如：

```
unsigned char idata system_status=0;
unsigned int idata unit_id[8];
char idata inp_string[16];
float idata out_value;
```

（4）PDATA 区和 XDATA 区

PDATA 区和 XDATA 区位于片外存储区，PDATA 区和 XDATA 区声明中的存储类型标识符分别为 pdata 和 xdata。PDATA 区只有 256B，仅指定 256B 的外部数据存储区。但 XDATA 区最多可达 64KB，它对应的 xdata 存储类型标识符可以指定外部数据存储区64KB 内的任何地址。

对 PDATA 区寻址要比对 XDATA 区寻址快，因为对 PDATA 区寻址，只需装入 8 位地址，而对 XDATA 区寻址要装入 16 位地址，所以要尽量把外部数据存储在 PDATA 区中。

对 PDATA 区和 XDATA 区的声明举例如下：

```
unsigned char xdata system_status=0;
unsigned int pdata unit_id[8];
char xdata inp_string[16];
float pdata out_value;
```

由于外部数据存储器与外部 I/O 端口是统一编址的，因此外部数据存储器地址段中除了包含数据存储器地址外，还包含外部 I/O 端口的地址。对外部数据存储器及外部 I/O 端口的寻址将在本章的绝对地址寻址中详细介绍。

（5）CODE 区

CODE 区声明的标识符为 code，储存的数据是不可改变的。在 C51 语言编译器中可以用存储区类型标识符 code 来访问程序存储区。

例如：

```
unsigned char code a[ ]=(0x00,0x01,0x02,0x03,0x04,0x05,0x06,0x07,0x08);
```

上面介绍了 C51 语言的数据存储类型，C51 语言的数据存储类型及其大小和值域见表 3-3。

表 3-3　C51 语言的数据存储类型、大小和值域

存储类型	长度 /bit	长度 /B	值域
data	8	1	0 ～ 255
idata	8	1	0 ～ 255

（续）

存储类型	长度 /bit	长度 /B	值域
bdata	1		0 或 1
pdata	8	1	0 ~ 255
xdata	16	2	0 ~ 65535
code	16	2	0 ~ 65535

单片机读写片内 RAM 比读写片外 RAM 的速度相对快一些，所以应当尽量把频繁使用的变量置于片内 RAM，即采用 data、bdata 或 idata 存储类型，而将容量较大的或使用不太频繁的那些变量置于片外 RAM，即采用 pdata 或 xdata 存储类型。常量只能采用 code 存储类型。

变量存储类型定义举例如下：

1)char data a1;　　　　　　　　　　// 字符变量 a1 被定义为 data 型，分配在片内 RAM 低 128B 中

2)loat idata x,y;　　　　　　　　　　// 浮点变量 x 和 y 被定义为 idata 型，定位在片内 RAM 中，
　　　　　　　　　　　　　　　　　　// 只能用间接寻址方式寻址

3)bit bdata p;　　　　　　　　　　　// 位变量 p 被定义为 bdata 型，定位在片内 RAM 中的位寻
　　　　　　　　　　　　　　　　　　// 址区

4)unsigned int pdata var1;　　　　　// 无符号整型变量 var1 被定义为 pdata 型，定位在片外 RAM
　　　　　　　　　　　　　　　　　　// 中，相当于使用 @Ri 间接寻址

5)unsigned char xdata a[2][4];　　　// 无符号字符型二维数组变量 a[2][4] 被定义为 xdata 型，
　　　　　　　　　　　　　　　　　　// 定位在片外 RAM 中，占据 2 × 4B=8B，相当于使用 @DPTR
　　　　　　　　　　　　　　　　　　// 间接寻址

3.1.2　常量与变量

变量和常量是相对的。常量就是 1、2、3、4.5、10.6 固定的数字，而变量则和数学中的 x 是一个概念，可以让它是 1，也可以让它是 2，让它是多少是程序决定的。

1. 常量

常量是指在程序执行过程中，不能被改变的量。常见的常量有整型常量、实型常量（浮点型常量）、字符型常量、字符串常量以及位类型常量等。

（1）整型常量

整型常量即整型常数，可以表示为十进制数、八进制数、十六进制数 3 种形式，采用不同的前缀加以区分。十进制的整数表示方法非常简单，如 21、-34、158 等。八进制的整数则以 0 开头，如 021，其十进制值为 17。十六进制的整数通常以 0x 开头，如 0xff、0xd2b3 等。

链 3-3 常量

（2）实型常量

实型常量即浮点型常量，分为十进制小数形式和指数形式两种。

1）十进制小数形式：由数字和小数点组成，例如 12.4，123.5，0.6，-3.6，-12.5 等。

2）指数形式：例如 1.2E3 代表 1.2×10^3；-1.5E3 代表 -1.5×10^3；1.1E-2，代表 1.1×10^{-2}。

在 C 语言程序中，实型常量默认为 double 型，但可以通过添加后缀 "F/f" 来表示该实型常量为 float 型，如 3.14f、12E-4F。在实型常量中不得出现任何空白符号。

（3）字符型常量

用单引号界定起来的一个普通字符或转义字符，如：'a'、'A'、'\n' 等。普通字符可以是字符集中任意一个字符。普通字符常量的值就是该字符的 ASCII（美国信息交换标准码）值。

（4）字符串常量

字符串常量用双引号引出，如 "GOOD" "thank you" 等。需要注意的是，单引号内只能包含一个字符，双引号内包含一个字符串（也可以一个字符）。

（5）位类型常量

位类型的值是一位二进制数 "0" 或 "1"。常量可以是数值型常量，也可以是符号常量。数值型常量可以直接使用，符号常量在使用之前必须在程序开头，使用编译预处理命令 "define" 进行定义（宏定义），其格式如下：

#define 符号常量 常量

符号常量通常用大写字母表示，以区别程序中的变量。在编写程序时，使用符号常量代替程序中多次出现的常量，便于修改程序。

例如：

#define PI 3.14159　　　// 符号常量 PI 的数值定义为 3.14159

定义了符号常量以后，在程序中凡是用到 3.14159 的地方，可以用符号常量 PI 代替。

2. 变量

变量是指在程序运行时其值可以改变的量，变量的功能就是存储数据。变量有名字（有命名规则和注意事项），有类型，具有存储单元（通过定义其类型来分配存储空间），可用来存放数据或者变量的值。变量必须先定义、后使用。在定义过程中指定变量名字与类型，变量名实际代表一个

链 3-4 变量

存储地址，通过变量名找到相应的内存地址，从该存储单元中读取数据。在使用中注意区分变量名、变量值和变量地址这 3 个不同的概念，变量名和变量地址为一个变量的两种表示方式，在 C51 语言中一般使用变量名。变量的定义格式如下：

[存储种类]　数据类型　[存储器类型]　变量名；

其中，数据类型和变量名是必要的，存储种类和存储器类型是可选项。

例如：

定义一个整型变量 :int a;
定义一个外部浮点型变量 :extern float m;
定义一个存储类型为 idata 类型的位变量 :bit idata x;

下面对与变量存储有关的存储种类和存储器类型进行介绍。

（1）存储种类

存储种类是指变量在程序执行过程中的作用范围。C51 语言变量的存储种类有 4 种，

分别是动态（auto）变量、外部（extern）变量、静态（static）变量和寄存器（register）变量。

1）动态变量。使用auto定义的变量为动态变量，动态变量是在函数内部定义的变量。只有在函数被调用时，系统才给动态变量分配存储单元，函数执行结束时释放存储空间。定义变量时，如果省略存储种类，则系统默认为动态变量。

2）外部变量。使用extern定义的变量为外部变量，外部变量是在函数外部定义的变量，也称为全局变量。如果在函数体内，要使用一个该函数体外定义过的变量或使用一个其他文件中定义的变量，该变量在函数体外要予以说明。例如，在文件ex1.c中定义了变量unsigned char i，在另一文件ex2.c中需要使用变量i，则需要在函数体外先进行外部变量说明。

3）静态变量。使用static定义的变量为静态变量，静态变量可分为静态局部变量和静态全局变量。静态局部变量具有局部作用域，它只被初始化一次，自从第一次被初始化直到程序运行结束一直存在，它和全局变量的区别在于全局变量对所有函数都是可见的，而静态局部变量只对定义自己的函数体始终可见。局部变量也只有局部作用域，它是自动对象（auto），在程序运行期间不是一直存在，而是只在函数执行期间存在，函数的一次调用执行结束后，变量被撤销，其所占用的内存也被收回。静态全局变量也具有全局作用域，它与全局变量的区别在于如果程序包含多个文件的话，它作用于定义它的文件里，不能作用到其他文件里，即被static关键字修饰过的变量具有文件作用域。这样即使两个不同的源文件都定义了相同名字的静态全局变量，它们也是不同的变量。

4）寄存器变量。一般经常被使用的变量（如某一变量需要计算几千次）可以设置成寄存器变量，register变量会被存储在寄存器中，计算速度远快于存在内存中的非register变量。

4种变量的作用域和生存周期见表3-4。

表3-4　4种变量的作用域和生存周期

存储种类	存储期	作用域	声明方式
auto	自动	块	块内
register	自动	块	块内，使用关键字register
static（局部）	静态	块	块内，使用关键字static
static（全局）	静态	文件内部	所有函数外，使用关键字static
extern	静态	文件内部	所有函数外

（2）存储器类型

C51语言中通过存储器类型指定变量的存储区域，存储器类型可以由关键字直接指定。定义变量可以省略存储器类型，C51语言编译器按默认模式确定存储器类型为data。

1）bit位变量。bit位变量是C51语言扩展数据类型。bit位变量定义的变量，存放在内部RAM可以位寻址的区域。存储器类型可以是data、bdata、idata。bit位变量定义的格式如下：

bit　［存储器类型］　位变量名；　　// 变量只能赋予"0"或"1"

例如：

bit idata x;　　　　　　　　　　　　　//定义了位变量 x

使用 C51 语言编译时，位地址是变化的。

2）sbit 可位寻址的位变量。sbit 可位寻址的位变量定义格式如下：

sbit 位变量名 = 位地址 ;

在使用 C51 语言编译时，sbit 可位寻址的位变量对应的位地址是不变的，可以通过以下 3 种方法定义。

方法 1：sbit 位变量名 = 位地址。

sbit P1_1=0x90;　　　　// 把 P1.0 的位地址赋给位变量

方法 2：sbit 位变量名 = 特殊功能寄存器名 ^ 位位置。

sbit P1_1=P1^1;　　　　// 可寻址位位于 sfr 中时可以采用这种方法

方法 3：sbit 位变量名 = 字节地址 ^ 位位置。

sbit P1_1=0x90^1;　　　　//P1 字节地址为 0x90,P1.0 的位地址表示为 0x90^1

需要注意的是，C51 语言中，用符号 "^" 标识特殊功能寄存器中的位。
例如：

sbit LED=P1^0;　　　　// 等号左边是变量，可以为不同名字

这种方法和方法 2 本质上是一致的。

3.1.3　C51 语言的绝对地址访问

链 3-5 绝对
地址访问

如何对 8051 单片机的片内 RAM、片外 RAM 和 I/O 空间进行访问，C51 语言提供了 3 种访问绝对地址的办法。

1. 绝对宏

在程序中，用 "# include<absacc.h>" 即可使用其中声明的宏来访问绝对地址，包括：CBYTE、XBYTE、PWORD、DBYTE、CWORD、XWORD、PBYTE、DWORD。具体使用可参考 absacc.h 头文件。其中：

1）CBYTE 以字节形式对 code 区寻址。

2）CWORD 以字形式对 code 区寻址。

3）DBYTE 以字节形式对 data 区寻址。

4）DWORD 以字形式对 data 区寻址。

5）XBYTE 以字节形式对 xdata 区寻址。

6）XWORD 以字形式对 xdata 区寻址。

7）PBYTE 以字节形式对 pdata 区寻址。

8）PWORD 以字形式对 pdata 区寻址。

例如：

```
#include <absacc.h>
#define PORTA XBYTE[0xffc0]          // 将 PORTA 定义为外部 I/O 接口 , 地址为 0xffc0, 长度为 8 位
#define NEAM DBYTE[0x50]             // 将 NEAM 定义为片内 RAM, 地址为 0x50, 长度为 8 位
rval=CBYTE[0x0002];                  // 指向程序存储器的 0002H 地址
rval=XWORD[0x0002];                  // 指向外 RAM 的 0004H 地址
```

【例 3-2】片内 RAM、片外 RAM 及 I/O 的定义的程序如下。

```
#include <absacc.h>
#define PORTA XBYTE [0xffc0]         // 将 PORTA 定义为外部 I/O 端口 , 地址为 0xffc0
#define NEAM DBYTE [0x40]            // 将 NEAM 定义为片内 RAM, 地址为 0x40
main()
{
    PORTA=0x3d;      // 将数据 3DH 写入地址为 0xffc0 的外部 I/O 端口 PORTA
    NEAM=0x01;       // 将数据 01H 写入片内 RAM 的 0x40 单元
}
```

2. _at_ 关键字

使用关键字 _at_ 可对指定的存储器空间的绝对地址进行访问，格式如下：

[存储器类型] 数据类型说明符 变量名 _at_ 地址常数；

其中，存储器类型为 C51 语言能识别的数据类型；数据类型为 C51 语言支持的数据类型；地址常数用于指定变量的绝对地址，必须位于有效的存储器空间之内；使用 _at_ 定义的变量必须为全局变量。

链 3-6 _at_ 关键字

说明：

1）绝对变量不能被初始化。

2）bit 型函数及变量不能用 _at_ 指定。

【例 3-3】使用关键字 _at_ 实现绝对地址的访问，程序如下：

```
void main(void)
{
    idata struct link list _at_ 0x40;        // 指定结构体 list 从 40H 开始
    xdata char text[25b] _at_ 0xE000;        // 指定数组 text 从 E000H 开始
    data unsigned char y1 _at_ 0x50;         // 在 DATA 区定义字节变量 y1, 地址为 50H
    xdata unsigned int y2 _at_ 0x4000;       // 在 XDATA 区定义字节变量 y2, 地址为 4000H
    y1=0xff;
    y2=0x1234;
    ...
}
```

【例 3-4】将片外 RAM 2000H 开始的连续 20B 单元清零，程序如下：

```
xdata unsigned char buffer[20] _at_ 0x2000;
void main(void)
{
    unsigned char i;
    for(i=0; i<20; i++)
```

```
    {
        buffer[i]=0;
    }
}
```

如果把片内 RAM 40H 单元开始的 8 个单元内容清零,则程序如下:

```
xdata unsigned char buffer[8] _at_ 0x40;
void main(void)
{
    unsigned char j ;
    for(j=0;j<8;j++)
    {
        buffer[j]=0;
    }
}
```

提示:如果外部绝对变量是 I/O 端口等可自行变化的数据,需要使用 volatile 关键字进行描述,可参考 <absacc.h> 的定义。

3. 连接定位控制

此法是利用连接控制指令 code xdata pdata \data bdata 对"段"地址进行的,如要指定某具体变量地址则很有局限性,不再做详细讨论。

3.1.4　C51 语言的运算符与表达式

C51 语言的运算符非常丰富,在程序中使用这些运算符来处理各种基础操作,从而完成特定的功能。C51 语言的运算符主要有以下几种:

链 3-7 运算符与表达式

1. 算术运算符与算术表达式

算术运算符及其说明见表 3-5。

表 3-5　算术运算符及其说明

符号	说明	举例(设 x=10,y=4)
+	加法运算	z=x+y;　　//z=14
-	减法运算	z=x-y;　　//z=6
*	乘法运算	z=x*y;　　//z=40
/	除法运算	z=x/y;　　//z=2
%	取余数运算	z=x%y;　　//z=2
++	自增 1	x++;　　//x=11
- -	自减 1	y--;　　//y=3

在这里除法运算符和一般的算术运算规则有所不同,如果是两个浮点数相除,结果也是浮点数。如果两个整数相除,结果也是整数,并且该整数是取整得到的,而不是四舍五

入得到的。例如，10.0/20.0 结果为 0.5，7/2 结果为 3，而不是 3.5 或 4。求余运算符 % 的两侧均应是整数。

在上述的运算符中，同样可以用"()"来改变运算的优先级，如（A+B）*C 就需要先计算 A 与 B 的和，再计算与 C 的积。由算术运算符和括号将操作数连接起来的式子称为算术表达式。

C51 语言中表示加 1 和减 1 时可采用自增运算符和自减运算符，自增和自减运算符是使变量自动加 1 或减 1，自增和自减运算符放在变量前和变量后是不同的，具体见表 3-6。

表 3-6　自增运算符与自减运算符说明

符号	说明	举例（设 x 的初值为 3）
x++	先用 x 的值，再让 x 加 1	y=x++;　　//y=3，x=4
++x	先让 x 加 1，再用 x 的值	y=++x;　　//y=4，x=4
x--	先用 x 的值，再让 x 减 1	y=x- -;　　//y=3，x=2
--x	先让 x 减 1，再用 x 的值	y=- -x;　　//y=2，x=2

2. 赋值运算符与赋值表达式

"="为赋值运算符，在 C51 语言中用于给变量赋值，用赋值运算符将一个变量与一个表达式连接起来的式子称为赋值表达式。其格式如下：

变量名 = 表达式

在赋值表达式后面加"；"构成赋值语句。其格式如下：

变量名 = 表达式

例如：

a=12;　　　// 给变量 a 赋值 12
b=a;　　　 // 将变量 a 的值赋予 b,b 也等于 12

在赋值运算中，当"="两侧数据类型不一致时，系统自动将右侧表达式的值转换为与左侧变量一致的数据类型，再赋值给变量。

例如：

float a;　　　// 定义 a 为浮点型变量
int b;　　　　// 定义 b 为整型变量
a=12.6;　　　//a 赋值 12.6
b=a;　　　　 //b 为整型，故 b 的值为 12

3. 关系运算符与关系表达式

关系运算符通常是用来判别两个变量是否符合某个条件的，所以使用关系运算符的运算结果只有"真"或"假"，即"1"或"0"两种。关系运算符及其说明见表 3-7。

表 3-7　关系运算符及其说明

符号	说明	举例（设 a=3，b=4）
>	大于	a>b；　// 返回值为 0
<	小于	a<b；　// 返回值为 1
>=	大于或等于	a>=b；　// 返回值为 0
<=	小于或等于	a<=b；　// 返回值为 1
= =	等于	a= =b；　// 返回值为 0
!=	不等于	a!=b；　// 返回值为 1

要区分赋值运算符 "=" 与关系运算符 "= ="，例如 a=b 与 a= =b，前者表示的意思是将 b 的值赋给 a，而后者是用来判定 a 是不是同 b 的值相等。

用关系运算符将两个表达式连接起来的表达式称为关系表达式。

4. 逻辑运算符与逻辑表达式

逻辑运算符有 3 种："&&""||" 和 "!"。逻辑表达式是由逻辑运算符连接起来的表达式。逻辑表达式的值为逻辑值，即 "真" 或 "假"，分别用 "1" 或 "0" 表示。逻辑运算符及其说明见表 3-8。

表 3-8　逻辑运算符及其说明

符号	说明	举例（设 a=2，b=3）
&&	逻辑与	a&&b；　// 返回值为 1
||	逻辑或	a||b；　// 返回值为 1
!	逻辑非（求反）	!a；　// 返回值为 0

例如，条件 "10>15" 为假，"3<4" 为真，逻辑与运算（10>15）&&（2<6）=0&&1=0。

5. 位运算符与位表达式

单片机通常通过 I/O 端口控制外设完成相应的操作，例如，单片机控制电动机转动、信号灯的亮灭、蜂鸣器的发声及继电器的通断等。这些控制均需要使用 I/O 端口某一位或几位。因此，单片机应用中位操作运算符是很重要的运算分支，C51 语言支持各种位运算。位运算也是 C 语言的一大特色。所谓位运算，形象地说就是指将数值以二进制位的方式进行相关的运算，参与位运算的数必须是整型或字符型的数据，实型（浮点型）的数据不能参与位运算。位运算符及其说明见表 3-9。

表 3-9　位运算符及其说明

符号	说明	举例
&	按位逻辑与	0xb3&0xa6=0xa2
|	按位逻辑或	0xb3|0xa6=0xb7
^	按位异或	0xb3^0xa6=0x15
~	按位取反	x=0xff，则~ x=0x00
<<	按位左移（高位舍弃，低位补 0）	y=0x3a，若 y<<2，则 y=0xe8
>>	按位右移（高位补 0，低位舍弃）	w=0x0f，若 w>>2，w=0x03

（1）按位"与"运算符 &

它是实现"必须都有，否则就没有"的运算。它的规则如下：

0&0=0,0&1=0,1&0=0,1&1=1。

在实际应用中，按位"与"运算常用来对某些位清零或保留某些位。

例如：

A 的值为：A=1001 0010。若只想保留 A 的高 4 位，则用：A&1111 0000，"与"运算后 A 的值为：1001 0000。

（2）按位"或"运算符 |

它是实现"只要其中之一有，就有"的运算。它的规则如下：

0|0=0,1|0=1,0|1=1,1|1=1。

在实际应用中，"或"运算常用来将一个数值的某些位定值为"1"。

例如：

A 的值为：A=1001 0010。想将 A 的低 4 位定值为 1，则用：A|0000 1111。"或"运算后 A 的值为：1001 1111。

（3）按位"异或"运算符 ^

它是实现"两个不同就有，相同就没有"的运算。它的规则如下：

0^0=0,1^0=1,0^1=1,1^1=0。

在实际应用中，"异或"运算常用来使数值的特定位翻转。

例如：

A 的值为：A=1001 1010。若想将 A 的低 4 位翻转，即 0 变 1，1 变 0，则用：A^0000 1111。"异或"运算后 A 的值为：1001 0101。

（4）按位"取反"运算符 ～

它是实现"是非颠倒"的运算。它的运算规则如下：

～ 0=1,～ 1=0。

例如：

A 的值为：1001 1010。按位"取反"运算后，其值为：0110 0101。

（5）按位"左移"运算符 <<

它是实现将一个二进制数的每一位都左移若干位的运算。左移运算的方法如图 3-1 所示。

（6）按位"右移"运算符 >>

它是实现将一个二进制数的每一位都右移若干位的运算。右移运算的方法如图 3-2 所示。

1001 01⁞10

左端舍弃——1001 011000——右端补零

图 3-1　左移运算

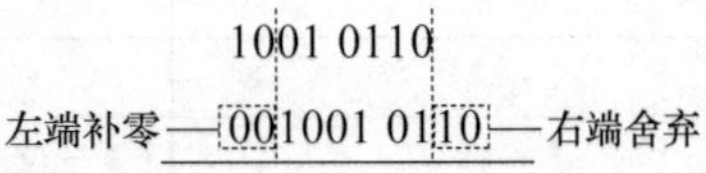

1001 0110

左端补零——0010010 1⁞10——右端舍弃

图 3-2　右移运算

在实际的控制应用中，人们常常想要改变 I/O 端口中的某一位的值，而不影响其他位，如果 I/O 端口是可位寻址的，那么这个问题就很简单。但有时外扩的 I/O 端口只能进行字节操作，因此要想在这种场合下实现单独的位控，就要采用位操作。

【例 3-5】编写程序将扩展的某 I/O 端口 PORTA（只能字节操作）的 PORTA.5 清零，PORTA.1 置为 "1"，程序如下：

```
#include <absacc.h>          // 定义片外 I/O 端口变量 PORTA 要用到头文件 absacc.h
#define PORTA XBYTE[0xffc0]  // 定义了一个片外 I/O 端口变量 PORTA
void main()
{
...
PORTA=(PORTA&0xdf)|0x02;
...
}
```

上面程序段中，第 2 行定义了一个片外 I/O 端口变量 PORTA，其地址为片外数据存储区的 0xffc0。在 main() 函数中，"PORTA=（PORTA&0xdf）|0x02" 的作用是先用运算符 "&" 将 PORTA.5 置成 0，然后再用 "|0x02" 运算将 PORTA.1 置为 1。

6. 复合赋值运算符与复合赋值表达式

在赋值运算符 "=" 之前加上其他双目运算符，就可以构成复合赋值运算符。复合赋值运算符有 +=、-=、*=、/=、%=、<<=、>>=、&=、^= 和 |=。

构成复合赋值表达式的格式如下：

变量双目运算符 = 表达式

它相当于

变量 = 变量运算符表达式；

例如：

num+=15 相当于 num=num+15。
a*=b+23 相当于 a=a*(b+23)。

7. 指针与取地址运算符

指针是 C51 语言中一个十分重要的概念，将在本章 3.4 节介绍。指针变量用于存储某个变量的地址，"*" 和 "&" 运算符用来提取变量的内容和变量的地址，具体见表 3-10。

表 3-10　指针与取地址运算符及其说明

符号	说明
*	提取变量的内容
&	提取变量的地址

提取变量的内容和变量的地址的一般形式分别为：

目标变量 =* 指针变量；　　　// 将指针变量所指的存储单元内容赋值给目标变量

指针变量 =& 目标变量；　　　　// 将目标变量的地址赋值给指针变量

例如：

a=&b;　　　　　　　　　　// 取 b 变量的地址送至变量 a
c=*b;　　　　　　　　　　// 把以指针变量 b 为地址的单元内容送至变量 c

指针变量中只能存放地址（即指针型数据），不能将非指针类型的数据赋值给指针变量。例如：

int i ;　　　　　　　// 定义整型变量 i
int *b;　　　　　　　// 定义指向整数的指针变量 b
b=&i;　　　　　　　// 将变量 i 的地址赋给指针变量 b
b=i;　　　　　　　// 错误，指针变量 b 只能存放变量指针 (变量的地址)，不能存放变量 i 的值

3.2　C51 语言的基本语句

C51 语言的程序是由语句构成的，若干条语句有序地组织起来实现一定的功能。C51 语言程序有 3 种基本结构，即顺序结构、选择（分支）结构和循环结构。

顺序结构：程序自上而下逐条顺序执行。

选择（分支）结构：根据表达式的值选择执行不同分支的程序。

循环结构：程序执行中根据某一条件的存在重复执行同一部分，直到条件不满足时终止循环操作。

C51 语言提供了多种语句实现这些程序结构。下面介绍常用的 C51 语言语句。

3.2.1　表达式语句和复合语句

1. 表达式语句

表达式语句是最基本的语句，语句中没有关键词。表达式语句由一个表达式和一个分号"；"构成，其一般格式如下：

表达式 ;

执行表达式语句即是计算表达式的值。

例如：

sum=i+10;　　// 将 i+10 的值赋给变量 sum

链 3-8 C51
语言的基本
语句

（1）空语句

C51 语言程序中有一个特殊的表达式语句，称为空语句。空语句只有一个"；"，它的功能是什么也不做，但执行它和执行其他语句一样，需要占用 CPU 一定的时间，因此常用于延时。

（2）函数调用

函数调用是调用已经定义的函数（或内置的库函数），由函数名、实际参数表加上分号"；"组成，其一般格式如下：

函数名 (实际参数表);

执行函数语句就是调用函数体并把实际参数赋予函数定义中的形式参数。然后，执行被调用函数体中的语句。

```
delay(1000);     //delay 为函数名 ,1000 为实际参数
```

2. 复合语句

用 “{}” 将一组语句括起来就构成了复合语句。

例如：

```
{
    sum=sum+i;
    y=sum;
}
```

它是一条复合语句。复合语句内的各条语句都必须以分号 “；” 结束，但在括号 “}” 外不能加分号。

3.2.2 选择语句

选择（分支）语句是判定所给定的条件是否满足，根据判定的结果（真或假）决定执行给出的操作之一。实现选择（分支）控制语句有 if 语句和 switch 语句。

1. 基本 if 语句

基本 if 语句的一般格式如下：

```
if( 表达式 )
    {
    语句组 ;
    }
```

if 语句的功能是如果 “表达式” 的结果为 “真”，则执行花括号内的语句组。否则，跳过语句组继续执行其下面的语句。if 语句中的 “表达式” 可以是任何形式的表达式，常用的是逻辑表达式或关系表达式。只要表达式的值 “非 0”，即可执行花括号内的语句组。例如，以下语句都是合法的。

```
if(1)
    {
    …
    }
if(x=5)  // 括号内始终为真，注意区分与 if(x==5) 的区别
    {
    …
    }
if(P2.0==0)
    {
    …
```

}

if 语句中的"表达式"必须用"()"括起来。if 语句中的语句组如果只有一条语句，"{}"可以省略；若语句组有多条语句，则必须用"{}"括起来。这一点，初学者在使用中容易出错。

【例 3-6】模拟汽车转向灯的控制，可以通过下面操作实现。

```
if(P2.0==0)              // 若 P2.0==0, 即左转向开关接通 , 则 P1.0=0, 点亮左转向灯
    P1.0=0;
if(P2.1==0)              // 若 P2.1==0, 即右转向开关接通 , 则 P1.1=0, 点亮左转向灯
    P1.1=0;
```

2. if–else 语句

if–else 语句的一般格式如下：

```
if( 表达式 )
    {
    语句组 1;
    }
    else
      {
      语句组 2;
      }
```

if–else 语句组的功能是：如果"表达式"的值为"真"，则执行语句组 1；如果"表达式"的值为"假"，则执行语句组 2。

【例 3-7】寻找最大值的 if–else 语句如下：

```
if (x>y)
    {
    max=x;
    }
    else
      {
      max=y;
      }
```

3. if–else–if 语句

if–else–if 语句是多分支语句，它的一般格式如下：

```
if( 表达式 1)
    {
    语句组 1;
    }
    else if( 表达式 2)
      {
      语句组 2;
```

```
    }
    …
    else if( 表达式 n)
      {
      语句组 n;
      }
      else
        {
        语句组 n+1;
        }
```

【例 3-8】判断 x（0<x<10000）是几位数的 if-else-if 语句如下：

```
if(1000<x)
    {
    y=4;
    }
    else if(100<x)
      {
      y=3;
      }
      else if(10<x)
        {
        y=2;
        }
        else
          {
          y=1;
          }
```

从 if-else-if 语句格式中可以看出，它是 if-else 语句的嵌套，构成多分支的选择结构。

4. switch 语句

if 语句一般用于条件判断或分支数目较少的场合，如果 if 语句嵌套层数过多，就会降低程序的可读性。C51 语言提供了一种专门用于完成多分支选择的 switch 语句，其一般格式如下：

```
switch( 表达式 )
{
case 常量表达式 1: 语句组 1;break;
case 常量表达式 2: 语句组 2;break;
…
case 常量表达式 n: 语句组 n;break;
default: 语句组 n+1;
}
```

【例 3-9】在单片机程序设计中，常用 switch 语句作为键盘中按键按下的判别，并根据按下键的键号跳向各自的分支处理程序。

```
input:keynum=keyscan()
switch(keynum)
{
case 1:keyl();break;      // 如果按下键的键值为 1, 则执行函数 key1()
case 2:key2();break;      // 如果按下键的键值为 2, 则执行函数 key2()
case 3:key3();break;      // 如果按下键的键值为 3, 则执行函数 key3()
case 4:key4();break;      // 如果按下键的键值为 4, 则执行函数 key4()
…
default:goto input;
}
```

switch 语句执行过程如下：计算"表达式"的值，并逐个与 case 语句后的"常量表达式"的值相比较，当"表达式"的值与某个"常量表达式"的值相等时，则执行相应"常量表达式"的语句组，然后，执行 break 语句，退出 switch 语句，继续执行其后面的语句。如果"表达式"的值与所有 case 语句后的"常量表达式"的值均不相同，则执行 default 后面的语句组 n+1。switch 语句中的 case 语句后面必须是一个"常量表达式"，且不能将 break 语句省略，否则程序将会顺序往下执行下去，出现程序的逻辑错误。

3.2.3　循环语句

循环语句是用于实现需要反复执行多次的操作。利用循环语句控制需要重复多次完成的操作，可以使程序结构清晰明了，而且编译的效率大大提高。许多实用程序都包含循环结构，熟练掌握和运用循环结构的程序设计是 C51 语言程序设计的基本要求。在 C51 语言中构成循环的语句有 while 语句、do while 语句和 for 语句。

1. while 语句

while 语句的一般格式如下：

```
while( 表达式 )
{
语句组 ;
}        // 循环体。
```

while 语句执行时首先判断表达式，当表达式为"真"（非 0）时，则执行循环体中的语句组；否则，跳过循环体，执行下一条语句。所以，while 语句常常被称为"当型"循环。while 语句中的"{}"是不能省略的。while（1）语句构成的循环是无限次循环。

【例 3-10】求 6 的阶乘 6!。

```
main()
{
    int i,sum=1;
    while(i<=6)
    {
        sum=sum*i;
```

```
        i++;
    }
}
```

2. do while 语句

do while 语句的一般格式如下：

```
do
{
语句组 ;
}          // 循环体
while( 表达式 );
```

do while 语句首先执行循环体中的语句组，然后判断 while 语句表达式是否为"真"，若为"真"，则继续执行循环体中的语句组，直到判断表达式为"假"，跳出循环体，执行 do while 语句的下一条语句。它与前面的 while 语句的区别是首先执行一次循环体中的语句组，然后再执行判断表达式是否为"真"。

【例 3-11】 实型数组 sample 存有 10 个采样值，编写程序段，要求返回其平均值（平均值滤波）。程序如下：

```
float avg (int *sample)       // 这里函数调用参数是 *sample 而不是 sample, 这是因为 sample 作
                              // 为数组名 , 其实质是指向该数组的指针 , 故应该以指针的形式参与
                              // 调用 , 有兴趣的读者可以参考 C 语言相关书籍的详解
{
    float sum-0;
    int n=0;
    do
    {
      sum+=sample[n];
      n++;
    }while(n<10);
    return(sum/10);
}
```

3. for 语句

for 语句可以使程序按照指定的次数重复执行一个语句。其格式如下：

```
for( 循环变量赋初值 ; 循环条件 ; 修改循环变量 )
{
    语句组 ;
}
```

执行 for 语句时，首先给循环变量赋初值，然后判断循环条件，如果其值为"真"，则执行循环体语句组，修改循环变量，再与循环条件进行比较，若为"真"，继续执行循环体语句组；否则，执行 for 循环语句的下一条语句。for 语句常用在循环次数确定的情况下。循环变量赋初值只执行一次；循环体语句组部分要执行若干次，具体执行次数由循

环条件决定。当 for 语句中的循环体语句组只有一条语句时，"{}"可以省略。在程序设计中，常用到时间延时，此时就可用循环结构来实现，即循环执行指令，消磨一段已知的时间。8051 单片机指令的执行时间是靠一定数量的时钟周期来计时的，如果使用 12MHz 的晶振，则 12 个时钟周期花费的时间为 1μs。

【例 3-12】编写一个延时 1ms 的程序。

```
void delayms( unsigned char int j)
{
    unsigned char i;
    while(j--)
    {
        for(i=0;i<125;i++)
            {;}
    }
}
```

链 3-9 延时函数

如果把上述程序段编译成汇编语言代码进行分析，用 for 进行的内部循环大约延时 8μs，但不是特别精确。不同的编译器会产生不同的延时，因此 i 的上限值 125 应根据实际情况进行补偿调整。

【例 3-13】求 1+2+3+…+100 的累加和。用 for 语句编写的程序如下：

```
#include <reg51.h>
#include <stdio.h>
main()
{
    int nvarl,nsum;
    for(nvar1=0,nsum=1;nsum<=100;nsum++)        // 累加求和
        nvarl+=ncount;
    while(1);
}
```

省略表达式的 for 语句格式如下：

```
for( ; ;)
{
    语句组 ;
}
```

其中，for 语句中只有两个分号，3 个表达式全部为空语句，没有设置循环变量，不判断循环条件，不修改循环变量，无休止地执行循环体。它的功能相当于 while（1）语句。

```
while(1)
{
    语句组 ;
}
```

只有一条循环语句构成的循环称为单重循环。上面的延时函数是由 for 语句构成的单重循环。

4. 循环的嵌套

一个循环体内可包含另一个完整的循环结构，内嵌的循环中还可以嵌套循环，这就是多层循环。以下延时函数是由两条 for 语句构成的两层循环，也称为双重循环。

```
void delay (unsigned int ms)
{
    unsigned int j;
    unsigned char i;
    for (j=0;j<ms;j++)           // 外循环控制语句
    {
        for(i=0;i<125;i++)       // 内循环控制语句
            {;}
    }
}
```

前一条 for 语句为外循环控制语句，后一条 for 语句为内循环控制语句。外循环每执行一次，内循环都要执行 125 次。若外循环参数 ms 取值为 1000，则内循环执行 1000×125 次，双重循环可以使延时时间更长。实际应用中，while、do while 和 for 语句可以处理相同的问题，它们功能可以互相替代，3 种循环语句可以互相嵌套。凡用 while 循环能完成的，用 for 循环都能实现，for 语句的功能更强。用 while 和 do while 循环时，循环变量初始化的操作应在 while 和 do while 语句之前完成。while 循环、do while 循环和 for 循环都可以用 break 语句跳出循环，用 continue 语句结束本次循环。

5. break 语句、continue 语句和 goto 语句

在循环体语句执行过程中，如果在满足循环判定条件的情况下跳出代码段，可使用 break 语句或 continue 语句；如果要从任意地方跳转到代码的某个地方，可以使用 goto 语句。

（1）break 语句

前面已经介绍过用 break 语句可以跳出 switch 循环体。在循环结构中，可使用 break 语句跳出本层循环体，从而马上结束本层循环。

【例 3-14】执行下列程序段：

```
main()
{
    unsigned char i,j=50;
    for(i=0;i<100;i++)
    {
        if(i>j)
        break;
    }
    j=i;
}
```

当程序循环到 i=51 时，执行 break 语句，跳出 for 循环，执行 j=i 操作。

（2）continue 语句

continue 语句的作用及用法与 break 语句类似，区别在于当前循环遇到 break，是直接结束循环，若遇上 continue，则是跳过当前循环体中剩余的代码，直接进行下一次循环的条件判断。可见，continue 并不结束整个循环，而仅仅是中断当前这一层循环，然后跳到循环条件处，继续下一层的循环。当然，如果跳到循环条件处，发现条件已不成立，那么循环也会结束。

【例 3-15】执行下列程序段：

```
main()
{
    unsigned char i, j=50;
    for(i=0;i<100;i++)
    {
      if(i>j)
      continue;
      j=i;
      }
}
```

当程序循环到 i=51 时，执行 continue 语句，结束本次循环，即不执行下面的 j=i 语句，而执行 i++，即 i=52，执行 i<100，循环的条件成立，循环继续执行，直到 i<100 的条件不成立时，for 循环才终止。continue 语句和 break 语句的区别在于 continue 语句只结束本次循环，而不是要终止整个循环的执行；break 语句则是结束整个循环过程，不再判断执行循环的条件是否成立。

（3）goto 语句

goto 语句是一个无条件转移语句，当执行 goto 语句时，将程序指针跳转到 goto 给出的下一条代码。基本格式如下：

goto 标号

【例 3-16】计算整数 1 ～ 100 的累加值，存放到 sum 中。

```
void main(void)
{
    unsigned char i;
    int sum;
    sumadd:
      sum=sum+i;
    i++;
    if(i<101)
    {
      goto sumdd;
    }
}
```

goto 语句在 C51 语言中经常用于无条件跳转某条必须执行的语句以及用于在死循环

程序中退出循环。为方便阅读，也为了避免跳转时引发错误，在程序设计中要慎重使用 goto 语句。

3.3　C51 语言的数组

在实际应用中，为了处理方便，把具有相同类型的若干变量按有序的形式组织起来，在使用过程中，需要保留其原始数据，比如采集一段时间内某个设备的温度数据，这些按序排列的同类数据元素的集合称为数组。在 C51 语言中，数组属于构造数据类型。一个数组可以分解为多个数组元素，这些数组元素可以是基本数据类型或是构造类型，它们主要解决现实中许多需要处理大量数据的问题。数组按照数据的维数分为一维数组、二维数组以及多维数组；数组按照数据的类型又可分为数值数组、字符数组、指针数组、结构数组等各种类别。

3.3.1　一维数组

链 3-10 C 语言中的一维数组

1. 一维数组的定义

一维数组的定义格式如下：

类型说明符　　数组名 [常量或常量表达式];

其中，类型说明符是任意一种基本数据类型或构造数据类型。数组名是用户定义的数组标识符。方括号中的常量或常量表达式表示数据元素的个数，也称为数组的长度，方括号中不能是含有变量的表达式或者变量。

例如：

```
int array1[8];              // 是合法的, 表示定义了包含 8 个整型元素的 array1 的数组
int a=4;
int array1[a];              // 是非法的, 方括号中的 a 是变量, 在数组定义中是不被允许的
#define b 5
float array2[b];            // 是合法的, b 已经被定义为常量 5, 数组 array2[b] 表示定义含有 5 个
                            // 浮点型元素的数组 array2
double array3[8+2];         // 是合法的, 表示定义了包含 10 个双精度浮点数元素的 array3 的数组
#define c 6
int array4[c/2];            // 是合法的, 表示定义了包含 3 个整型元素的 array4 的数组
int array3[3]={1,2,3};      // 是合法的, 表示定义了包含 3 个数组元素的 array3 的数组
int array4[3];
```

在定义数组时，对于数组类型说明应注意以下几点：

1）数组的类型实际上是指数组元素的取值类型。对于同一个数组，其所有元素的数据类型都是相同的。

2）数组名的书写规则应符合标识符的书写规定。

3）数组名不能与其他变量名相同。

例如：

```
main()
   {
      int a;
      float a[10];
   }
```

该程序是错误的。

4）方括号中常量表达式表示数组元素的个数，如 a[5] 表示数组 a 有 5 个元素，但是其下标从 0 开始计算。因此，5 个元素分别为 a[0]，a[1]，a[2]，a[3]，a[4]。

5）不能在方括号中用变量来表示元素的个数，但是可以是符号常数或常量表达式。

6）允许在同一个类型说明中，说明多个数组和多个变量。例如：

int a,b,c,d[10],f[20];

2. 一维数组的初始化

给数组赋值的方法除了用赋值语句对数组元素逐个赋值外，还可采用初始化赋值和动态赋值的方法。数组初始化赋值是指在数组定义时给数组元素赋予初值。数组初始化是在编译阶段进行的，这样将减少运行时间，提高效率。

初始化赋值的一般形式如下：

类型说明符 数组名 [常量表达式]={ 初值表 };

C51 语言对数组的初始化赋值有以下几点规定：

1）其中在 { 初值表 } 中的各数据值即为各元素的初值，各值之间用逗号间隔。例如：

unsigned char ch[5]={ 'a'，'b'，'c'，'d'，'e' };

2）可以为数组前面部分元素赋初值，但数组大小必须指定。当 { } 中值的个数少于元素个数时，只给前面部分元素赋值。

例如：

unsigned int a[10]={0,1,2,3,4};   // 表示只给 a[0] ～ a[4]5 个元素赋值，而后 5 个元素自动
                                                // 赋 0 值

3）只能给元素逐个赋值，不能给数组整体赋值。

例如：

给 10 个元素全部赋 1 值，只能写为

unsigned int a[10]={1,1,1,1,1,1,1,1,1,1};

而不能写为

unsigned int a[10]=1; 或 unsigned int a[10]={1*10};

4）若给全部元素赋值，则在数组说明中，可以不给出数组元素的个数。

例如：

unsigned int a[5]={1,2,3,4,5};

可写为

unsigned int a[ ]={1,2,3,4,5};

5）如果想使一个数组中全部元素值为 0，可以写为

unsigned int a[10]={0,0,0,0,0,0,0,0,0,0}；或 unsigned int a[10]={0}；

3. 一维数组元素的引用

数组元素是组成数组的基本单元。数组元素也是一种变量，其标识方法为数组名后跟一个下标。下标表示了元素在数组中的顺序号。

数组元素的一般形式如下：

数组名 [下标表达式]

其中下标只能为整型常量或整型表达式，如为小数时，C51 语言编译将自动取整。例如，a[5]，a[i+j]，a[i++]，它们都是合法的数组元素。

数组元素通常也称为下标变量。必须先定义数组，才能使用下标变量。在 C51 语言中只能逐个地使用下标变量，而不能一次引用整个数组。

3.3.2　二维数组

1. 二维数组的定义

前面介绍的数组只有一个下标，称为一维数组，其数组元素也称为单下标变量。在实际问题中有很多变量是二维的或多维的，因此 C51 语言允许构造多维数组。多维数组元素有多个下标，以标识它在数组中的位置，所以也称为多下标变量。这里只介绍二维数组，多维数组可由二维数组类推而得到。

二维数组定义的一般形式如下：

类型说明符 数组名 [常量表达式 1][常量表达式 2]

其中常量表达式 1 表示第一维下标的长度，常量表达式 2 表示第二维下标的长度。例如，"int a[3][4]；"说明了一个 3 行 4 列的数组，数组名为 a，其下标变量的类型为整型。该数组的下标变量共有 3×4 组，即

a[0][0],a[0][1],a[0][2],a[0][3]
a[1][0],a[1][1],a[1][2],a[1][3]
a[2][0],a[2][1],a[2][2],a[2][3]

二维数组在概念上是二维的，即其下标在两个方向上变化，下标变量在数组中的位置也处于一个平面之中，而不是像一维数组只是一个向量。但是，实际的硬件存储器却是连续编址的，也就是说存储器单元是按一维线性排列的。如何在一维存储器中存放二维数组，可有两种方式，一种是按行排列，即放完一行之后顺次放入第二行；另一种是按列排列，即放完一列之后再顺次放入第二列。在 C51 语言中，二维数组是按行排列的，即先存放 a[0] 行，再存放 a[1] 行，最后存放 a[2] 行，每行中的 4 个元素也是依次存放。由于数组 a 为 int 类型，该类型占 2B 的内存空间，所以每个元素均占有 2B。

2. 二维数组初始化

二维数组赋初值的方式有多种，以下是几种二维数组常用的赋初值方法和部分元素赋初值方法。

1）不分行给二维数组所有元素赋初值。

例如：

unsigned int a[2][3]={1,3,5,2,4,6};

初始化后各个元素赋值结果为

a[0][0]=1,a[0][1]=3,a[0][2]=5
a[1][0]=2,a[1][1]=4,a[1][2]=6

2）按行给二维数组所有元素赋初值，各行元素初值用花括号括起来。

例如：

unsigned int a[2][3]={{1,3,5},{2,4,6}};

初始化后各个元素赋值结果为

a[0][0]=1,a[0][1]=3,a[0][2]=5
a[1][0]=2,a[1][1]=4,a[1][2]=6

3）同一维数组一样，二维数组也可以只给部分元素赋初值。

例如：

unsigned int a[2][3]={1,3,5};

对于数组前 3 个元素 a[0][0]、a[0][1]、a[0][2] 分别赋值 1、3、5，其他剩余元素都为 0。

初始化后各个元素赋值结果为

a[0][0]=1,a[0][1]=3,a[0][2]=5
a[1][0]=0,a[1][1]=0,a[1][2]=0

4）此外，二维数组还可以用分行的方法给部分元素赋初值。

例如：

unsigned int a[2][3]={{1,2},{3}};

初始化后各个元素赋值结果为

a[0][0]=1,a[0][1]=2,a[0][2]=0
a[1][0]=3,a[1][1]=0,a[1][2]=0

由此看出，分行赋初值可以不顺序赋值，应用起来更灵活、方便。对于二维数组赋初值可以省略说明第一维的长度，但是无论何种情况，都不能省略说明第二维的长度。在给全部元素赋值时，例如，"unsigned int a[ ][3]={1，2，3，4，5，6}；"，编译系统会根据初值个数分配相应的存储单元。在分行给元素赋初值时，例如，"unsigned int a[ ][3]={{1}，{2，3，4}}；"，编译系统也会根据所分的行数确定第一维的长度。

3. 二维数组元素的引用

二维数组的元素也称为双下标变量，其表示的形式如下：

数组名 [下标][下标]；

其中下标应为整型常量或整型表达式。例如，a[3][4] 表示数组 a 3 行 4 列的元素。

下标变量和数组说明在表达形式中有些相似，但这两者具有完全不同的含义。数组说明的方括号中给出的是某一维的长度，即可取下标的最大值；而数组元素中的下标是该元素在数组中的位置标识。前者只能是常量，后者可以是常量、变量或表达式。

3.3.3　字符型数组

1. 字符数组的定义

字符数组的定义形式与前面介绍的数值数组相似，其定义的一般形式如下：

类型说明符　数组名 [字符或字符串]；

例如：

char a[10]= {'H','U','A',' ','S','H','U','I','\0'};

这表示定义了一个字符型数组 a[ ]，它有 10 个数组元素，并且将 9 个字符（其中包括 1 个字符串结束标志 '\0'）分别赋给了 a[0] ～ a[8]，剩余的 a[9] 被系统自动赋予空格字符。用双引号括起来的一串字符称为字符串常量，C51 语言编译器会自动地在字符串末尾加上结束符 '\0'。用单引号括起来的字符为字符的 ASCII 值，而不是字符串。例如，'a' 表示 a 的 ASCII 值 61H，而 "a" 表示一个字符串，由两个字符 a 和 \0 组成。一个字符串可用一维数组来装入，但数组的元素数目一定要比字符多一个，以便 C51 语言编译器自动在其后面加入结束符 "\0"。

2. 字符数组的初始化

字符数组也允许在定义时做初始化赋值。
例如：

unsigned char c[10]={'c',' ','p','r','o','g','r','a','m'};

赋值后各元素的值为

c[0] 的值为 'c'，c[1] 的值为 ' '，c[2] 的值为 'p'，c[3] 的值为 'r'，c[4] 的值为 'o'，c[5] 的值为 'g'，c[6] 的值为 'r'，c[7] 的值为 'a'，c[8] 的值为 'm'。

其中 c[9] 未赋值，系统自动赋 0 值。
当对全体元素赋初值时也可以省去长度说明。
例如：

unsigned char c[ ]={'c',' ','p','r','o','g','r','a','m'};

这时，数组 c 的长度自动定为 9。

C51 语言还允许用字符串直接给字符数组置初值。

例如：

char a[10]={"HUA SHUI"};

3.3.4 数组与存储空间

当程序中设定了一个数组时，C51 语言编译器就会在系统的存储空间中开辟一个区域，用于存放数组的内容。数组就包含在这个由连续存储单元组成的模块的存储体内。对字符数组而言，它占据了内存中一连串的字节位置。对整型（int）数组而言，将在存储区中占据一连串连续的字节对的位置。对长整型（long）数组或浮点型（float）数组，一个成员将占有 4B 的存储空间。当一维数组被创建时，C51 语言编译器就会根据数组的类型在内存中开辟一块大小等于数组长度乘以数据类型长度（即类型占有的字节数）的区域。

对于二维数组 a[m][n] 而言，其存储顺序是按行存储，先存第 0 行元素的第 0 列、第 1 列、第 2 列，直至第 n-1 列，然后返回存第 1 行元素的第 0 列、第 1 列、第 2 列，直至第 n-1 列。如此顺序存储，直到第 m-1 行的第 n-1 列。

当数组特别是多维数组中大多数元素没有被有效地利用时，就会浪费大量的存储空间。对于 8051 单片机，其存储资源极为有限，因此在进行 C51 语言编程开发时，要仔细地根据需要来选择数组的大小。

3.3.5 数组的应用

在 C51 语言编程中，数组的查表功能非常有用，如数学运算，编程者更愿意采用查表计算而不是公式计算。例如，对于传感器的非线性转换需要进行补偿，使用查表法就要有效得多。再如，LED 显示程序中，根据要显示的数值，通过查表找到对应的显示段码送到 LED 显示器显示。表可以事先计算好后装入程序存储器中。

【例 3-17】使用查表法，计算数 0～9 的平方。程序如下：

```
#include<reg51.h>
#define uchar unsigned char
  uchar square[ ]={0,1,4,9,16,25,36,49,64,81};
uchar function(uchar number)
  {
      return square[number];
  }
main()
  {
      result=function(7);          // 若函数 function() 的实际参数为 7, 查表得其平方 49,
                                   // 存入 result 单元

  }
```

链 3-11 查
表法应用

【例 3-18】P0 端口连接 8 位 LED，用数组方式实现对 P0 端口流水灯的控制。程序如下：

```
#include<reg51.h>
#define uchar unsigned char
#define uint unsigned int
uchar code display[]={0xfe,0xfd,0xfb,0xf7,0xef,0xdf,0xbf,0x7f};    // 数组定义
void delay(uint ms);    // 函数调用声明，详见"3.5.3 函数调用"一节
void main()
{
    uchar i;
    while(1)
    {
      for(i=0;i<8;i++)
      {
        P0=display[i];                                             // 显示字送 P0 端口
        delay(500);
      }
    }
}
void delay(uint ms)
{
    uchar k;
    uint j;
      for(j=0;j<ms;j++)
        for(k=0;k<115;k++)
            {;}
}
```

3.4　C51 语言的指针

C51 语言支持两种不同类型的指针：通用指针和存储器指针。

3.4.1　通用指针

C51 提供一个 3B 的通用指针，通用指针声明和使用与标准 C 语言完全一样。

通用指针的形式如下：

数据类型 * 指针变量；

例如：

uchar *pz

例中，pz 就是通用指针，用 3B 来存储指针，第一字节表示存储器类型，第二、三字节分别是指针所指向数据地址的高字节和低字节，这种定义很方便但速度较慢，在所指向的目标存储器空间不明确时普遍使用。

3.4.2　存储器指针

存储器指针在定义时指明了存储器类型，并且指针总是指向特定的存储器空间（片内数据 RAM、片外数据 RAM 或程序 ROM）。

例如：

char xdata *str;　　　　　//str 指向 xdata 区中的 char 型数据

int xdata *pd;　　　　　　//pd 指向外部 RAM 区中的 int 型数据

由于定义中已经指明了存储器类型，因此，相对于通用指针而言，指针第一个字节省略，对于 data、bdata、idata 与 pdata 存储器类型，指针仅需要 1B，因为它们的寻址空间都在 256B 以内，而 code 和 xdata 存储器类型则需要 2B 指针，因为它们的寻址空间最大为 64KB。

使用存储器指针好处是节省了存储空间，编译器不用为存储器选择和决定正确的存储器操作指令来产生代码，这使代码更加简短，但必须保证指针不指向所声明的存储区以外的地方，否则会产生错误。通用指针产生的代码执行速度比指定存储区的指针要慢，因为存储区在运行前是未知的，编译器不能优化存储区访问，必须产生可以访问任何存储区的通用代码。

由上所述可知，使用存储器指针比使用通用指针效率高，存储器指针所占空间小，速度更快，在存储器空间明确时，建议使用存储器指针；如果存储器空间不明确，则使用通用指针。

3.5　C51 语言的函数

使用函数是实现结构化程序设计思想的重要方法。结构化程序设计思想的重点之一就是模块化，即把一个复杂的、较大的程序划分成若干个模块，每个模块完成一个特定的功能，各个模块通常由不同的人来编写和调试，模块之间相互独立，靠参数的传递实现模块之间的联系，从而把一个复杂的问题"分而治之"，这种方法便于组织人力共同完成比较复杂的任务。

一个 C51 语言程序是由若干个函数构成的，C51 语言中的所有函数都是一个独立的程序模块。一个 C51 语言程序总是从 main() 函数开始执行，调用其他函数后，流程仍将返回到 main() 函数，最后在 main() 函数中结束程序的运行。其他函数也可以相互调用，同一函数可以被一个或多个函数调用任意次。但是 main() 函数是系统调用的，不能被其他函数调用。

3.5.1　函数的分类

C51 语言程序是由函数组成的。函数是 C51 语言程序的基本模块，通过对函数模块的调用实现特定的功能。C51 语言不仅提供了极为丰富的库函数，还允许用户建立自己定义的函数。用户可把自己的算法编成一个个相对独立的函数模块，然后用调用的方法来使用函数。由于采用了函数模块式的结构，C51 语言易于实现结构化程序设计。

在 C51 语言中可从不同的角度对函数分类。

从函数定义的角度看，函数可分为库函数和用户定义函数两种。

1）库函数：由 C51 语言系统提供，用户无须定义，也不必在程序中做类型说明，只需在程序前包含有该函数原型的头文件即可在程序中直接调用。

2）用户定义函数：由用户按需要写的函数。

C51 语言的函数兼有其他语言中的函数和过程两种功能，从这个角度看，又可把函数分为有返回值函数和无返回值函数两种。

1）有返回值函数：此类函数被调用执行完后将向调用者返回一个执行结果，称为函数返回值。如数学函数即属于此类函数。由用户定义的这种要返回函数值的函数，必须在函数定义和函数说明中明确返回值的类型。

2）无返回值函数：此类函数用于完成某项特定的处理任务，执行完成后不向调用者返回函数值。这类函数类似于其他语言的过程。由于函数无须返回值，用户在定义此类函数时可指定它的返回为"空类型"，空类型的说明符为"void"。

从主调函数和被调函数之间数据传送的角度看，又可分为无参函数和有参函数两种。

1）无参函数：函数定义、函数说明及函数调用中均不带参数。主调函数和被调函数之间不进行参数传送。此类函数通常用来完成一组指定的功能，可以返回或不返回函数值。

2）有参函数：也称为带参函数。在函数定义及函数说明时都有参数，称为形式参数（简称为形参）。在函数调用时也必须给出参数，称为实际参数（简称为实参）。进行函数调用时，主调函数将把实参的值传送给形参，供被调函数使用。

C51 语言提供了极为丰富的库函数，这些库函数又可从功能角度进行以下分类。

1）字符类型分类函数：用于对字符按 ASCII 分类，即字母、数字、控制字符、分隔符、大小写字母等。

2）转换函数：用于字符或字符串的转换；在字符量和各类数字量（整型、实型等）之间进行转换；在大、小写之间进行转换。

3）目录路径函数：用于文件目录和路径操作。

4）诊断函数：用于内部错误检测。

5）图形函数：用于屏幕管理和各种图形功能。

6）输入输出函数：用于完成输入 / 输出功能。

7）接口函数：用于与 DOS（磁盘操作系统）、BIOS（基本输入输出系统）和硬件的接口。

8）字符串函数：用于字符串操作和处理。

9）内存管理函数：用于内存管理。

10）数学函数：用于数学函数计算。

11）日期和时间函数：用于日期、时间转换操作。

12）进程控制函数：用于进程管理和控制。

13）其他函数：用于其他各种功能。

以上各类函数不仅数量多，而且有的还需要硬件知识才会使用，因此要想全部掌握则需要一个较长的学习过程。应首先掌握一些最基本、最常用的函数，再逐步深入。

还应该指出的是，在 C51 语言中，所有的函数定义，包括主函数 main() 在内，都是平行的。也就是说，在一个函数的函数体内，不能再定义另一个函数，即不能嵌套定义。但是函数之间允许相互调用，也允许嵌套调用。习惯上把调用者称为主调函数。函数还可以自己调用自己，称为递归调用。

　　main() 函数是主函数，它可以调用其他函数，而不允许被其他函数调用。因此，C51 语言程序的执行总是从 main() 函数开始，完成对其他函数的调用后再返回到 main() 函数，最后由 main() 函数结束整个程序。一个 C51 语言程序必须有，也只能有一个主函数。

3.5.2　函数的定义

　　C51 语言规定，程序中所有函数，必须遵循"先定义、后使用"的原则。C51 语言编译系统提供的库函数是由编译系统事先定义好的，程序设计者不必自己定义，只需利用 #include 命令把有关的头文件包含到文件中即可。

　　函数定义就是确定一个函数完成一定的操作功能，函数定义的一般形式如下：

```
函数类型说明　函数名 ( 形式参数列表 )
{
    声明部分 ;
    语句 ;
}
```

　　1）函数类型说明：指出函数中 return 语句返回的值的类型，它可以是 C51 语言中任意合法的数据类型，如 int、float、char 等。如果不加函数类型说明符，C51 语言默认返回值的类型是整型。函数也可以没有返回值，这时函数类型为 void 类型。

　　2）函数名：用户给函数起的名称，它是一个标识符，是函数定义中不可缺少的部分，函数名后的一对圆括号是函数的象征，即使没有参数也不能省略。

　　3）形式参数列表：写在圆括号中的一组变量名，形式参数之间用逗号分隔。形式参数称为形式的（或虚参数，简称虚参），是因为形式参数没有固定的值，形式参数的值只有函数被调用时由调用函数的实际参数提供。C51 语言中的函数允许没有形式参数，当没有形式参数时，圆括号不能省略。

　　【例 3-19】无参数传递的延时函数如下：

```
void delay()
{
    unsigned char n;
    for(n=0;n<125;n++)
    {;}
}
```

　　【例 3-20】有参数传递的延时函数如下：

```
void delay(unsigned int ms)
{
    unsigned char i;
```

```
        for(i=0;i<ms;i++)
        {;}

    }
```

其中，形式参数 ms 被指定为 unsigned int 型。main() 主调函数调用延时函数时，形式参数必须换成实际参数确定延时函数具体的延时时间。

4）函数体：用 {} 括起来的部分称为函数体，由声明部分和语句组成。在函数体中可以定义各种变量，在函数中定义的变量只有在该函数内使用。函数体中的语句规定了函数执行的操作，体现了函数的功能，在函数体内通常包含 return 语句。函数体中可以既无变量定义，也无语句，但一对花括号是不可省略的。

例如：

```
void null(void)
{ }
```

这是一个空函数，不产生任何操作，但它是一个合法的函数。

3.5.3　函数调用

函数调用就是在一个函数主体中调用另外一个已经定义的函数，前者为主调函数，后者为被调函数。

函数调用的格式如下：

函数名 (实际参数表);

实际参数：主调函数中调用带有形式参数的函数时，函数名后面括号中的参数（可以是表达式）称为实际参数（简称实参），如果有多个实际参数，要用"，"间隔开；实际参数与形式参数顺序对应，个数相同，类型应匹配。

例如：

delay(200); 　　// 延时函数的调用实际参数 200 在形式参数 unsigned int 的数值范围内

如果调用无参函数，则"实际参数表"可以没有，但括号不能省略。调用函数时，被调函数必须是已经存在的函数（是库函数或用户自定义的函数）。函数调用要注意以下几种情况。

1）被调函数的函数定义在主调函数之后，则需要在主调函数中对被调函数进行声明。函数声明是一个说明语句，必须在结尾加分号。

函数声明的一般格式如下：

类型标识符　函数名 (形式参数表);

函数声明是向编译系统说明函数的相关信息，包括函数名、函数返回值类型、形式参数类型、形式参数个数及排列顺序，以便在编译系统对函数进行检查。

例如：

例 3-18 中源程序中的延时函数声明：

void delay (uint ms); 　　// 延时函数声明

2）如果程序要使用 C51 标准函数库，则在程序的开始处要用 #include 预处理的命令声明被调函数所在函数库。

例如：

源程序中要调用左移函数 _crol_() 时，须添加如下预处理：

#include <intrins.h>　　// 声明标准函数库

3）如果被调用的函数不是标准库函数，在本文件中也没有定义，而是在其他文件中定义的，调用时需要使用关键字"extern"进行函数原型说明。

函数的"定义"和"声明"之间的区别如下：

1）函数的定义是指对函数功能的确立，包括指定函数名、函数值类型、形式参数及其类型、函数体等，它是一个完整的、独立的函数单位。

2）函数声明的作用则是把函数名字、函数类型以及形式参数的类型、个数和顺序通知编译系统，以便在调用该函数时系统按此进行对照检查，它不包含函数体。

3）如果被调函数的定义出现在主调函数之前，可以不必加声明。

4）如果在文件的开头（在所有函数之前）已对本文件中所调用的函数进行了声明，则在各函数中不必对其所调用的函数再做声明。

3.5.4　函数的返回值

函数的返回值是通过函数调用使主调函数得到的确定值。函数的返回值只能在函数体中，通过 return 语句返回给主调函数。

return 语句的一般形式如下：

return 表达式 ;

或者为

return(表达式);

对于不带返回值的函数，在函数体中不得出现 return 语句。

函数的返回值属于某一个确定的类型，在函数定义时指定函数返回值的类型。该语句能立即从所在的函数中退出，返回到调用它的函数中去并且返回一个值给调用它的函数。

本 章 小 结

本章讲述了 8051 单片机中 C51 语言的基础知识、基本程序结构、相应的编程语句及模块化程序设计方法，主要内容包括：C51 语言的数据类型及其应用；各种运算符及其应用；变量、常量的定义及其应用；C51 语言的基本语句、基本程序结构及其应用；数组的分类、定义及其应用；函数的分类、定义、声明、调用等。

本章重点是在理解 C51 语言的基础上，能够熟练编写单片机的程序语言使其进行控制处理工作。在最后一节 C51 语言的函数部分，由于篇幅有限，只讲述了常用的一些函数，对于未提到的 C51 语言函数，学生在以后的实际应用中，应学会根据实际情况查阅相关书籍来调用该函数。

思考题与习题

一、填空题

1. C51 语言基本程序结构有 3 种，分别是_____、_____和_____。

2. while 语句和 do while 语句的区别在于：_____语句是先执行、后判断，而_____语句是先判断、后执行。

3. 下面的 while 语句执行了_____次空语句。

```
i=1;
while(i!=0)
{;}
```

4. 下面的延时函数 delay() 执行了_____次空语句。

```
void delay ()
{
int i;
for(i=0;i<100;i++)
{;}
}
```

5. 定义函数时括号中的变量名简称_____，调用函数时括号中的表达式简称_____。

6. 函数内部的变量称为_____，在源程序的开始部分定义的变量称为_____。

7. _____语句一般用于单一条件或分支数目较少的场合，如果编写 3 个以上分支的程序，可用多分支选择的_____语句。

8. 设 i，j，k 均为 int 型变量，则执行完下面的 for 循环后，k 的值是_____。

```
for(i=0,j=10;i<=j;i++,j--)
k=i+j;
```

二、编程题

1. P1 端口连接 8 位 LED，按表 3-11 所要求的状态实现循环控制。

表 3-11　LED 控制状态表 1

P1 端口引脚	P1.7	P1.6	P1.5	P1.4	P1.3	P1.2	P1.1	P1.0
状态 1	亮	灭	亮	灭	亮	灭	亮	灭
状态 2	灭	亮	灭	亮	灭	亮	灭	亮

2. P1 端口连接 8 位 LED，按表 3-12 所要求的状态实现循环控制。

表 3-12　LED 控制状态表 2

P1 端口引脚	P1.7	P1.6	P1.5	P1.4	P1.3	P1.2	P1.1	P1.0
状态 1	灭	灭	灭	亮	亮	灭	灭	灭
状态 2	灭	灭	亮	灭	灭	亮	灭	灭
状态 3	灭	亮	灭	灭	灭	灭	亮	灭
状态 4	亮	灭	灭	灭	灭	灭	灭	亮
状态 5	灭	亮	灭	灭	灭	灭	亮	灭
状态 6	灭	灭	亮	灭	灭	亮	灭	灭
状态 7	灭	灭	灭	亮	亮	灭	灭	灭

第4章 开发与仿真工具

学习目标：

1）了解基本知识：学习 Proteus 和 Keil C51 的相关知识以及它们在嵌入式系统设计中的应用。

2）掌握软件使用：熟悉 Proteus 的电路仿真功能和 Keil C51 的微控制器编程环境，能够使用 Proteus 进行电路设计和仿真，能够使用 Keil C51 进行微控制器的编程、编译和调试。

3）实现集成应用：将 Proteus 和 Keil C51 结合使用，实现硬件电路与软件程序的完整设计流程。

4）完成项目实践：通过完成具体项目来实践所学知识，如设计一个简单的嵌入式系统。

5）掌握故障排查与优化：学会如何诊断和修正设计中的问题，以及如何优化系统性能。

6）了解最新技术：跟踪最新的相关技术发展，不断更新相关知识和技能。

4.1 Proteus 集成开发环境

4.1.1 Proteus 软件介绍

Proteus 是世界上著名的 EDA 工具（仿真软件）之一，从原理图布图、代码调试到单片机与外围电路协同仿真，一键切换到 PCB 设计，真正实现了从概念到产品的完整设计。它是将电路仿真软件、PCB 设计软件和虚拟模型仿真软件三合一的设计平台，其处理器模型支持 8051、HC11、PIC10/12/16/18/24/30/DSPIC33、AVR、ARM、8086 和 MSP430 等，2010 年增加了 Cortex 和 DSP 系列处理器，并持续增加其他系列处理器模型。在编译方面，它支持 IAR、Keil 和 MATLAB 等多种编译器。它也支持当前的主流单片机，如 51 系列、AVR 系列、PIC12 系列、PIC16 系列、PIC18 系列、Z80 系列、HC11 系列、68000 系列等。

4.1.2 Proteus 的主要功能

1）提供软件调试功能。

2）提供丰富的外围接口器件及其仿真，比如 RAM、ROM、键盘、电动机、LED、LCD（液晶显示器）、AD/DA、部分 SPI 器件和部分 I^2C（内部集成电路）器件。在训练学生时，可以选择不同的方案，更利于培养学生。

3）提供丰富的虚拟仪器，利用虚拟仪器在仿真过程中可以测量外围电路的特性，培养学生对实际硬件的调试能力。

4）具有强大的原理图绘制功能。

4.1.3　Proteus 可模拟的元器件和仪器以及联合仿真

1）器件：仿真数字和模拟、交流和直流等数千种元器件，有 30 多个元件库。

2）仪表：示波器、逻辑分析仪、虚拟终端、SPI 调试器、I^2C 调试器、信号发生器、模式发生器、交直流电压表、交直流电流表。理论上同一种仪器可以在一个电路中随意地调用。

3）图形：可以将线路上变化的信号，以图形的方式实时地显示出来，其作用与示波器相似，但功能更多。这些虚拟仪器仪表具有理想的参数指标，例如极高的输入阻抗、极低的输出阻抗。这些都尽可能减少仪器对测量结果的影响。

4）调试：Proteus 提供了比较丰富的测试信号用于电路的测试。这些测试信号包括模拟信号和数字信号。

5）联合仿真：Proteus 可与 Keil C 联合仿真。

需要注意的是，本书后续使用 Proteus 软件所画的电路原理图的图形符号为软件自带，与现行国标不完全一致。

4.1.4　Proteus 软件的安装

本 小 节 以 Proteus 8.10 为 例， 介 绍 软 件 安 装
过程。

图 4-1　解压 Proteus8.10

1）右击"Proteus 8.10 Sp31"并选择解压到当前文件夹"如图 4-1 所示。

2）双击运行 Proteus 8.10 SP3 Pro.exe，如图 4-2 所示。

图 4-2　双击运行 Proteus 8.10 SP3 Pro.exe 页面

3）在 Select Destinaction Location 页面选择要保存的位置并单击"Next"按钮，如图 4-3 所示。

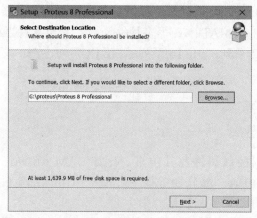

图 4-3　Select Destinaction Location 页面

4）在 Select Start Menu Folder 页面单击"Next"按钮，如图 4-4 所示。

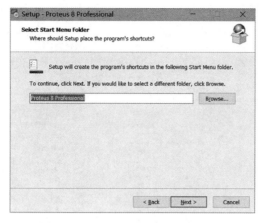

图 4-4 Select Start Menu Folder 页面

5）Installing 页面显示正在安装，如图 4-5 所示。

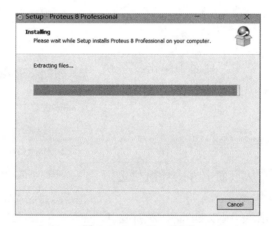

图 4-5 Installing 页面

6）Setup Wizard 页面显示安装完成，如图 4-6 所示。

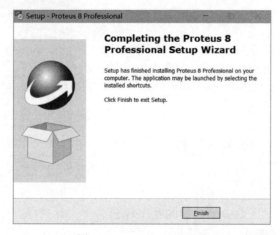

图 4-6 Setup Wizard 页面

此时已经安装完成了。如果要将软件汉化，则需要将安装包里的 Translations 文件夹复制粘贴到如图 4-7 所示软件安装目录文件夹（见第 3 步）下替换原文件夹。

图 4-7 软件安装目录文件夹

7）在"替换或跳过文件"页面中单击"替换目标中的文件"选项，如图 4-8 所示。

8）完成汉化。

4.1.5 Proteus 的新建工程介绍

新建一个工程，首先从页面上方的导航栏选择"文件"菜单，如图 4-9 所示。

在弹出的"文件"菜单选项框选中"新建工程"，如图 4-10 所示。

图 4-8 替换或跳过文件页面

图 4-9 导航栏

图 4-10 文件菜单

在"新建工程向导"页面中给建立的新工程起名字，并选择存储位置，也可以通过快捷键 <Ctrl+N> 建立，如图 4-11 所示。

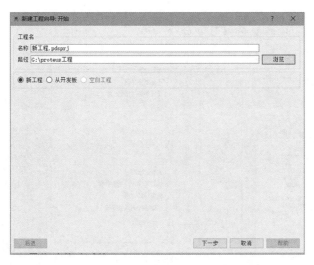

图 4-11　新建工程向导页面

单击"下一步"按钮出现 Proteus 8 Professional 原理图绘制界面，顶部的框是菜单栏，左侧的框是工具栏，绿色的框是输入模式选择栏，箭头所指是预览区，将鼠标放在上边可以调整编辑区的大小和位置，中间最大的区域为编辑区，也是放置元件的地方，预览区下边是对象选择区，如图 4-12 所示。

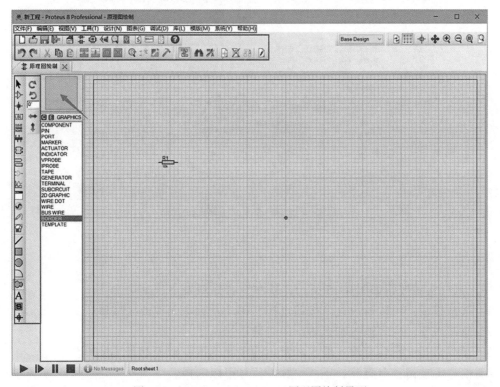

图 4-12　Proteus 8 Professional 原理图绘制界面

顶部导航栏常用的"调试"菜单，如图 4-13 所示。

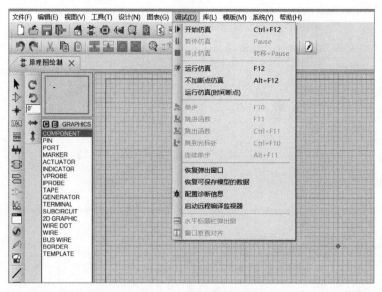

图 4-13　调试菜单

在 Edit 2D Graphics Text 页面的文本字符串框内输入想输入的文字，还可调节字的大小和样式，最后单击"确定"按钮，如图 4-14 所示。

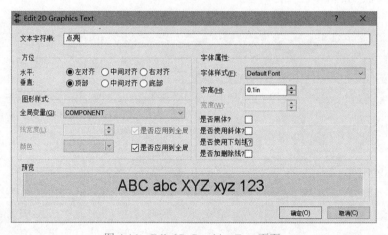

图 4-14　Edit 2D Graphics Text 页面

4.1.6　主工具栏

主工具栏常用按钮如图 4-15 所示，从左至右分别为

1）选择按钮：可以通过这个按钮选择、移动及删除元件或区域块。

2）总线按钮：在多输入和多输出的时候连接所用。

3）端口按钮：它含有输入输出和常用的电源 Power 以及接地 GND。

4）信号源按钮：有直流、正弦、脉冲信号可以选择。

5）探针按钮：主要用来测量仿真电路中的电压电流。

6）电表按钮：主要有示波器，同样也能测量电压电流。

7）添加文字按钮：主要用来添加文字。

8）控制按钮：从左到右分别是运行、步进、暂停、停止。

图 4-15　主工具栏常用按钮

4.2　Keil C51 集成开发环境实例

4.2.1　Keil C51 集成开发环境安装

Keil uvision 是一款专业实用的 C 语言软件开发系统，它具有提供编译器、安装包和调试跟踪等功能。本书的 Keil 软件版本为 Keil uvision5 C51v957 版本，大小为 75.71MB，安装环境支持 Windows11/Windows10/Windows8/Windows7，硬件要求 CPU@2.59GHz，内存 @4GB（或更高），下面为具体的安装步骤。

1）将压缩包进行解压到当前文件夹，鼠标右击"Keil uvision5 C51v957（64bit）"压缩包并选择"解压到当前文件夹"，如图 4-16 所示。

图 4-16　Keil C51 压缩包

2）打开解压后的文件夹，鼠标右击"C51–V957"选择"以管理员身份运行"，如图 4-17 所示。

3）在 Welcome to Keil μ Vision 页面单击"Next"按钮，如图 4-18 所示。

4）在 License Agreement 页面勾选"I agree to all the terms…"然后单击"Next"按钮，如图 4-19 所示。

图 4-17 C51–V957 文件夹

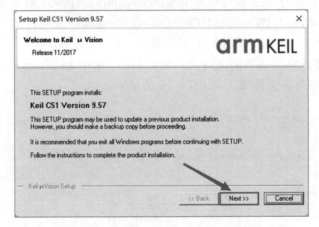

图 4-18 Welcome to Keil μ Vision 页面

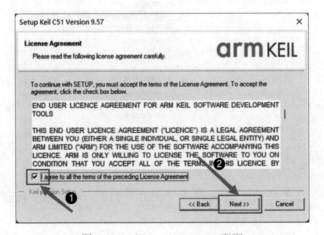

图 4-19 License Agreement 页面

5）在 Folder Selection 页面单击"Browse"按钮可更改安装位置（建议不要安装在 C 盘，可以在 D 盘或其他磁盘下新建一个"Keil_v5"文件夹，并且注意安装路径中不能有中文），单击"Next"按钮，如图 4-20 所示。

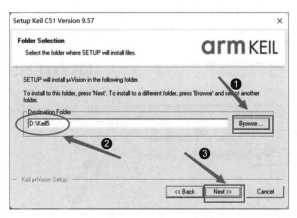

图 4-20 Folder Selection 页面

6）在 Customer Information 页面分别输入 First Name、Last Name、Company Name、E-mail（可任意填写），单击"Next"按钮，如图 4-21 所示。

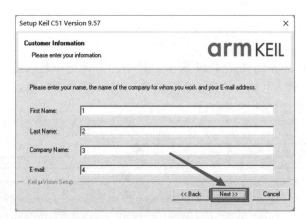

图 4-21 Customer Information 页面

7）在 Setup Status 页面显示软件安装中，如图 4-22 所示。

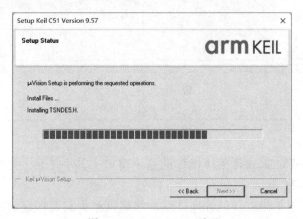

图 4-22 Setup Status 页面

8）在 Keil μ Vision Setup completed 页面取消勾选 "Show Release Notes" 和 "Add example…"，单击 "Finish" 按钮，如图 4-23 所示。

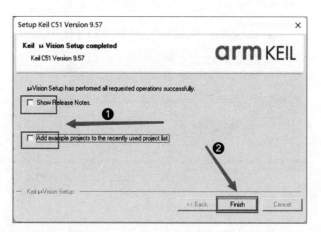

图 4-23　Keil μ Vision Setup completed 页面

9）打开软件，创建工程编写代码。

4.2.2　Keil C51 集成开发环境介绍

1）Keil C51 的软件界面如图 4-24 所示。其中，①为菜单栏，②为文件工具栏，③为编译工具栏，④为工程 / 书籍 / 函数 / 模板窗口，⑤为程序编写窗口，⑥为资源浏览器窗口 / 编译输出窗口 / 批量文件查找窗口。

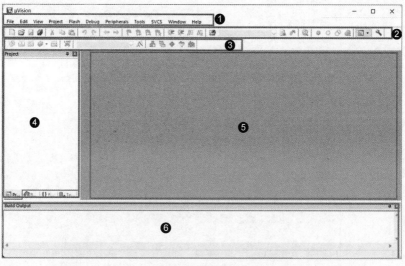

图 4-24　Keil C51 的软件界面

2）菜单栏是 Keil C51 软件整体操作的输出窗口。其中 File（文件）菜单用于源代码文件的操作，如图 4-25 所示。

New：新建，可用于建立新的程序文件，然后可根据需要保存成固定的文件格式，如C 语言程序可保存成 "***.c" 文件，汇编程序可保存为 "***.asm" 文件。

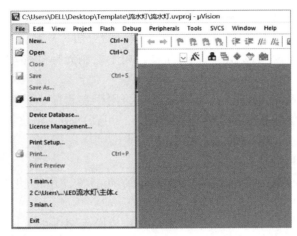

图 4-25　File（文件）菜单

Open：打开，用于打开某个程序文件。

Close：关闭，按照先打开后关闭原则，关闭打开的程序文件。

Save：保存，将生成的程序文件进行保存处理。

Save As：另存为，将生成的程序文件进行额外保存处理，即生成一个新的程序文件，不影响此前编辑的程序文件。

Device Database：设备数据库，用于选择程序所应用的处理器核心。

License Management：授权管理，可在此管理器中进行软件激活。

Print Setup：设置打印机。

Print：打印。

Print Preview：打印预览，主要用于打印程序文件的打印设置、打印选择，以及打印预览。

Exit：退出。

3）Edit（编辑）菜单用于源代码的编辑操作，如图 4-26 所示。

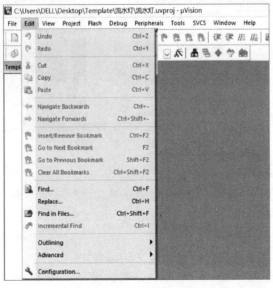

图 4-26　Edit（编辑）菜单

Undo/Redo：撤销 / 恢复，用于程序编写过程中错误的撤销以及误撤销的恢复。

Cut/Copy/Paste：剪切 / 复制 / 粘贴，用于程序的剪切、复制和粘贴。

Navigate Backwards/Forwards：后 / 前移，用于控制光标的移动，可观察程序的运行顺序。

Insert/Remove Bookmark：设置 / 移除书签，用于在程序中设置书签，设置后在程序前出现绿色标点，在篇幅较大的程序中设置书签，可帮助快速定位找到关键程序。

Go to Next/Previous Bookmark：移动光标到下 / 上一个书签，用于以设置的书签为步长，快速用于光标的移动。

Clear All Bookmarks：清除当前文件夹中所有书签，用于快捷清除所有已设置的书签。

Find/Replace：查找 / 替换，用于快速查找和替换程序中的关键词、变量等，可设置仅匹配单词、区分大小写以及正规表达式，查找到后可进行标记和替换修改。

Find in Files：在多文件中查找字符串，用于在某个项目的多个程序文件中进行查找。

Incremental Find：增量查找。

Outlining：对源代码进行隐藏以及增加 / 删除代码标识符。

Advanced：高级选项，用于程序篇幅的缩进、注释、对齐等操作。

Configuration：配置，主要进行源代码编辑的格式、习惯以及字体、背景颜色等的设置。

4）View（视图）菜单用于调节各个窗口的显示与否，如图 4-27 所示。

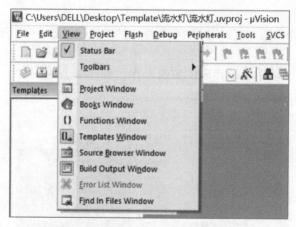

图 4-27　View（视图）菜单

Status Bar：状态条。

Toolbars：工具栏，分为文件工具栏和编译工具栏，可调节两个工具栏的显示与否。

Project Window：工程窗口，显示工程下的所有文件。

Books Window：书籍窗口。

Functions Window：函数窗口，显示定义的函数。

Templates Window：模板窗口，显示已下载的模块。

Source Browser Window：资源浏览窗口。

Build Output Window：输出窗口，显示编译结果。

Find in Files Window：批量文件查找窗口，在查找功能中显示。

5）Project（工程）菜单主要用于工程的创建、编译、设置，如图 4-28 所示。

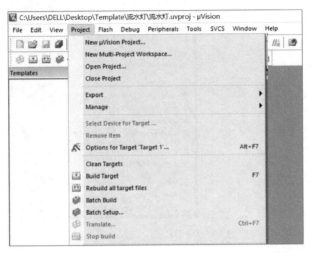

图 4-28　Project（工程）菜单

New μVision Project：新建工程，用于建立新工程。

New Multi-Project Workspace：新建工程工作组，一个工程工作组由多个工程组成。

Open Project/Close Project：打开 / 关闭工程，用于打开 / 关闭某一工程。

Export：输出，可将项目保存为 CPDSC 格式或者 μvision3 格式，以支持多种类型的编译器。

Manage：管理，对组件、环境、书籍以及多工程工作组进行管理。

Select Device for Target：用于修改在创建工程时选择好的处理器。

Remove Item：移出组或文件，用于删除项目。

Options for Target 'Target 1'：某项目的工具选项，可在其中更改项目适用的单片机型号，自定义外扩存储器的地址范围，以及选择生成单片机能够执行的 hex 文件等。

Clean Targets：清除目标，用于清除目标的中间文件。

Build Target：编译目标。

Rebuild all target files：重新翻译所有源文件并编译。

Batch Build：批量编译，用于批量编译程序文件，并在编译窗口给出结果，结果可显示编译程序的大小，以及编译过程中的警告与错误。

Batch Setup：批量编译设置。

Translate：翻译。

Stop build：停止编译。

6）Debug（调试）菜单主要用于源代码的调试，如图 4-29 所示。

Start/Stop Debug Session：启动 / 停止调试模式，单击后进行调试模式，再次单击退出调试模式，继续单击进入系统调试界面，如图 4-30 所示。

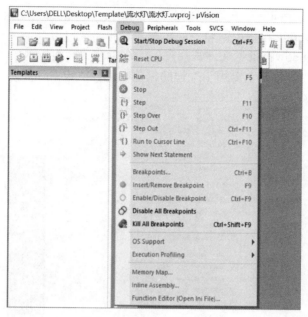

图 4-29　Debug（调试）菜单

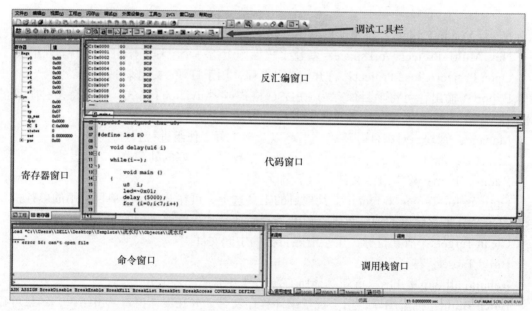

图 4-30　系统调试界面

Reset CPU：复位 CPU，即复位到程序开头，之后从源代码开头开始执行。

Run/Stop：运行 / 停止，在调试中运行和停止运行源代码。

Step：单步运行进入一个函数，按顺序运行，并进入下一个需要执行的函数中。

Step Over：单步运行跳过一个函数，按顺序运行，但跳过下一个需要执行的函数。

Step Out：跳出函数，从正在运行的函数中跳出。

Run to Cursor Line：运行到当前行，运行至鼠标所单击的行。

Show Next Statement：显示下一条执行的指令。

Breakpoints：打开断点设置框。

Insert/Remove Breakpoint：在当前行插入 / 移除断点。

Enable/Disable Breakpoint：启动 / 禁用断点，使当前断点有效 / 无效。

Disable All Breakpoints：禁用所有断点。

Kill All Breakpoints：清除所有断点。

OS Support：操作系统支持。

Execution Profiling：记录执行时间。

Memory Map：打开存储器映射对话框。

Inline Assembly：打开在线汇编对话框。

Function Editor（Open Ini File）：函数编辑器，用于编辑调试函数及调试初始化文件。

7）Tools（工具）菜单，如图 4-31 所示。

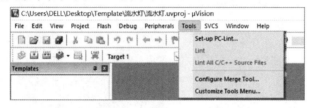

图 4-31　Tools（工具）菜单

Set-up PC-Lint：从 Gimpel 软件配置 PC-Lint。

Lint：根据当前编辑器文件运行 PC-Lint。

Lint All C/C++　Source Files：通过工程中 C 语言源文件运行 PC-Lint。

Configure Merge Tool：配置合并工具。

Customize Tools Menu：添加用户程序到工具菜单。

8）Window（窗口）菜单，如图 4-32 所示。

图 4-32　Window（窗口）菜单

Reset View to Defaults：恢复默认视图设置。

Split：划分当前窗口为多个窗格。

Close All：关闭所有窗口。

9）Help（帮助）菜单，如图 4-33 所示。

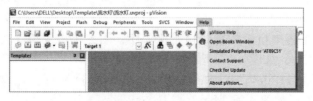

图 4-33　Help（帮助）菜单

µVision Help：打开帮助文件。

Open Books Window：打开工程工作空间中的 Books 标签。

Simulated Peripherals for'AT89C51'：有关 AT89C51 的外设信息。

Contact Support：论坛技术支持。

Check for Update：检查更新。

About µVision：关于 µVision。

4.2.3　Keil C51 使用实例

1）单击"Project"菜单并选择"New µVision Project"选项，选择合适的位置建立工程，如图 4-34 所示。

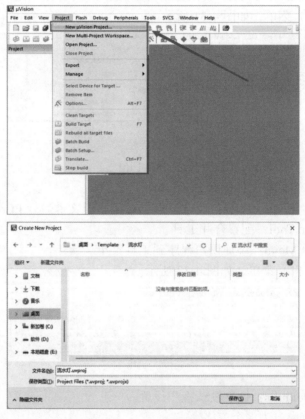

图 4-34　New µVision Project 页面

2）选择目标设备，本书针对 Atmel（Microchip）公司的 51 系列单片机，因此选择 Microchip 旗下的 AT89C51，之后跳出 Select 页面"Copy 'STARTUP . A51' to Project Folder and Add File to Project？"提示框，此选项为是否添加 51 系列单片机的初始化启动程序，因为 Keil 工程中自带的有此初始化程序，因此单击"否"按钮，左侧工程栏中就可以看到创建的工程，如图 4-35 所示。

3）桌面页面单击"File"→"New"选项，创建程序文件，保存为 main.c，即为使用 C 语言的程序文件，如图 4-36 所示。

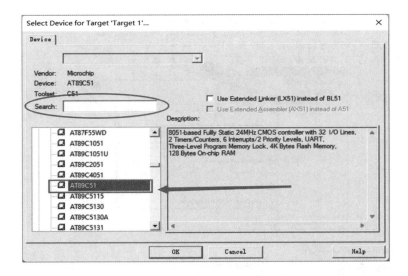

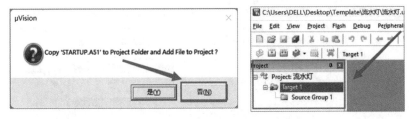

图 4-35　Select 页面

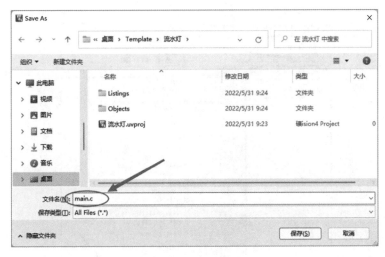

图 4-36　桌面页面

4）在项目调试选项中选择工程中的"Source Group 1"，右键选择"Add Existing Files to Group Source Group 1"选项，在弹出的路径选择框中，选择创建的 main.c 文件，并单击"Add"按钮，即可在 Source Group 1 中看到 C 语言文件，如图 4-37 所示。

5）在 main.c 文件中进行程序编写，这里以流水灯程序为例。编写完成后，对程序进行编译，发现零错误，零警告，如图 4-38 所示。

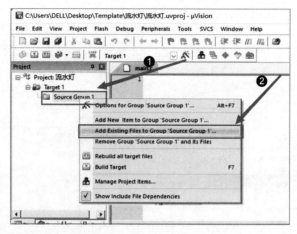

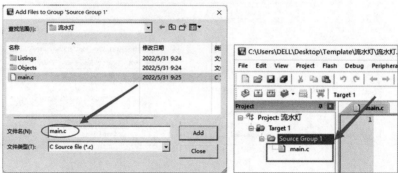

图 4-37　项目调试的选择

图 4-38　main.c 文件

6）打开目标选项，选择"Output"，并勾选"Create HEX File"，单击"OK"按钮，再次编译后，发现 HEX 文件创建完毕，之后将 HEX 文件烧录到 AT89C51 单片机，即可执行该程序，如图 4-39 所示。

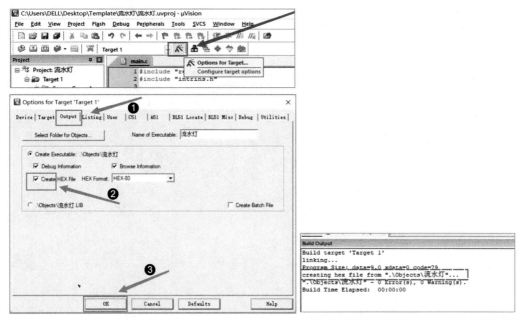

图 4-39　目标选项

4.3　Proteus 应用案例

4.3.1　流水灯案例

C51 最小系统包括：单片机、晶振电路、复位电路。

第一步："新建工程向导"页面建立新工程，单击"下一步"按钮，如图 4-40 所示。

图 4-40　"新建工程向导"页面

第二步：在 Pick Devices（元件选择）界面选择仿真需要的晶振电路元件：AT89S51、电容 CAP（参数为 22pF）、晶振 CRYSTAL 选择 DEVICE（参数为 12MHz）、终端模式的地线 GROUND。复位电路元件：电阻 RES（阻值为 10kΩ）、按键 BUTTON、极性电容 CAP–ELEC（参数为 10μF）、地线 GROUND、电源 POWER（参数为 +5V）。彩灯元件：红色彩灯 LED–RED、限流电阻 RES（阻值为 500Ω）、电源 POWER（参数为 +5V），如图 4-41 所示。

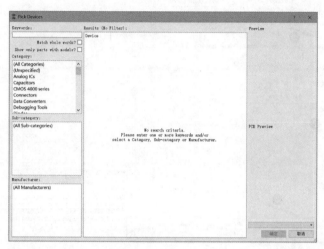

图 4-41　元件选择界面

晶振电路元件、复位电路元件和彩灯元件分别如图 4-42、图 4-43 和图 4-44 所示。

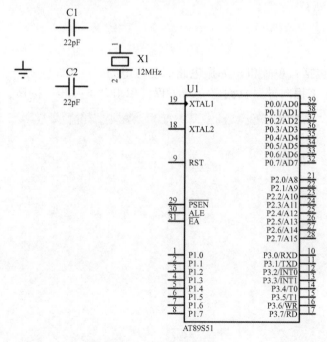

图 4-42　晶振电路元件

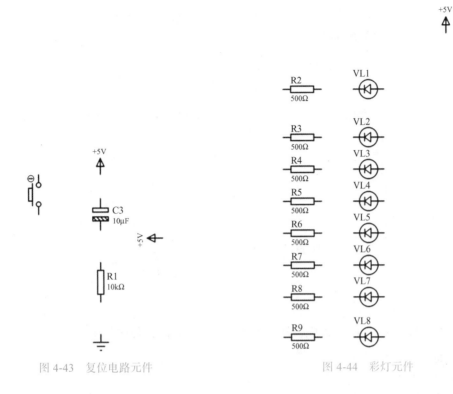

图 4-43 复位电路元件　　　　　　　　　　　图 4-44 彩灯元件

第三步：设置配电网络，选择"设计"菜单中的"配置供电网"，如图 4-45 所示。

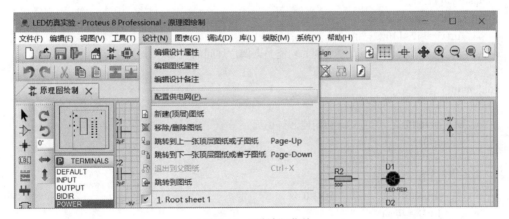

图 4-45 "设计"菜单

然后在"电源线配置"对话框选择"+5V"，单击"确定"按钮，如图 4-46 所示。

第四步：将元件连接起来，连接元件可以用线直接连接，但是会比较麻烦，采用连接标号模式比较简洁。在界面的最左边找到 LBL 图标，单击之后再将鼠标放到要连接的线上边，单击左键然后输入要连接的端口，同样在单片机的对应端口输入要连接的线，注意端口上要添加一段线才可以输入标号。

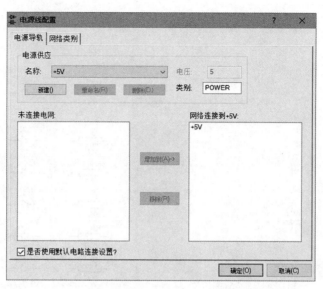

图 4-46　"电源线配置"对话框

第五步：编写 Keil 控制程序，注意要生成 HEX 文件，程序如下：

```
#include "reg51.h"
#define LED P1
void delay(unsigned int ms)
{
    unsigned int t1,t2;
    for(t1=0; t1<ms; t1++)
        for(t2=0;t2<110;t2++);
}                           // 实现的功能是奇偶位灯间隔闪烁

void main()
{
    //LED=0xff;              // 初始使 8 灯熄灭
    while(1)
    {
        LED = 0x55;         // 偶亮
        delay(500);         // 延时 0.5s
        LED = 0xaa;
        delay(500);
    }
}
```

双击单片机出现选择配置界面，如图 4-47 所示，选择刚才 Keil 生成的 HEX 文件，如图 4-47 中红框所示，单击"确定"按钮。

第六步：进行仿真，单击最左边的按键开始仿真，单击最右边的按键退出仿真，LED 彩灯仿真图如图 4-48 所示。

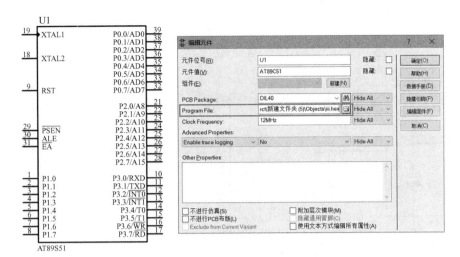

图 4-47　选择配置界面

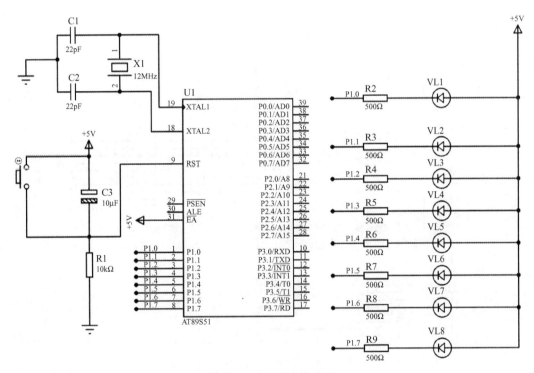

图 4-48　LED 彩灯仿真图

4.3.2　静态数码管案例

步骤和流水灯案例相同但是替换了几个元件，该案例的上拉电阻 RESPACK-8 即 RP1（参数为 10kΩ）、限流电阻 RES16DIPIS 即 RN1（参数为 470Ω）、数码管 7SEG-COM-ANODE、电源 POWER（参数为 +5V），Proteus 中的静态数码管元件如图 4-49 所示，然后将元件连接起来，如图 4-50 所示。

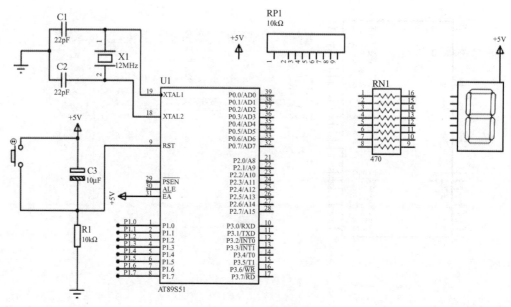

图 4-49　Proteus 中的静态数码管元件

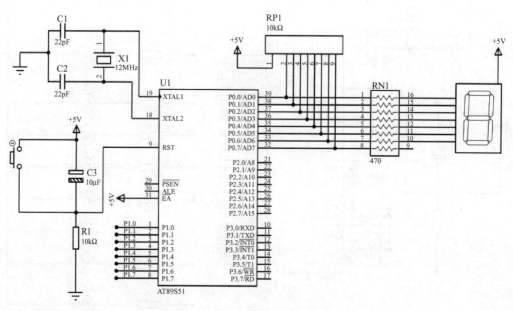

图 4-50　Proteus 中的静态数码管元件连接图

同样编写 Keil 控制程序，注意要生成 HEX 文件，程序如下：

```
#include "reg52.h"
typedef unsigned int u16;          // 对数据类型进行声明定义
typedef unsigned char u8;
void delay(u16 ms);                // 延时函数
u8 code smgduan[16]={0xc0,0xf9,0xa4,0xb0,0x99,0x92,0x82,0xf8,
                     0x80,0x90,0x08,0x03,0x46,0x21,0x06,0x0e};
/***************************************************************
```

```
u8 code smgduan[16]={0x3f,0x06,0x5b,0x4f,0x66,0x6d,0x7d,0x07,
                     0x7f,0x6f,0x77,0x7c,0x39,0x5e,0x79,0x71};
*********************************************************/

void main()
{

    while(1)
    {   u8 i = 0;
        for(i; i < 16; i++)
        {
            P0=smgduan[i];
            delay(1000);          // 延时 1s
        }
    }

}
void delay(u16 ms)                //65536
{
    u16 i, j;
    for(i=0;i<ms;i++)
        for(j=0;j<110;j++);
}
```

同理单击 C51 芯片，将编写好的程序导入，然后进行仿真，静态数码管仿真图如图 4-51 所示。

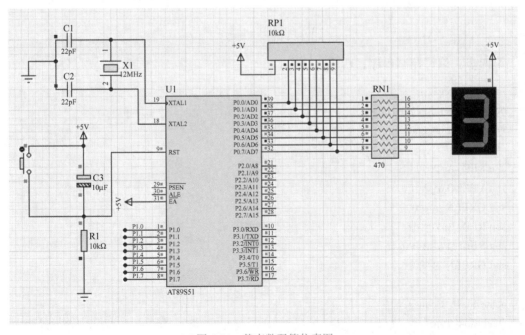

图 4-51　静态数码管仿真图

4.3.3 LED 模拟交通灯案例

第一步：建立新工程。

第二步：选择元器件——芯片 AT89S51、电容 CAP（参数为 22pF）、电解电容 CAP–ELEC（参数为 10μF）、晶振 CRYSTAL（参数为 12MHz）、电阻 RES R1（参数为 10kΩ）、电阻 RES R2～R13（参数均为 220Ω）、红灯 LED–RED、黄灯 LED–YELLOW、绿灯 LED–GREEN、电源 POWER、接地 GROUND。

第三步：将 LED 模拟交通灯元件连接如图 4-52 所示。

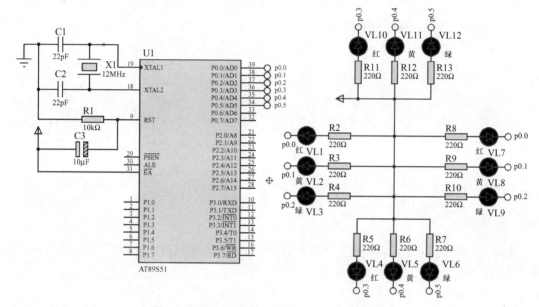

图 4-52　Proteus 中的 LED 模拟交通灯元件连接

第四步：编写控制程序，程序如下：

```c
#include <reg52.h>
#define uchar unsigned char
#define uint unsigned int

sbit RED_A=P0^0;
sbit YELLOW_A=P0^1;
sbit GREEN_A=P0^2;
sbit RED_B=P0^3;
sbit YELLOW_B=P0^4;
sbit GREEN_B=P0^5;

uchar Flash_Count = 0;
Operation_Type = 1;
```

```c
void DelayMS(uint x)
{
    uchar t;
    while(x--)
    {
        for(t=120;t>0;t--);
    }
}

void Traffic_lignt()
{
    switch(Operation_Type)
    {
        case 1:
            RED_A=1;YELLOW_A=1;GREEN_A=0;
            RED_B=0;YELLOW_B=1;GREEN_B=1;
            DelayMS(2000);
            Operation_Type = 2;
            break;
        case 2:
            DelayMS(200);
            YELLOW_A= ~ YELLOW_A;
            if(++Flash_Count !=10)
                    return;
            Flash_Count=0;
            Operation_Type = 3;
            break;
        case 3:
            RED_A=0;YELLOW_A=1;GREEN_A=1;
            RED_B=1;YELLOW_B=1;GREEN_B=0;
            DelayMS(2000);
            Operation_Type = 4;
            break;
        case 4:
            DelayMS(200);
            YELLOW_B= ~ YELLOW_B;
            if(++Flash_Count !=10)
                    return;
            Flash_Count=0;
            Operation_Type = 1;
            break;
```

```
        }
    }

    void main()
    {
        while(1)
        {
            Traffic_lignt();
        }
    }
```

第五步：进行仿真，LED 模拟交通灯仿真结果如图 4-53 所示。

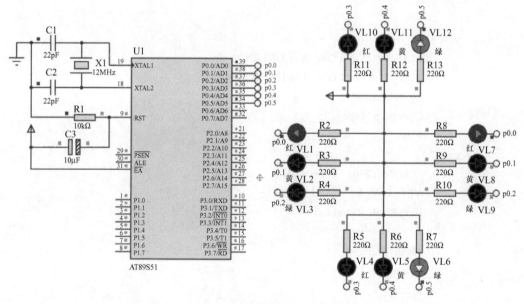

图 4-53　LED 模拟交通灯仿真图

4.3.4　LED 步进电动机案例

第一步：建立新工程。

第二步：选择元器件 —— 芯片 AT89S51、ULN2004A、步进电动机 MOTOR-STEPPER、电源 POWER（参数为 +15V）

第三步：将 LED 步进电动机元件连接如图 4-54 所示。

第四步：编写控制程序，程序如下：

```
#include<reg51.h>
#include<absacc.h>
#define uint unsigned int
#define uchar unsigned char
```

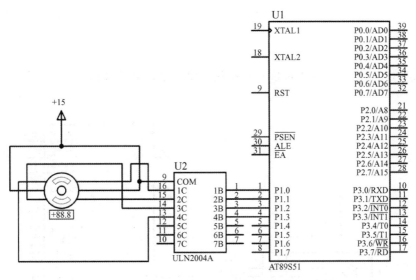

图 4-54　Proteus 中的 LED 步进电动机元件连接图

```c
//#define PORT XBYTE[0xffc0]
void delay(uint x);
void out(char state)
{
        code uchar table[]={0x03,0x09,0x0c,0x06};     // 反转

        P1=table[state];

        delay(8);
}


uchar phase=0;

void main()
{
        for(;;)
        {
                out(phase=++phase&0x03);  // 调用输出函数
        }
}

void delay(uint x)
{
        uchar j;
        while(x-->0)
        {
                for(j=0;j<125;j++)
```

```
        {;;}
    }
}
```

第五步：进行仿真，LED 步进电动机仿真结果如图 4-55 所示。

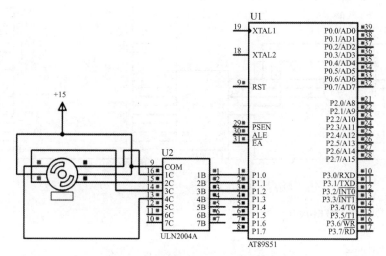

图 4-55　LED 步进电动机仿真图

本 章 小 结

Proteus 是一种虚拟电子电路设计软件，可以帮助工程师在计算机上模拟和调试电路设计。而 Keil C51 是一种嵌入式系统开发工具，提供了一套集成开发环境，可以编写、编译和调试基于 C 语言的嵌入式系统程序。

两者的结合使用可以使工程师更好地开发和调试嵌入式系统。Proteus 提供了电路设计和调试的功能，可以帮助工程师在软件阶段之前进行电路模拟和调试，以确保电路的正确性和稳定性。而 Keil C51 则提供了完整的软件开发工具，包括 C 语言编译器、调试器等，可以帮助工程师编写和调试嵌入式系统的软件程序。

通过 Proteus 和 Keil C51 的集成使用，工程师可以先在 Proteus 中进行电路的模拟和调试，确认电路的正确性后，再在 Keil C51 中进行软件程序的开发和调试。这样可以提高开发效率，减少调试时间，同时还能确保软硬件的兼容性和正确性。

总之，Proteus 和 Keil C51 集成开发环境的使用可以帮助工程师更好地进行嵌入式系统的开发和调试工作，提高工作效率和准确性。

思考题与习题

1. 如何在 Proteus 中创建一个新的项目？
2. 如何在 Proteus 中添加一个新的元件（组件）？
3. 如何在 Proteus 中连接元件（组件）之间的引脚？
4. 如何仿真一个包含 C51 程序的电路板？

5. 如何在 Keil C51 中创建一个新的 C 文件?

6. 如何编写简单的 C 语言程序并进行编译?

7. 如何下载程序到目标单片机芯片?

8. 如何在 Proteus 中接收和显示单片机的输出信号?

9. 如何在 Keil C51 中调试程序并观察变量的值?

10. 如何在 Proteus 中模拟外部输入信号并观察程序的响应?

第 5 章　单片机 I/O 端口的应用

学习目标： 单片机的 I/O 端口是单片机和外部电路进行数据交换的重要通道，通过本章的学习，了解单片机 I/O 端口的内部电路结构特点，从而掌握利用端口驱动外设电路的设计方法、注意事项以及从端口外部电路采集信息的过程和方法。通过项目演练，掌握程序编写的思路并能正确编写程序代码，学习软件硬件联合调试仿真的过程，从而为实际应用打下良好的基础。

5.1　输出端口的应用

单片机引脚作为输出端口，从逻辑上看，单片机运行的时候，从指令区读指令代码，并在某个端口输出 "0" 或者 "1" 来控制外部电路的状态；从电气上看，是某个端口输出高电压（一般是 +5V）或者低电压（0V），这个过程中，端口和外部电路连通，电流的方向可能从单片机内部经过端口流向外部电路，也可能从外部电路通过端口流入单片机内部。

5.1.1　单片机控制 LED

1. 发光二极管的基本知识

发光二极管（Light Emitting Diode，LED），是一种能够将电能转化为可见光的固态的半导体器件，它可以直接把电转化为光。LED 一般由含镓（Ga）、砷（As）、磷（P）、氮（N）等的化合物制成。LED 的 "心脏" 是一个半导体晶片，晶片的一端附在一个支架上，一端是负极，另一端连接电源的正极，使整个晶片被环氧树脂封装起来，它在照明领域应用广泛。

LED 早在 20 世纪 60 年代出现，科技工作者利用半导体 PN 结发光的原理，研制出了 LED。当时研制的 LED，所用的材料是 GaAsP，其发光颜色为红色。1976 年出现绿色 LED，1993 年蓝色 LED 问世，1999 年白色 LED 研发成功，2000 年开始，LED 应用于室内照明。

普通单色 LED 的发光颜色与发光的波长有关，而发光的波长又取决于制造 LED 所用的半导体材料。红色 LED 的波长一般为 650 ~ 700nm，一般用砷化镓（GaAs）材料。黄色 LED 的波长一般为 585nm 左右，一般用碳化硅（SiC）材料。绿色 LED 的波长一般为 555 ~ 570nm，一般用磷化镓（GaP）材料等。

LED 能发出的光已遍及可见光、红外线及紫外线，光度也提高到相当的光度。随着技术的不断进步，其应用领域也由最初的指示灯、显示板等拓展到了显示器和照明等领域。

LED 的灯泡体积小、重量轻，并以环氧树脂封装，可承受高强度机械冲击和振动，不易破碎，且亮度衰减周期长，所以其使用寿命可长达 50000 ～ 100000h，远超过传统钨丝灯泡的 1000h 及荧光灯管的 10000h。由于 LED 的使用年限可达 5 ～ 10 年，所以不仅可大幅降低灯具替换的成本，又因其具有极小电流即可驱动发光的特质，在同样照明效果的情况下，耗电量也只有荧光灯管的 1/2，因此 LED 也同时拥有省电与节能的优点。

硅管半导体 PN 结的正向导通电压（开启电压）约为 0.7V。但是，LED 的组成材料不同，其开启电压是不同的，GaAs 为 1V，GaAsP 为 1.2V，GaP 为 1.8V，GaN 为 2.5V。一般来说，LED 的工作电流在 5 ～ 20mA，电流越大，亮度也越高。LED 的工作电压大都在 1.8 ～ 2V，白色及蓝色 LED 的工作电压为 3 ～ 3.7V。LED 工作时的等效内阻为几欧姆到几十个欧姆，而且随着电流增大，等效内阻减小。

本书中，假设 LED 为红色，工作电压为 2V、工作电流为 10mA，等效内阻忽略不计，后续电路设计都在此基础上进行计算。

2. 设计案例：闪烁信号灯控制器的设计

（1）单片机与 LED 的连接

前面的章节已经学过，P0 口用作通用 I/O 端口用，由于漏极开路，需外接上拉电阻。而 P1 ～ P3 口内部有 30kΩ 左右上拉电阻。

单片机并行端口 P1 ～ P3 直接驱动发光二极管，连接电路如图 5-1 所示。与 P1、P2、P3 口相比，P0 口每位可驱动 8 个 LSTTL 输入，而 P1 ～ P3 口每位驱动能力只有 P0 口的一半。

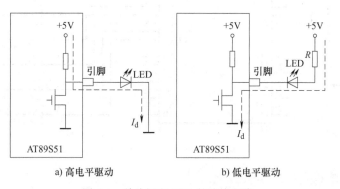

a) 高电平驱动　　　　　　　　b) 低电平驱动

图 5-1　单片机和 LED 的连接电路

图 5-1a 是高电平驱动连接方式，也就是说，单片机提供高电平，给 LED 提供能量。当 P0 口某位为高电平时，可提供 400μA 的拉电流；当 P0 口某位为低电平（0.45V）时，可提供 3.2mA 的灌电流，而 P1 ～ P3 口内有 30kΩ 左右上拉电阻，如高电平输出，则从 P1、P2 和 P3 口输出的拉电流 I_d 计算如下，红色 LED 的工作电压一般为 2V，工作电流一般为 1 ～ 20mA，一般取 10mA。

$$I_d = \frac{5V - 2V}{30k\Omega} = 0.1mA \tag{5-1}$$

可见，LED 的工作电流仅几百微安，驱动能力较弱，亮度较差。所以，图 5-1a 所示连接方式是不可取的。

如图 5-1b 所示，如果 I/O 端口引脚为低电平，由外部电源驱动负载（如 LED、电阻等），则电流 I_d 从单片机外部流入内部，这将大大增加流过 LED 的电流值。AT89S51 任一端口要想获得较大的驱动能力，要使输出端口为低电平。

为保证 LED 正常工作，同时减少功耗，限流电阻的选择十分重要。若供电电压为 +5V，红色 LED 的工作电压为 2V，工作电流为 10mA。则图 5-1b 中限流电阻 R 为

$$R = \frac{5V - 2V}{10mA} = 300\Omega \qquad (5-2)$$

式（5-2）仅供参考。在实际工作中要设计相应的电路，需要查阅所选用 LED 的用户手册（Datasheet），确定其工作电压，根据所需亮度选择合适的工作电流，还要考虑其等效内阻，再综合计算限流电阻的具体阻值。

当然，单片机端口的灌电流能力也是有限的，如果 LED 需要更高的亮度、更大的电流、更高的电平驱动，可在单片机与 LED 间加驱动电路，如芯片 74LS04、74LS244 等。

闪烁信号灯控制器的 Proteus 电路原理图如图 5-2 所示。

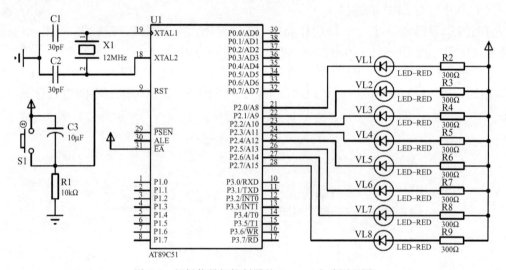

图 5-2　闪烁信号灯控制器的 Proteus 电路原理图

电路元器件清单见表 5-1。

表 5-1　闪烁信号灯控制器的元器件清单

序号	元器件名称	元器件参数	元器件数量	元器件流水号
1	AT89C51	—	1	U1
2	BUTTON	—	1	S1
3	CAP	30pF	2	C1、C2
4	CAP-POL	10μF	1	C3
5	CRYSTAL	12MHz	1	X1
6	LED-RED	—	8	VL1 ～ VL8
7	RES	10k	1	R1
8	RES	300Ω	8	R2 ～ R9

（2）闪烁信号灯控制器的软件设计

单片机的 I/O 端口 P0 ～ P3 是单片机与外设进行信息交换的桥梁，可通过读取 I/O 端口的状态来了解外设的状态，也可向 I/O 端口送出命令或数据来控制外设。

编写程序之前，最好先画出来软件的流程图，流程的逻辑关系理顺了，才能快速写出高效运行的代码。本项目的流程图如图 5-3 所示。

图 5-3　项目的流程图

对单片机 I/O 端口进行编程控制时，需要对 I/O 端口的特殊功能寄存器进行声明，在 C51 语言的编译器中，这项声明包含在头文件"reg51.h"中，编程时，可通过预处理命令 #include<reg51.h>，把这个头文件包含进去。

在 Keil C51 中新建工程，另存为 E5_1_code.uvproj，选择 AT89C51 芯片，新建空白文件，另存为 E5_1_code.c，加入当前工程，输入下列源程序代码。

```
#include <reg51.h>
#define uchar unsigned char
#define uint unsigned int
void delay(uint i)                       // 延时函数
{
    uchar t;
    while (i--)
    {
        for(t=0; t<120; t++);
    }
}
void  main()                             // 主程序
{
    P2=0x00;                             // 初始化 :P2 口输出低电平 ,LED 亮
    while(1)
    {
        delay(500);                      //500 为延时参数 , 可根据实际需要调整
        P2=0xff;                         //P2 口输出高电平 ,LED 灭
        delay(500);                      // 延时
        P2=0x00;                         //P2 口输出低电平 ,LED 亮
                                         //LED 亮灭交替 , 实现闪烁效果
    }
}
```

编译链接无误之后，确保生成了可以下载到 AT89C51 中的 HEX 文件。如果没有生成 HEX 文件，可在 Keil C51 软件中，单击"Options for Target"选项按钮，如图 5-4 所示。

单击"Options for Target"选项按钮，

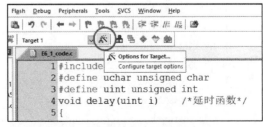

图 5-4　Options for Target 选项按钮

弹出如图 5-5 所示对话框。第一步，单击"Output"选项卡；第二步，勾选"Create HEX File"；第三步，单击"OK"按钮。然后重新编译链接，即可生成 HEX 文件。

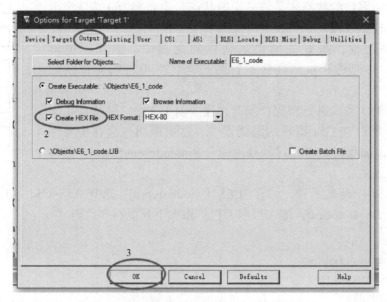

图 5-5　Options for Target 'Target 1' 对话框

在 Proteus 电路图中，双击 AT89C51 单片机，在"Edit Component"对话框中，找到"Program File"显示框，根据路径找到刚才生成的"E5_1_code.hex"文件。再单击"Debug"菜单中"Run Simulation"选项，或者按快捷键 <F12>，即可看到 8 个 LED 的闪烁效果。

3. 设计案例：流水灯控制器的设计

本项目的硬件电路和上一个案例一样，如图 5-2 所示。8 个 LED（VL1 ~ VL8）经限流电阻分别接至 P2 口的 P2.0 ~ P2.7 引脚上，阳极共同接高电平。编写程序来控制发光二极管由上至下的反复循环流水点亮，每次点亮一个 LED。

程序的编写思路不止一种，初学者不用考虑复杂的函数和编程技巧，先按照一般的逻辑，把编程思路画成流程图，如图 5-6 所示。

在 Keil C51 中新建工程，另存为 E5_2_code.uvproj，选择 AT89C51 芯片，新建空白文件，另存为 E5_2_code.c，加入当前工程，输入下列源程序代码。

链 5-2 流水灯设计 1

```
#include <reg51.h>
#define uchar unsigned char
#define uint unsigned int
void delay(uint i)                        // 延时函数
{
    uchar t;
    while (i--)
    {
```

```
                    for(t=0; t<120; t++);
        }
}
void  main()                        // 主程序
{
        P2=0xff;                    // 初始化 :P2 口输出高电平 ,LED 全灭
        while(1)
        {
          P2=0xfe;                  //P2_0 低电平 ,VL1 亮 , 其余全灭
          delay(500);               //500 为延时参数 , 可根据实际需要调整
          P2=0xfd;                  //P2_1 低电平 ,VL2 亮 , 其余全灭
          delay(500);               // 延时。
          P2=0xfb;                  //P2_2 低电平 ,VL3 亮 , 其余全灭
          delay(500);
          P2=0xf7;                  //P2_3 低电平 ,VL4 亮 , 其余全灭
          delay(500);
          P2=0xef;                  //P2_4 低电平 ,VL5 亮 , 其余全灭
          delay(500);
          P2=0xdf;                  //P2_5 低电平 ,VL6 亮 , 其余全灭
          delay(500);
          P2=0xbf;                  //P2_6 低电平 ,VL7 亮 , 其余全灭
          delay(500);
          P2=0x7f;                  //P2_7 低电平 ,VL8 亮 , 其余全灭
          delay(500);
                                    // 所有灯依次亮一遍 , 继续循环
        }
}
```

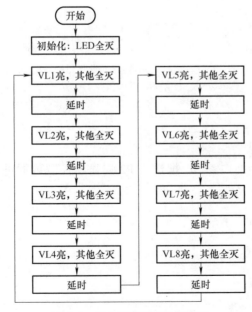

图 5-6　流水灯控制器的流程图

编译链接无误之后，生成 HEX 文件。按照前面的方法，联合 Proteus 电路图进行模拟仿真，可以看到 8 个 LED 每次只亮一个，并依次点亮，形成一种流水的效果。如果想改变流水灯"流动"的频率，只需要修改调用延时函数"delay（500）"中的参数"500"即可。参数变小，延时变短，流水频率加快；参数变大，延时变长，流水频率变慢。

当然，本程序写得不够简洁，但是逻辑思路非常清晰，对于初学者也能很容易读懂并写出代码。同样的电路设计，软件编程还有很多其他方法，这里给出来 3 种参考程序。学有余力的读者，可以试着进行实验仿真。

（1）数组的字节操作实现

建立 1 个字符型数组，将控制 8 个 LED 显示的 8 位数据作为数组元素，依次送入 P2 口。

链 5-3 流水
灯设计 2

参考程序如下：

```
#include <reg51.h>
#define uchar unsigned char
uchar tab[ ]={ 0xfe , 0xfd , 0xfb , 0xf7 , 0xef , 0xdf , 0xbf , 0x7f};        // 左移点亮
void  delay()                          // 延时函数的另一种写法
{
      uchar i,j;
      for(i=0; i<255; i++)
      for(j=0; j<255; j++);
}
void  main()                          // 主函数
{
      uchar i;
      while (1)
      {
        for(i=0;i<8; i++)
        {
              P2=tab[i];             // 向 P2 口送出点亮数据
              delay();               // 延时，即点亮一段时间
        }
      }
}
```

（2）移位运算符实现

使用移位运算符">>""<<"，把送入 P2 口显示控制数据进行移位，从而实现 LED 依次点亮。

参考程序如下：

链 5-4 流水
灯设计 3

```
#include <reg51.h>
#define uchar unsigned char
void  delay()
{
      uchar i,j;
      for(i=0; i<255; i++)
```

```
        for(j=0; j<255; j++);
    }
void  main()                                    // 主函数
{
    uchar i,temp;
    while (1)
    {
        temp=0x01;                              // 左移初值赋给 temp
        for(i=0; i<8; i++)
        {
            P2= ~ temp;                         // temp 中的数据取反后送入 P2 口
            delay();                            // 延时
            temp=temp<<1;                       // temp 中数据左移一位
        }
    }
}
```

程序说明：左移移位运算 "<<" 是将高位丢弃，低位补 0。相应地，右移移位运算 ">>" 是将低位丢弃，高位补 0。

（3）用循环左移位函数实现

使用 C51 语言提供的库函数，即循环左移 n 位函数，控制 LED 点亮。

参考程序如下：

链 5-5 流水
灯设计 4

```
#include <reg51.h>
#include <intrins.h>                            // 包含循环左移位函数的头文件
#define uchar unsigned char
void  delay()
{
    uchar i,j;
    for(i=0; i<255; i++)
    for(j=0; j<255; j++);
}
void  main()                                    // 主函数
{
    uchar i,temp;
    while (1)
    {
        temp=0xfe;                              // 初值为 11111110
        for(i=0; i<7; i++)
        {
            P2=temp;                            // temp 中的点亮数据送入 P2 口 , 控制点亮显示
            delay();                            // 延时
            temp=_crol_( temp,1) ;              // temp 数据循环左移一位
        }
    }
}
```

程序说明：循环左移函数"_crol_"是将移出的高位再补到低位，即循环移位。同理，循环右移函数"_cror_"是将移出的低位再补到高位。

以上几种方法，都是 LED 从 VL1 依次亮到 VL8，再从 VL1 依次亮到 VL8，依次重复。如果想让流水灯的效果更复杂一点，比如要实现 8 个 LED 由上至下再由下至上反复循环点亮显示的效果，在以上 4 种方法的程序上进行简单修改即可，这里不再给出详细代码。

5.1.2　LED 数码管显示器的设计

1. LED 数码管的结构与工作原理

LED 数码管（LED Segment Displays）由多个 LED 封装在一起组成"8"字形的器件，引线已在内部连接完成，只需引出它们的各个笔画和公共电极。数码管实际上是由 7 个 LED 组成"8"字形构成的，加上小数点就是 8 个。8 段 LED 数码管结构及外形如图 5-7 所示。这些段分别由字母 a、b、c、d、e、f、g、dp 来表示。LED 数码管分为共阳极和共阴极两种，如图 5-7a、b 所示，共阳极数码管的阳极连接在一起，接 +5V；共阴极数码管阴极连在一起接地。对于共阴极数码管，当某 LED 阳极为高电平时，LED 点亮，相应段被显示。同样，共阳极数码管阳极连在一起，公共阳极接 +5V，当某个 LED 阴极接低电平时，该 LED 被点亮，相应段被显示。

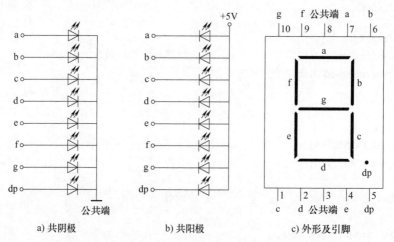

a) 共阴极　　　　　　b) 共阳极　　　　　　c) 外形及引脚

图 5-7　8 段 LED 数码管结构及外形

为使 LED 数码管显示不同字符，要把某些段点亮，就要为数码管各段提供 1B 的二进制码，即段码（也称字型码）。习惯上以"a"段对应段码字节的最低位。各字符段码见表 5-2。

如要在数码管显示某字符，只需将该字符段码加到各段上即可。例如某存储单元中的数为"02H"，想在共阳极数码管上显示"2"，需要把"2"的段码"A4H"加到数码管各段。将欲显示字符的段码做成一个表（数组），根据显示字符从表 5-2 中查找到相应段码，然后把该段码输出到数码管各个段上，同时数码管的公共端接 +5V，此时在数码管上显示字符"2"。

表 5-2 LED 数码管的段码

显示字符	共阴极段码	共阳极段码	显示字符	共阴极段码	共阳极段码
0	3FH	C0H	C	39H	C6H
1	06H	F9H	d	5EH	A1H
2	5BH	A4H	E	79H	86H
3	4FH	B0H	F	71H	8EH
4	66H	99H	P	73H	8CH
5	6DH	92H	U	3EH	C1H
6	7DH	82H	T	31H	CEH
7	07H	F8H	y	6EH	91H
8	7FH	80H	H	76H	89H
9	6FH	90H	L	38H	C7H
A	77H	88H	"灭"	00H	FFH
b	7CH	83H	…	…	…

2. 项目演练：单片机控制 LED 数码管的设计

现在设计一个单片机控制数码管的电路并编写程序，数码管采用共阳极连接方式，依次显示 0、1、2、…、8、9，并一直循环。

首先进行电路设计，在单片机最小系统的基础上，利用 P2 口作为输出口，连接红色 7 段 LED 数码管，数码管限流电阻的阻值的计算方法前面已经讲过，不再赘述。Proteus 电路图如图 5-8 所示。

链 5-6 单片机控制 LED 数码管

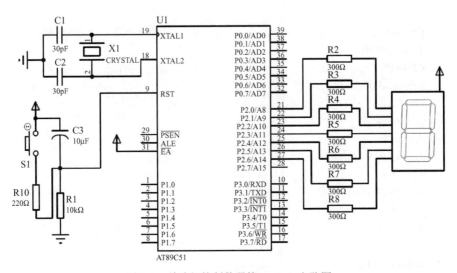

图 5-8 单片机控制数码管 Proteus 电路图

在 7 段 LED 数码管上依次显示 0 ~ 9 这几个数字，简单的流程图如图 5-9 所示。

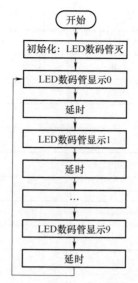

图 5-9　单片机控制数码管的流程图

　　在 Keil C51 中新建工程，另存为 E5_3_code.uvproj，选择 AT89C51 芯片，新建空白文件，另存为 E5_3_code.c，加入当前工程，输入下列源程序代码。

```
#include "reg51.h"
#define uchar unsigned char
#define uint unsigned int
void delayms(uint);                      // 延时函数声明
void main(void)
{
    P2=0xff;                             // 初始化,LED 数码管灭
    while(1)
    {
    P2=0xc0;                             //P2 口输出 0 的段码,LED 数码管显示 0
    delayms(900);                        // 延时
    P2=0xf9;                             //P2 口输出 1 的段码,LED 数码管显示 1
    delayms(900);
    P2=0xa4;
    delayms(900);
    P2=0xb0;
    delayms(900);
    P2=0x99;
    delayms(900);
    P2=0x92;
    delayms(900);
    P2=0x82;
    delayms(900);
    P2=0x82;
    delayms(900);
    P2=0xf8;
    delayms(900);
    P2=0x80;
```

```
        delayms(900);
        P2=0x90;                              //P2 口输出 9 的段码 ,LED 数码管显示 9
        delayms(900);
    }
}
void delayms(uint j)                          // 延时函数
{
    uchar i;
    for(;j>0;j--)
    {
            i=250;
        while(--i);
        i=249;
        while(--i);
    }
}
```

当然，也可以把要显示数字和字符的段码，存到程序存储器，根据需要到存储区查表，得到段码后再显示，这需要用到数组等相关知识。下面是另一种程序设计代码，主函数代码写得比较简洁，但是其编程思路比较复杂，建议在写代码前先画流程图。

```
#include "reg51.h"
#include "intrins.h"
#define uchar unsigned char
#define uint unsigned int
#define out P2                                //P2 口是输出口 , 控制 LED 数码管显示数字
uchar code seg[]={0xc0,0xf9,0xa4,0xb0,0x99,0x92,0x82,0xf8,0x80,0x90,0x01};
                                              // 共阳极段码表
void delayms(uint);                           // 延时函数声明
void main(void)
{
    uchar i;
    while(1)
    {
      out=seg[i];
      delayms(900);
      i++;
      if(seg[i]==0x01)i=0;                     // 结束标志 , 如果段码为 0x01, 表明一个循环显示结束
    }
}
void delayms(uint j)                          // 延时函数
{
    uchar i;
    for(;j>0;j--)
    {
            i=250;
```

```
            while(--i);
            i=249;
            while(--i);
        }
    }
```

程序说明：语句"if（seg[i]==0x01）i=0；"含义是，如果要送出的数组元素为 0x01（数字"9"段码 0x90 的下一个元素，即结束码），表明一个循环显示已结束，则 i=0，则重新开始循环显示，从段码数组表的第一个元素 seg[0]，即段码 0xc0（数字 0）重新开始显示。

5.1.3　单片机控制蜂鸣器

1. 蜂鸣器及其驱动电路

声、光作为重要的信息载体，在工业场合有着广泛的应用。蜂鸣器是一种一体化结构的电子讯响器，采用直流电压供电，广泛应用于计算机、打印机、复印机、报警器、电子玩具、汽车电子设备、电话机、定时器等电子产品中。蜂鸣器主要分为压电式蜂鸣器和电磁式蜂鸣器两种类型。

压电式蜂鸣器主要由多谐振荡器、压电蜂鸣片、阻抗匹配器及共鸣箱、外壳等组成。当接通电源后（1.5 ～ 15V 直流工作电压），多谐振荡器起振，输出 100 ～ 500Hz 的音频信号，阻抗匹配器推动压电蜂鸣片发声。

电磁式蜂鸣器由振荡器、电磁线圈、磁铁、振动膜片及外壳等组成。接通电源后，振荡器产生的音频信号电流通过电磁线圈，使电磁线圈产生磁场。振动膜片在电磁线圈和磁铁的相互作用下，周期性地振动发声。

蜂鸣器又分为无源他励型与有源自激型。无源他励型蜂鸣器的工作发声原理是，将方波信号输入谐振装置，转换为声音信号输出。有源自激型蜂鸣器的工作发声原理是，输入端加上直流电源，经过振荡系统的放大取样电路在谐振装置作用下产生声音信号。

只需要加上直流电压，就可以控制蜂鸣器发声，所以优先选用有源自激型蜂鸣器，后续提到的蜂鸣器，都是这种类型。无源他励型蜂鸣器的输入信号要求比较高，电路设计也比较复杂，这里不再讲述，感兴趣的学生可以自行查阅相关资料。

由于蜂鸣器的工作电流一般比较大，单片机的 I/O 端口无法直接驱动，所以要利用放大电路来驱动，一般使用晶体管放大电流就可以了。在 Proteus 元件库里选择蜂鸣器时注意，要选择有源蜂鸣器，如图 5-10 所示，要选择"ACTIVE"这一栏，否则，仿真调试时听不到蜂鸣器声音。单片机控制蜂鸣器的电路如图 5-11 所示。

图 5-10　选择有源蜂鸣器"ACTIVE"

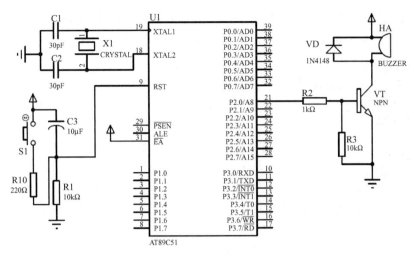

图 5-11　单片机控制蜂鸣器的 Proteus 电路原理图

图 5-11 中，HA 是蜂鸣器，VD 是续流二极管。蜂鸣器本质上是一个感性元件，其电流不能瞬变，因此必须有一个续流二极管提供续流。否则，在蜂鸣器两端会产生几十伏的尖峰电压，可能损坏驱动晶体管，并干扰整个电路系统的其他部分。

晶体管 VT 起开关作用，其基极的高电平使晶体管饱和导通，使蜂鸣器发声；而基极低电平则使晶体管关闭，蜂鸣器停止发声。

R2 的作用是晶体管基极刚开始有信号的瞬间限流。R3 是为了单片机端口浮空时，下拉，确认电平，而且有一定的防静电的作用，晶体管断开后也可以释放基极和发射极之间寄生电容的电量。

2. 项目演练：声音报警器的设计

根据单片机控制蜂鸣器的电路设计可知，只需要通过单片机 P2.0 端口送出一个高电平，即可使晶体管 VT 导通，控制蜂鸣器发声。当单片机端口 P2.0 送出一个低电平，即可使晶体管 VT 截止，控制蜂鸣器不发声。程序设计思路比较简单，为了能清楚听到蜂鸣器的通断，编写程序时，可以让蜂鸣器时断时续。

链 5-7 声音报警器设计

单片机控制蜂鸣器的流程图如图 5-12 所示。

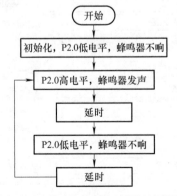

图 5-12　单片机控制蜂鸣器的流程图

在 Keil C51 中新建工程，另存为 E5_4_code.uvproj，选择 AT89C51 芯片，新建空白文件，另存为 E5_4_code.c，加入当前工程，输入下列源程序代码。

```c
#include <reg51.h>
#define uchar unsigned char
#define uint unsigned int
void delay(uint i)                         // 延时函数
{
        uchar t;
        while (i--)
        {
                for(t=0; t<120; t++);
        }
}
void  main()                               // 主函数
{
        P2=0x00;                           // 初始化 :P2.0 口输出低电平 , 蜂鸣器不响
        while(1)
        {
           P2=0x01;                        //P2.0 口输出高电平 , 蜂鸣器发声
                delay(900);                //900 为延时参数 , 可根据实际需要调整
                P2=0x00;                   //P2.0 口输出低电平 , 蜂鸣器不响
                delay(900);                // 延时
        }
}
```

调试的时候，可能会听不到蜂鸣器的声音，是由于元件库中，蜂鸣器的工作电压默认设置的是 12V，此处电源电压才 5V，所以，需要修改蜂鸣器的参数。在 Proteus 原理图中，双击蜂鸣器，出现如图 5-13 所示对话框，将 "Operating Voltage" 中的 12V 改为 2V，再单击 "OK" 按钮。再进行仿真，就能听到蜂鸣器的声音了。

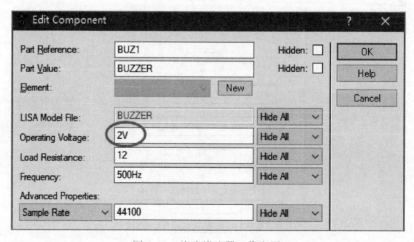

图 5-13　修改蜂鸣器工作电压

5.2　输入端口的应用

5.2.1　单片机输入端口的结构和功能特点

前面章节已经学习过，单片机有 4 个双向的 8 位并行 I/O 端口，分别记为 P0、P1、P2 和 P3，其中输出锁存器属于特殊功能寄存器。端口的每一位均由输出锁存器、输出驱动器和输入缓冲器组成，4 个端口按字节输入 / 输出外，也可位寻址。这些端口作为普通输入口时，其结构和功能特点基本是一样的。

1. P0 口

P0 口是一个双功能的 8 位并行端口，字节地址为 80H，位地址为 80H ～ 87H。端口的各位具有完全相同但又相互独立的电路结构，P0 口某一位的位电路结构如图 5-14 所示。

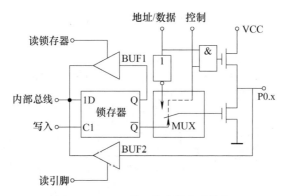

图 5-14　P0 口某一位的位电路结构

从图 5-14 中可以看出，当 P0 口作为数据总线输入时，仅从外部存储器（或外部 I/O）读入信息，对应的"控制"信号为 0，MUX 接通锁存器的 $\overline{Q}$ 端。由于 P0 口作为地址 /数据复用方式访问外部存储器时，CPU 自动向 P0 口写入 FFH，使下方的场效应晶体管截止。

由于"控制"信号为 0，上方的场效应晶体管也截止，从而保证数据信息的高阻悬浮输入，从外部 P0.x 引脚输入的数据信息直接通过输入缓冲器 BUF2 进入内部总线。

P0 口作为通用 I/O 端口输入时，有两种读入方式："读锁存器"和"读引脚"。当 CPU 发出"读锁存器"类指令时，锁存器的状态由 Q 端经上方的三态缓冲器 BUF1 进入内部总线；当 CPU 发出"读引脚"类指令时，锁存器的输出状态 =1（即 $\overline{Q}$ 端为 0），从而使下方场效应晶体管截止，引脚的状态经下方的三态缓冲器 BUF2 进入内部总线。

2. P1 口

P1 口为通用 I/O 端口，字节地址为 90H，位地址为 90H ～ 97H。P1 口某一位的位电路结构如图 5-15 所示。

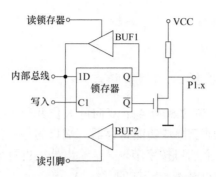

图 5-15　P1 口某一位的位电路结构

P1 口作为输入口时，分为"读锁存器"和"读引脚"两种方式。"读锁存器"时，锁存器的输出端 Q 的状态经输入缓冲器 BUF1 进入内部总线；"读引脚"时，先向锁存器写 1，使场效应晶体管截止，P1.x 引脚上的电平经输入缓冲器 BUF2 进入内部总线。

3. P2 口

P2 口是双功能口，字节地址为 A0H，位地址为 A0H ～ A7H。P2 口某一位的位电路结构如图 5-16 所示。

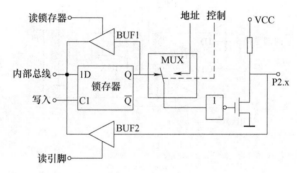

图 5-16　P2 口某一位的位电路结构

P2 口作为输入口时，分为"读锁存器"和"读引脚"两种方式。"读锁存器"时，Q 端信号经输入缓冲器 BUF1 进入内部总线；"读引脚"时，先向锁存器写 1，使场效应晶体管截止，P2.x 引脚上的电平经输入缓冲器 BUF2 进入内部总线。

4. P3 口

由于引脚数目有限，在 P3 口增加了第二功能。每一位都可以分别定义为第二输入功能或第二输出功能。P3 口字节地址为 B0H，位地址 B0H ～ B7H。P3 口某一位的位电路结构如图 5-17 所示。

当 P3 口用作通用 I/O 的输入时，P3.x 位的输出锁存器和"第二输出功能"端均应置 1，场效应晶体管截止，P3.x 引脚信息通过输入 BUF3 和 BUF2 进入内部总线，完成"读引脚"操作。

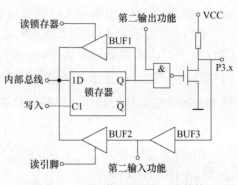

图 5-17　P3 口某一位的位电路结构

当 P3 口用作通用 I/O 的输入时，也可执行"读锁存器"操作，此时 Q 端信息经过缓冲器 BUF1 进入内部总线。

由于 P3 口每一引脚都有第一功能与第二功能，究竟是使用哪个功能，完全是由单片机执行的指令控制来自动切换的，用户不需要进行任何设置。

5.2.2　按键的输入电路设计

1. 刀开关与按键开关

刀开关是一种手动配电器，也称为开启式负荷开关，主要用来隔离电源或手动接通与断开直流电路，也可用于不频繁地接通与分断额定电流以下的负载，如小型电动机、电炉等。刀开关是最经济但技术指标偏低的一种开关。

如图 5-18 所示，刀开关主要由动触头、静触头、胶盖、瓷手柄、瓷底座及出线座等组成，导电部分都固定在瓷底座上，且用胶盖盖着。所以当闸刀合上时，操作人员不会触及带电部分。

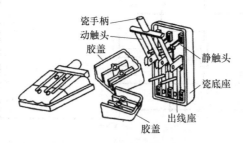

图 5-18　刀开关结构示意图

按键开关主要是指轻触式按键开关，也称为轻触开关。按键开关是一种电子开关，属于电子元器件类，最早出现在日本，称为敏感型开关，使用时以满足操作力的条件，向开关操作方向施压，开关功能闭合接通，当撤销压力时开关即断开，其内部结构是靠金属弹片受力变化来实现通断的。

按键开关由嵌件、基座、弹片、按钮、盖板组成，其中防水类按键开关在弹片上加一层聚酰亚胺薄膜。

按键开关有接触电阻小、精确的操作力误差、规格多样化等方面的优势，在电子设备及白色家电等方面得到广泛的应用，例如影音产品、数码产品、遥控器、通信产品、家用电器、安防产品、玩具、计算机产品、健身器材、医疗器材、验钞笔、激光笔按键等。受限于按键开关对环境的条件（施压力小于 2 倍的弹力 / 环境温湿度条件以及电气性能），大型设备及高负荷的按钮都使用导电橡胶或过载开关五金弹片来代替，比如医疗器材、电视机遥控器等。

按键开关分成两大类，利用金属簧片作为开关接触片的称为按键开关，如图 5-19 所示，其接触电阻小，手感好，有"滴答"清脆声。利用导电橡胶作为接触通路的开关习惯称为导电橡胶开关，开关手感好，但接触电阻大，一般在 100 ～ 300Ω，按键开关的结构是靠按键向下移动，使接触簧片或导电橡胶块接触焊片来形成通路的。

图 5-19　按键开关

2. 按键及输入电路设计

　　刀开关和按键开关接入电路的原理图如图 5-20 所示。图中，SW1 是刀开关，S2 是按键开关。当 SW1 断开时，单片机的 P1.7 端口，通过电阻 R10 接到电源端，这时单片机端口读取的值是高电平，也就是逻辑"1"；当 SW1 闭合时，单片机的 P1.7 端口通过 SW1接地，这时单片机端口读取的值是低电平，也就是逻辑"0"。同理，S2 按下和弹起时，单片机端口读取的值分别是逻辑"0"和"1"。

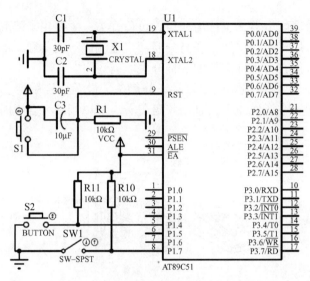

图 5-20　Proteus 中按键接入电路的原理图

3. 按键的消抖处理

　　按键的触点都是机械结构，断开和闭合的时候会有抖动，如图 5-21 所示。t_1 和 t_3 时间段分别为按键闭合、断开过程中的抖动期，抖动时间长短与开关的机械特性有关，一般为 5 ~ 10ms，t_2 为稳定的闭合期，其时间由按键动作确定，一般为十分之几秒到几秒，t_0、t_4 为断开期。

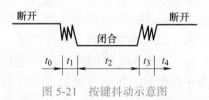

图 5-21　按键抖动示意图

　　按键闭合与否，反映在单片机 I/O 端口电压上就是高电平或低电平，对单片机 I/O 电平高低状态检测，便可确认按键是否按下。t_1 和 t_3 的持续时间为毫秒级，单片机的指令周期为微秒级，相差 1000 倍，在 t_1 和 t_3 的持续时间内，单片机会读到多次"0""1"的反复变化，多次的"0"状态即为多次按键按下的状态，从而产生误判。在为了确保单片机对一次按键动作只确认一次按键有效，必须消除抖动期 t_1 和 t_3 的影响。

有两种消除抖动的方法，一种是软件消抖，一种是硬件消抖。

软件消抖是利用软件延时来消除按键抖动，基本思想是在检测到有键按下时，该键所对应的低电平，执行一段延时 10ms 的子程序后，确认该电平是否仍为低电平，如果仍为低电平，则确认该行确实有键按下。当按键松开时，单片机 I/O 端口低电平变为高电平，执行一段延时 10ms 的子程序后，检测到单片机 I/O 端口为高电平，说明按键确实已经松开。

硬件消抖是利用额外的硬件电路来消除按键抖动的，这种方式仅适用于按键较少时，否则消除抖动的硬件电路需要增加很多。硬件消抖的电路有多种，比较简单的一种方法是在按键两端并联一个电容，其基本思想是利用电容的充 / 放电延时，由于电容两端的电压不能突变，使得按键按下去时，其两端的电压平缓变化，直到电容充 / 放电达到一定的电压阈值时，单片机才读取到端口电压的变化。还有一种比较复杂的硬件消抖电路，是在按键和单片机端口之间，接入 RS 触发器电路，感兴趣的读者可以查阅相关资料。

4. 设计案例：键控信号灯设计

如图 5-22 所示，单片机 P1 口接有两个按键 SW1 和 S2，现在要实现的功能是：SW1 闭合，VL1 亮，SW1 断开，VL1 灭；S2 闭合，VL2 亮，S2 断开，VL2 灭。

链 5-8 键控信号灯设计

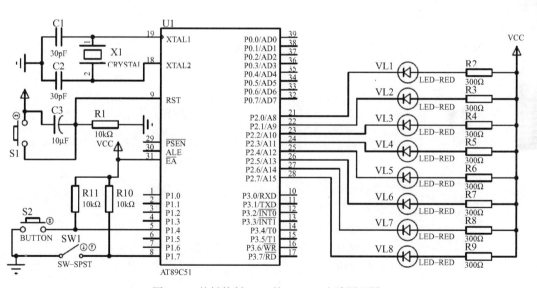

图 5-22　按键控制 LED 的 Proteus 电路原理图

编程思路：因为按键按下的时间是随机的，单片机要想不遗漏任何时刻按键按下，需要不停地查询端口 P1.4 和 P1.7 的电平，当电平变低时，延时 10ms 消除抖动，再次判断电平是否变低，如果电平变低了，说明有一个有效的按键按下，然后点亮对应的 LED，如果没有有效的按键按下，则灭掉对应的 LED，最后再回到最初的查询状态。软件编程的流程图如图 5-23 所示。

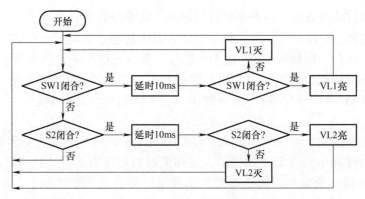

图 5-23　按键控制 LED 的软件流程图

参考程序如下：

```
#include <reg51.h>
#define uchar unsigned char
sbit SW1=P1^7;                          // 将 SW1 位定义为 P1.7 引脚
sbit S2=P1^4;                           // 将 S2 位定义为 P1.4 引脚
sbit VL1=P2^0;                          // 将 VL1 位定义为 P2.0 引脚
sbit VL2=P2^1;                          // 将 VL2 位定义为 P2.1 引脚

void delay10ms(void)                    // 函数：软件消抖延时 10ms
{
    uchar i,j;
    for(i=0;i<100;i++)
    for(j=0;j<100;j++)
        ;
}
void  main()                            // 主程序
{
    P1=0xff;                            // 初始化
    P2=0xff;                            //LED 全灭
    while(1)
    {
        if(SW1==0)
            {
                delay10ms();            // 软件消抖
                if(SW1==0)              //SW1 按下
                {
                    VL1=0;              //VL1 亮
                }
                else
                {
                    VL1=1;              //VL1 灭
                }
            }
            if(S2==0)
            {
```

```
    delay10ms();                    // 软件消抖
    if(S2==0)                       //S2 按下
    {
            VL2=0;                  //VL2 亮
    }
    else
    {
            VL2=1;                  //VL2 灭
    }
    }
    }
}
```

5.2.3　一键多功能信号灯的设计

如果要用一个按键开关实现多种功能，可以用按键按下的次数 N 来实现对应的功能 N。也就是说，按键开关第一次按下，实现第一个功能；按键开关第二次按下，实现第二个功能；……。为了记录按键开关被按下的次数，需要设置一个程序内部的计数器，并根据计数值，去实现对应的功能。

现在要用一个按键开关实现这样的功能：按键开关第一次按下，8 个 LED 正向（由上至下）流水点亮；按键开关第二次按下，8 个 LED 反向（由下而上）流水点亮；按键开关第三次按下，高、低 4 个 LED 交替点亮；按键开关第四次按下，8 个 LED 闪烁点亮；按键开关第五次按下，所有功能都关掉；依次循环。电路图如图 5-22 所示，用按键开关 S2 控制 P2 口的 8 个 LED。

因为目前还没有介绍单片机的中断功能，编写程序的时候，需要不停地检测按键、判断按键次数、实现对应功能。根据上面要实现的功能，软件流程图如图 5-24 所示。

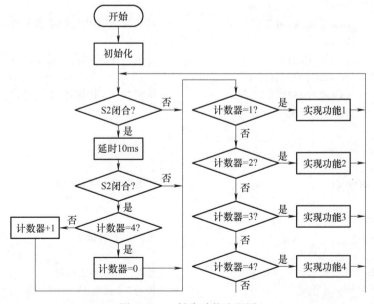

图 5-24　一键多功能流程图

参考程序如下:

```c
#include <reg51.h>
#define uchar unsigned char
sbit S2=P1^4;                           // 将 S2 位定义为 P1.4 引脚

void key_scan(void);                    // 函数:检测按键是否按下
void forward(void);                     // 函数:正向流水点亮 LED
void backward(void);                    // 函数:反向流水点亮 LED
void Alter(void);                       // 函数:交替点亮高 4 位与低 4 位 LED
void blink (void);                      // 函数:闪烁点亮 LED
void led_delay(void);                   // 函数:延时,LED 亮灭间隔
void delay10ms(void);                   // 函数:软件消抖延时 10ms
uchar keyval;                           // 定义键值储存变量单元

void main(void)                         // 主函数
{
    P1=0xff;                            // 初始化
    P2=0xff;                            //LED 全灭
    keyval=0;                           // 键值初始化为 0
    while(1)
    {
        key_scan();                     // 调用键盘扫描函数
        switch(keyval)
        {
            case 0: P2=0xff;            // 键值为 0, 所有 LED 全灭
            break;
            case 1:forward();           // 键值为 1, 调用正向流水点亮函数
            break;
            case 2:backward();          // 键值为 2, 调用反向流水点亮函数
            break;
            case 3:Alter();             // 键值为 3, 调用高、低 4 位交替点亮函数
            break;
            case 4:blink();             // 键值为 4, 调用闪烁点亮函数
            break;
        }
    }
}
void key_scan(void)                     // 函数功能:键盘扫描
{
    P1=0xff;
    if(S2==0)                           // 检测到有键按下
    {
        delay10ms();                    // 延时 10ms 再去检测
        if(S2==0)                       // 按键 S2 被按下
        {
```

```
        if(keyval==4)                  // 键值是否等于 4
            keyval=0;                   // 已经按键 4 次 , 归零
        else
            keyval+=1;                  // 按键不足 4 次 ,+1
        }
    }
}
void forward(void)                      // 函数功能 : 正向流水点亮 LED
{
    P2=0xfe;                            //VL1 亮
    led_delay();
    P2=0xfd;                            //VL2 亮
    led_delay();
    P2=0xfb;                            //VL3 亮
    led_delay();
    P2=0xf7;                            //VL4 亮
    led_delay();
    P2=0xef;                            //VL5 亮
    led_delay();
    P2=0xdf;                            //VL6 亮
    led_delay();
    P2=0xbf;                            //VL7 亮
    led_delay();
    P2=0x7f;                            //VL8 亮
    led_delay();
}
void backward(void)                     // 函数 : 反向流水点亮 LED
{
    P2=0x7f;                            //VL8 亮
    led_delay();
    P2=0xbf;                            //VL7 亮
    led_delay();
    P2=0xdf;                            //VL6 亮
    led_delay();
    P2=0xef;                            //VL5 亮
    led_delay();
    P2=0xf7;                            //VL4 亮
    led_delay();
    P2=0xfb;                            //VL3 亮
    led_delay();
    P2=0xfd;                            //VL2 亮
    led_delay();
    P2=0xfe;                            //VL1 亮
    led_delay();
}
```

```
        void Alter(void)                        // 函数 : 交替点亮高 4 位与低 4 位 LED
        {
            P2=0x0f;
            led_delay();
            P2=0xf0;
            led_delay();
        }
        void blink (void)                       // 函数 : 闪烁点亮 LED
        {
            P2=0xff;
            led_delay();
            P2=0x00;
            led_delay();
        }
        void led_delay(void)                    // 函数 : 延时
        {
            uchar i,j;
            for(i=0;i<220;i++)
            for(j=0;j<220;j++)
                ;
        }
        void delay10ms(void)                    // 函数 : 软件消抖延时 10ms
        {
            uchar i,j;
            for(i=0;i<100;i++)
            for(j=0;j<100;j++)
                ;
        }
```

　　将电路中的红色 LED 换成黄、蓝、绿等多种颜色，并利用 P0、P3 等其他 I/O 端口，增加彩色 LED 的数量，软件程序中，加入其他交替闪亮的花样和不同的时间间隔，是可以实现花样彩灯控制的。这里不再展开讲解，感兴趣的学生可以在图 5-22 的电路基础上进行改进，并在上边程序代码上修改、增加新的内容。

　　这里要说明的是，程序流程图和程序代码逻辑上是没有问题的，但是，仿真或者实验的时候，不一定能完全得到想要的结果。原因是这样的，单片机是单核心单线程，一个时刻只能做一件事情，从宏观上，单片机"检测按键"→"判断键值"→"实现对应功能"→"检测按键"→……，一直循环，在"实现对应功能"的时候，去按下按键，这个时候单片机是无法检测到的。

　　比如正向流水灯实现的时候，8 个 LED 依次闪亮，由于人眼的"视觉暂留"时间是 0.05 ~ 0.2s，LED 流水闪亮的间隔是需要大于 0.2s 的，小于此间隔，可能就看不到流水灯效果。也就是说正向（或者反向）流水灯效果实现一遍的时间在 1s 以上，在此期间，按下按键开关，单片机无法检测到，不能正常切换到其他功能。

　　怎么解决这个问题呢？需要用到单片机的中断功能，也就是说，不管单片机这个单内核单核心的 CPU 正在执行什么程序，一旦按键产出一个中断信号给单片机，它会马上停下当前执行的代码，去响应按键对应的功能。详细内容请学习单片机中断系统相关章节。

5.3 单片机 I/O 端口的高级应用

5.3.1 LED 数码管显示方式和单片机与 LED 数码管动态显示接口

1. LED 数码管的显示方式

LED 数码管的显示方式分为静态显示和动态显示两种方式。

在 5.1.2 小节中，已经讲了 LED 数码管的结构与工作原理，以及单片机控制一位 LED 数码管显示数字的电路和程序，这是一种静态显示。

静态显示方式就是，即使增加 LED 数码管的数量，无论多少位 LED 数码管，都同时处于显示状态。多位 LED 数码管工作于静态显示方式时，各位共阴极（或共阳极）连接在一起并接地（或接 +5V）；每位数码管段码线（a ~ dp）分别与一个 8 位 I/O 端口（或者增加中间芯片锁存器）输出相连。如果送往各个 LED 数码管所显示字符的段码一经确定，则相应 I/O 端口锁存的段码输出将维持不变，直到送入下一个显示字符段码。静态显示方式显示无闪烁，亮度较高，软件控制较易。

如图 5-25 所示，4 位 LED 数码管静态显示电路，各数码管可独立显示，只要向控制各位 I/O 端口锁存器送相应显示段码，该位就能保持相应的显示字符。这样在同一时间，每一位显示的字符可各不相同。静态显示方式占用 I/O 端口端口线较多。图中电路，要占用 4 个 8 位 I/O 端口（或锁存器）。如数码管数目增多，则需增加 I/O 端口数目。

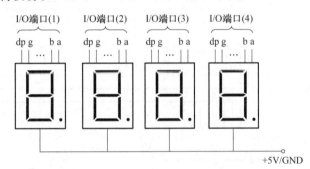

图 5-25 4 位 LED 静态显示的示意图

显然，AT89C51/AT89S51 单片机只有 P0 ~ P3 共 4 组 8 位 I/O 端口，最多只能接 4 位 LED 数码管静态显示，如果位数再增加，I/O 端口就不够用了。这就需要用另外一种占用 I/O 端口较少的显示方式——动态显示。

显示位数较多时，静态显示所占的 I/O 端口多，这时常采用动态显示。为节省 I/O 端口，通常将所有数码管段码线相应段并联在一起，由一个 8 位 I/O 端口控制，各显示位公共端分别由另一单独 I/O 端口线控制。4 位

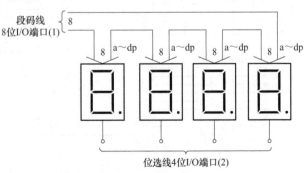

图 5-26 4 位 LED 数码管动态显示示意图

LED 数码管动态显示方式如图 5-26 所示，其中单片机发出的段码占用 1 个 8 位 I/O 端口（1）端口，而位选控制使用 I/O 端口（2）中 4 位端口线。

动态显示就是单片机向段码线输出要显示字符的段码。每一时刻，只有一位位选线有效，即选中某一位显示，其他各位位选线都无效。每隔一定时间逐位轮流点亮各数码管（扫描方式），由于数码管余辉和人眼的"视觉暂留"作用，只要控制好每位数码管显示时间和间隔，则可造成"多位同时亮"的假象，达到同时显示的效果。

各位数码管轮流点亮的时间间隔（扫描间隔）应根据实际情况而定。LED 从导通到发光有一定的延时，如果点亮时间太短，发光太弱，人眼无法看清；时间太长，产生闪烁现象，且此时间越长，占用单片机时间也越多。另外，显示位数增多，也将占用单片机大量时间，因此动态显示实质是以执行程序时间来换取 I/O 端口的减少。

链 5-9 多位
数码管动态
显示

2. 单片机与 LED 数码管动态显示接口

在 5.1.2 小节中已经介绍了单片机与 LED 数码管静态显示接口仿真原理电路和程序，下面重点介绍单片机与 LED 数码管动态显示接口电路和程序。如图 5-27 所示，P1 口输出段码，P2 口输出扫描的位控码，通过 8 个 NPN 晶体管的位驱动电路对 8 个数码管接位扫描。

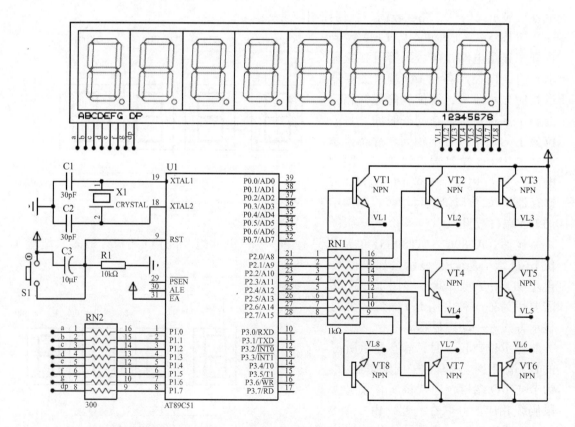

图 5-27　单片机与 LED 数码管动态显示接口 Proteus 电路原理图

参考程序如下：

```c
#include<reg51.h>
#include<intrins.h>
#define uchar unsigned char
#define uint unsigned int
uchar code dis_code[]={0xf9,0xa4,0xb0,0x99,0x92,0x82,0xf8,0x80,0x90,0x88,0xc0};
                                              // 共阳极数码管段码表

void  delay(uint t)                           // 延时函数
{
    uchar i;
    while(t--) for(i=0;i<200;i++);
}
void  main()
{
    uchar i,j=0x80;
    while(1)
    {
      for(i=0;i<8;i++)
      {
          j=_crol_(j,1);                      //_crol_(j,1) 为将对象 j 循环左移一位
          P1=dis_code[i];                     //P1 口输出段码
          P2=j;                               //P2 口输出位控码
          delay(200);                         // 延时，控制每位显示的时间
      }
    }
}
```

以上程序可以实现 8 位 LED 数码管分别滚动显示单个数字 1 ～ 8。

5.3.2　键盘扫描

1. 键盘的结构与工作原理

按键向单片机输入数据、命令等，是人机对话的主要工具。每一个按键实质上是一个开关，按构造可分为有触点按键和无触点按键。常见的有触点按键有触摸式、薄膜式、导电橡胶式等；无触点按键有电容式、光电式和磁感应式等。

键盘由若干按键按照一定规则组成，是单片机常见的外部电路。根据每个按键是否独自占用单片机一个 I/O 端口，键盘可以分为独立键盘和矩阵键盘。

独立键盘就是每个按键独自接一个单片机 I/O 端口。例如，一个键盘由 8 个按键组成，就需要占用 8 个单片机 I/O 端口。独立键盘适用于按键数目较少的情况。

矩阵（也称行列式）键盘的所有按键共用单片机较少的几个 I/O 端口，键盘由行线和列线组成，按键位于行、列交叉点上，如图 5-28 所示，一个 4×4 的行、列结构可以构成 16 按键的键盘，只需要使用一个 8 位的并行 I/O 端口；一个 8×8 的行、列结构可以构成一个 64 按键的键盘，只需要使用两个并行 I/O 端口。矩阵键盘适用于按键数目较多的场合，可以节省单片机 I/O 端口资源，但是按键如何识别，需要编写额外的程序代码。

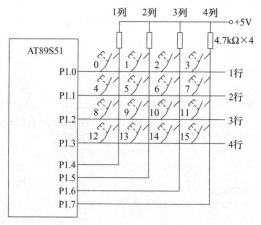

图 5-28 矩阵（行列）键盘的接口电路

矩阵键盘的工作原理：首先应判断键盘有无键按下，即把所有行线 P1.0～P1.3 均置为低电平，然后检测各列线的状态，若列线不全为高电平，则表示键盘中有键按下；若所有列线均为高电平，则说明键盘中无键按下。

在确认有键按下后，即可查找具体闭合键的位置，其方法是依次将行线置为低电平，再逐行检查各列线的电平状态。若某列为低电平，则该列线与行线交叉处的按键就是闭合的按键。

判断有无键按下，以及获取键值的参考程序如下：

```
#include<reg51.h>
#define uchar unsigned char
#define uint unsigned int
void main(void)
{
    uchar key;
    while(1)
    {
        key= keyscan();              // 调用键盘扫描函数, 返回的键值送到变量 key
        delay10ms();                 // 延时
    }
}
void delay10ms(void);                // 延时函数
{
    uchar i;
    for(i=0;i<200;i++){ }
}
uchar keyscan(void)                  // 键盘扫描函数
{
    uchar code_h;                    // 行扫描值
    uchar code_l;                    // 列扫描值
    P1=0xf0;                         //P1.0～P1.3 行线输出都为 0, 准备读列状态
    if((P1&f0)!=0xf0)                // 如果 P1.4～P1.7 不全为 1, 可能有键按下
```

```
    {
        delay10ms(void);                        // 延时去抖动
        if((P1&f0)!=0xf0)                       // 重读 P1.4 ～ P1.7,若还是不全为 1,定有键按下
        code_h=0xfe;                            // P1.0 行线置为 0,开始行扫描
        while((code_h&0x10)!=0xf0);             // 判断是否扫描到最后一行,否则继续扫描
        {
                P1= code_h;                     //P1 口输出行扫描值
                if((P1&f0)!=0xf0);              // 如果 P1.4 ～ P1.7 不全为 1,该行有键按下
                {
                        code_l=(P1&0xf0|0x0f);  // 保留 P1 口高 4 位,低 4 位变为 1,作为列值
                        return(( ~ code_h)+( ~ code_l));
                                                // 键值 = 行扫描值 + 列扫描值,键值返回主程序
                }
                else                            // 若该行无键按下,往下执行
                code_h=(code_h<<1)|0x01;        // 行扫描值左移,准备扫描下一行
        }
    }
        return(0) ;                             // 无键按下,返回 0
}
```

当然,这个程序只是帮助各位理解矩阵键盘的工作原理,仿真或者实验是看不到结果的,因为检测到按键并判断是哪个按键之后,按键的值被存储到了变量 key 中,并没有进一步处理。如果想看到相应的仿真或者实验现象,需要进一步完善程序,将不同键值对应的结果通过单片机 I/O 口展示出来。

2. 单片机与矩阵按键键盘的接口

在前面的基础上,现在要实现如下功能:单片机的 P1.7 ～ P1.4 接 4×4 矩阵键盘的行线,P1.3 ～ P1.0 接矩阵键盘的列线,键盘各按键的编号如图 5-29 所示,使用数码管来显示 4×4 矩阵键盘中按下键的键号。数码管的显示由 P2 口控制,当矩阵键盘的某一键按下时,在数码管上显示对应的键号。例如,1 号键按下时,数码管显示 "1";E 键按下时,数码管显示 "E" 等。

参考程序如下:

```
#include <reg51.h>
#define uchar unsigned char
sbit L1=P1^0;                                   // 定义键盘的 4 列线
sbit L2=P1^1;
sbit L3=P1^2;
sbit L4=P1^3;
uchar dis[16]={0xc0,0xf9,0xa4,0xb0,0x99,0x92,0x82,0xf8,0x80,0x90,0x88,0x83,0xc6,
      0xa1,0x86, 0x8e};                         // 共阳极数码管字符 0 ～ F 对应的段码
unsigned int time;
void delay(time)                                // 延时函数
{
        unsigned int j;
```

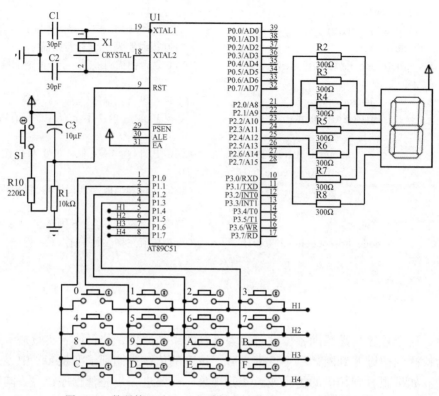

图 5-29　数码管显示 4×4 矩阵键盘键号的 Proteus 电路原理图

```
        for(j=0;j<time;j++)
        {  ;  }
}
void main()                              // 主函数
{
    uchar temp;
    uchar i;
    while(1)
    {
        P1=0xef;                         // 行扫描初值 ,P1.4=0,P1.5 ～ P1.7=1
        for(i=0;i<=3;i++)                // 按行扫描 ,i 为行变量 ,一共 4 行
        {
            if(L1==0) P2=dis[i*4+0];     // 判断第 1 列是否有键按下 ,若有 ,键号可能
                                         // 为 0,4,8,C, 键号的段码送数码管显示
            if(L2==0) P2=dis[i*4+1];     // 判断第 2 列是否有键按下 ,若有 ,键号可能
                                         // 为 1,5,9,d, 键号的段码送数码管显示
            if(L3==0) P2=dis[i*4+2];     // 判断第 3 列是否有键按下 ,若有 ,键号可能
                                         // 为 2,6,A,E, 键号的段码送数码管显示
            if(L4==0) P2=dis[i*4+3];     // 判断第 4 列是否有键按下 ,若有 ,键号可能
                                         // 为 3,7,b,F, 键号的段码送数码管显示
```

```
        delay(500);                    // 延时
        temp=P1;                       // 读入 P1 口的状态
        temp=temp|0x0f;                // 使 P1.3 ～ P1.0 为输入
        temp=temp<<1;                  // P1.7 ～ P1.4 左移一位 , 准备下一行扫描
        temp=temp|0x0f;                // 移位后 , 置 P1.3 ～ P1.0 为 1, 保证其仍为输入
        P1=temp;                       // 行扫描值送 P1 口 , 为下一行扫描做准备
      }
    }
  }
```

5.3.3　单片机与字符型液晶显示器接口的设计

液晶显示器（Liquid Crystal Display，LCD）具有省电、体积小、抗干扰能力强等优点，LCD 分为字段型、字符型和点阵图形型。

1）字段型：以长条状组成字符显示，主要用于数字显示，也可用于显示西文字母或某些字符，广泛用于电子表、计算器、数字仪表中。

2）字符型：专门用于显示字母、数字、符号等。一个字符由 5×7 或 5×10 的点阵组成，在单片机系统中已广泛使用。

3）点阵图形型：广泛用于图形显示，如笔记本计算机、彩色电视和游戏机等。它是在平板上排列的多行列的矩阵式的晶格点，点的大小与多少决定了显示的清晰度。

1. 字符型 LCD 1602 特性与引脚

单片机系统中常用字符型液晶显示模块。由于 LCD 显示面板较为脆弱，厂商已将 LCD 控制器、驱动器、RAM、ROM 和 LCD 用 PCB 连接到一起，称为液晶显示模块（LCD Module，LCM），购买现成的即可。单片机只需向 LCM 写入相应命令和数据就可显示需要的内容。

字符型 LCM 常用的有 16 字 ×1 行、16 字 ×2 行、20 字 ×2 行、20 字 ×4 行等模块，型号常用 ×××1602、×××1604、×××2002、×××2004 来表示，其中 ××× 为商标名称，16 代表 LCD 每行可显示 16 个字符，02 表示显示 2 行。

LCD 1602 内有字符库 ROM（CGROM），能显示出 192 个字符（5×7 点阵），如图 5-30 所示。

由字符库可看出显示器显示的数字和字母部分代码，恰好是 ASCII 表中编码。

单片机控制 LCD 1602 显示字符，只需将待显示字符的 ASCII 值写入显示数据存储器（DDRAM），内部控制电路就可将字符在显示器上显示出来。

例如，显示字符 "A"，单片机只需将字符 "A" 的 ASCII 值 41H 写入 DDRAM，控制电路就会将对应的 CGROM 中的字符 "A" 的点阵数据找出来显示在 LCD 上。

模块内有 80B 的 DDRAM，除显示 192 个字符（5×7 点阵）的 CGROM 外，还有 64B 的自定义字符 RAM（CGRAM），用户可自行定义 8 个 5×7 点阵字符。

LCD 1602 工作电压为 4.5 ～ 5.5V，最佳的工作电压为 5V，工作电流为 2mA。标准的 14 引脚（无背光）或 16 引脚（有背光）的外形及引脚分布如图 5-31 所示。

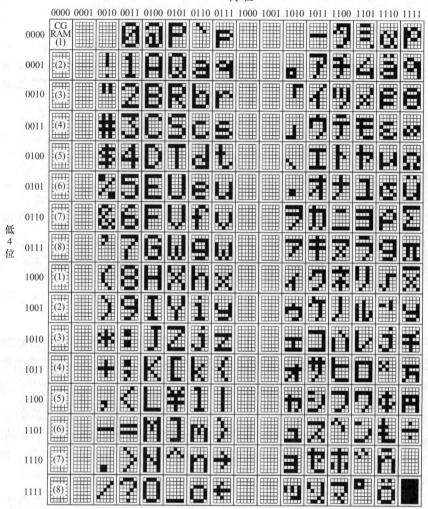

图 5-30　字符库 ROM 的内容

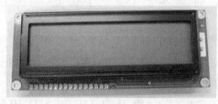

a) LCD 1602的外形

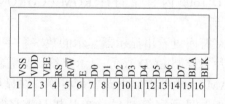

b) LCD 1602的引脚

图 5-31　LCD 1602 的外形及引脚

　　引脚包括 8 条数据线 D0 ～ D7，3 条控制线 RS、R/ $\overline{W}$、E，3 条电源线 VSS、VDD、VEE，以及 2 条背光板电源线 BLA、BLK，共 16 个引脚，每个引脚的具体功能见表 5-3。通过单片机向 LCD 1602 模块写入命令和数据，就可对显示方式和显示内容做出选择。

表 5-3 LCD 1602 的引脚功能

引脚序号	引脚名称	引脚功能
1	VSS	电源地
2	VDD	+5V 逻辑电源
3	VEE	液晶显示偏压（调节显示对比度）
4	RS	寄存器选择（1—数据寄存器，0—命令 / 状态寄存器）
5	R/$\overline{\text{W}}$	读 / 写操作选择（1—读，0—写）
6	E	使能信号
7 ~ 14	D0 ~ D7	数据总线，与单片机的数据总线相连，三态
15	BLA	背光板电源，通常为 +5V，串联 1 个电位器，调节背光亮度，如接地，此时无背光但不易发热
16	BLK	背光板电源地

2. LCD 1602 字符的显示及命令字

显示字符首先要产生待显示字符的 ASCII 值。用户只需在 C51 语言程序中写入欲显示的字符常量或字符串常量，C51 语言程序在编译后会自动生成其标准的 ASCII 值，然后将生成的 ASCII 值送入 DDRAM，内部控制电路就会自动将该 ASCII 值对应的字符在 LCD 1602 中显示出来。

让 LCD 显示字符，首先对其进行初始化设置，然后对有、无光标、光标移动方向、光标是否闪烁及字符移动方向等进行设置，才能获得所需显示效果。

对 LCD 1602 的初始化、读、写、光标设置、显示数据的指针设置等，都是单片机向 LCD 1602 写入命令字来实现，LCD 1602 的命令字见表 5-4。

表 5-4 LCD 1602 的命令字

编号	命令	RS	R/$\overline{\text{W}}$	D7	D6	D5	D4	D3	D2	D1	D0
1	清屏	0	0	0	0	0	0	0	0	0	1
2	光标返回	0	0	0	0	0	0	0	0	0	×
3	显示模式设置	0	0	0	0	0	0	0	0	I/D	S
4	显示开 / 关及光标设置	0	0	0	0	0	0	1	D	C	B
5	光标或字符移位	0	0	0	0	0	1	S/C	R/L	×	×
6	功能设置	0	0	0	0	1	DL	N	F	×	×
7	CGRAM 地址设置	0	0	0	1	字符发生器存储器地址					
8	DDRAM 地址设置	0	0	1	显示数据存储器地址						
9	读忙标志或地址	0	1	BF	计数器地址						
10	写数据	1	0	要写的数据							
11	读数据	1	1	读出的数据							

表 5-4 中 11 个命令功能说明如下：

命令 1：清屏，光标返回地址 00H 位置（显示屏的左上方）。

命令 2：光标返回到地址 00H 位置（显示屏的左上方）。

命令 3：显示模式设置。

I/D——地址指针加 1 或减 1 选择位。I/D=1 表示读或写一个字符后地址指针加 1；I/D=0 表示读或写一个字符后地址指针减 1。

S——屏幕上所有字符移动方向是否有效的控制位。S=1 表示当写入一个字符时，整屏显示左移（I/D=1）或右移（I/D=0）；S=0 表示整屏显示不移动。

命令 4：显示开 / 关及光标设置。

D——屏幕整体显示控制位，D=0 关显示，D=1 开显示。

C——光标有无控制位，C=0 无光标，C=1 有光标。

B——光标闪烁控制位，B=0 不闪烁，B=1 闪烁。

命令 5：光标或字符移位。

S/C——光标或字符移位选择控制位。S/C=0 表示移动光标；S/C=1 表示移动显示的字符。

R/L——移位方向选择控制位。R/L=0 表示左移；R/L=1 表示右移。

命令 6：功能设置命令。

DL——传输数据的有效长度选择控制位。DL=1 表示 8 位数据线接口；DL=0 表示 4 位数据线接口。

N——显示器行数选择控制位。N=0 表示单行显示；N=1 表示两行显示。

F——字符显示的点阵控制位。F=0 表示显示 5×7 点阵字符；F=1 表示显示 5×10 点阵字符。

命令 7：CGRAM 地址设置。

命令 8：DDRAM 地址设置。LCD 内部有一个数据地址指针，用户可通过它访问内部全部 80B 的数据显示 RAM。其命令格式为 80H+ 地址码。其中，80H 为命令码。

命令 9：读忙标志或地址。

BF——忙标志。BF=1 表示 LCD 忙，此时 LCD 不能接收命令或数据；BF=0 表示 LCD 不忙。

命令 10：写数据。

命令 11：读数据。

例如，将显示设置为"16×2 显示，5×7 点阵，8 位数据接口"，只需要向 LCD 1602 写入功能设置命令（命令 6），也就是写入命令"00111000B"，即 38H 即可。

再如，要求 LCD 开显示，显示光标且光标闪烁，那么根据显示开 / 关及光标设置命令（命令 4），只要令 D=1、C=1 和 B=1，也就是写入命令"00001111B"，即 0FH，就可实现所需的显示模式。

3. 字符显示位置的确定

80B 的 DDRAM，与显示屏上字符显示位置一一对应，图 5-32 给出 LCD 1602 显示 RAM 地址与字符显示位置的对应关系。

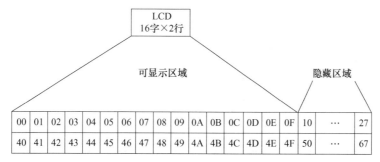

图 5-32　LCD 1602 内部显示 RAM 的地址映射图

当向 DDRAM 的 00H ～ 0FH（第一行）、40H ～ 4FH（第二行）地址的任一处写数据时，LCD 立即显示出来，该区域也称为可显示区域。

而当写入 10H ～ 27H 或 50H ～ 67H 地址处时，字符不会显示出来，该区域也称为隐藏区域。如果要显示写入到隐藏区域的字符，需要通过字符移位命令（命令 5）将它们移入到可显示区域方可正常显示。

需要说明的是，在向 DDRAM 写入字符时，首先要设置 DDRAM 定位数据地址指针，此操作可通过命令 8 完成。

例如，要写字符到 DDRAM 的 40H 处，则命令 8 的格式为 80H+40H=C0H，其中 80H 为命令代码，40H 是要写入字符处的地址。

4. LCD 1602 的复位

LCD 1602 上电后复位状态为

1）清除屏幕显示。

2）设置为 8 位数据长度，单行显示，5×7 点阵字符。

3）显示屏、光标、闪烁功能均关闭。

4）输入方式为整屏显示不移动，I/D=1。

LCD 1602 的一般初始化设置为

1）写命令 38H：功能设置（16×2 显示，5×7 点阵，8 位数据接口）。

2）写命令 08H：显示关闭。

3）写命令 01H：显示清屏，数据指针清 0。

4）写命令 06H：写一个字符后地址指针加 1。

5）写命令 0CH：设置开显示，不显示光标。

需要注意的是，在进行上述设置及对数据进行读取时，通常需要检测忙标志 BF，如果 BF 为 1，则说明忙，要等待；如果 BF 为 0，则可进行下一步操作。

5. LCD 1602 基本操作

LCD 为慢显示器件，所以在写每条命令前，一定要查询忙标志 BF，即是否处于"忙"状态。忙标志 BF 连接在 8 位双向数据线的 D7 位上。如果 BF=0，表示 LCD 不忙，则向 LCD 写入命令；如果 BF=1，表示 LCD 处于忙状态，需等待。LCD 1602 的读写操作规定见表 5-5。

表 5-5　LCD 1602 的读写操作规定

读写操作	单片机发给 LCD 1602 的控制信号	LCD 1602 的输出
读状态	RS=0，R/$\overline{W}$ =1，E=1	D0 ～ D7= 状态字
写命令	RS=0，R/$\overline{W}$ =0，D0 ～ D7= 指令，E= 正脉冲	无
读数据	RS=1，R/$\overline{W}$ =1，E=1	D0 ～ D7= 数据
写数据	RS=1，R/$\overline{W}$ =0，D0 ～ D7= 数据，E= 正脉冲	无

LCD 1602 与 AT89S51 的接口电路示意图如图 5-33 所示。

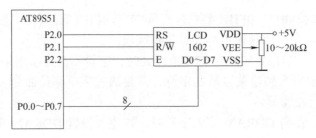

图 5-33　LCD 1602 与 AT89S51 的接口电路

由图 5-33 可看出，LCD 1602 的 RS、R/ $\overline{W}$ 和 E 这 3 个引脚分别接在 P2.0、P2.1 和 P2.2 引脚，只需通过对这 3 个引脚置"1"或清"0"，就可实现对 LCD 1602 的读写操作。具体来说，显示一个字符的操作过程为"读状态→写命令→写数据→自动显示"。

（1）读状态（检测忙标志）

读状态是对 LCD 1602 的忙标志 BF 进行检测，如果 BF=1，说明 LCD 处于忙状态，不能对其写命令；如果 BF=0，则可写入命令。

检测忙标志函数具体如下：

```
void check_busy(void)              // 检查忙标志函数
{
    uchar dt;
    do
    {
    dt=0xff;                       // dt 为变量单元，初值为 0xff
    E=0;
    RS=0;                          // 按照读写操作规定 RS=0,E=1 时才可读忙标志
    RW=1;
    E=1;
    dt=out;                        // out 为 P0 口,P0 口的状态送入 dt 中
    }while(dt&0x80);               // 如果忙标志 BF=1,继续循环检测,等待 BF=0
    E=0;                           // BF=0,LCD 不忙,结束检测
}
```

函数检测 P0.7 引脚电平，即检测忙标志 BF，如 BF=1，说明 LCD 处于忙状态，不能执行写命令；BF=0，可执行写命令。

（2）写命令

写命令函数如下：

```
void write_command(uchar com)        // 写命令函数
{
    check_busy();
    E=0;                             // 按规定 RS 和 E 同时为 0 时可以写入命令
    RS=0;
    RW=0;
    out=com;                         // 将命令 com 写入 P0 口
    E=1;                             // 按规定写命令时，E 应为正脉冲，即正跳变，所以前面先置 E=0
    _nop_();                         // 空操作 1 个机器周期，等待硬件反应
    E=0;                             // E 由高电平变为低电平，LCD 开始执行命令
    delay(1);                        // 延时，等待硬件响应
}
```

（3）写数据

将要显示字符的 ASCII 值写入 LCD 中的数据显示 RAM（DDRAM），例如将数据 "dat"，写入 LCD 模块。

写数据函数如下：

```
void write_data(uchar dat)           // 写数据函数
{
    check_busy();                    // 检测忙标志 BF=1 则等待，BF=0 则可对 LCD 操作
    E=0;                             // 按规定写数据时，E 应为正脉冲，所以先置 E=0
    RS=1;                            // 按规定 RS=1 和 RW=0 时可以写入数据
    RW=0;
    out=dat;                         // 将数据 dat 从 P0 口输出，即写入 LCD
    E=1;                             // E 产生正跳变
    _nop_();                         // 空操作，给硬件反应时间
    E=0;                             // E 由高变低，写数据操作结束
    delay(1);
}
```

（4）自动显示

数据写入 LCD 后，自动读出字符库 ROM（CGROM）中的字型点阵数据，并自动将字型点阵数据送到 LCD 上显示。

6. LCD 1602 初始化

使用 LCD 1602 前，需对其显示模式进行初始化设置，初始化函数如下：

```
void LCD_initial(void)               // 液晶显示器初始化函数
{
    write_command(0x38);             // 写入命令 0x38：两行显示，5×7 点阵，8 位数据
    _nop_();                         // 空操作，给硬件反应时间
    write_command(0x0c);             // 写入命令 0x0c：开整体显示，光标关，无黑块
    _nop_();                         // 空操作，给硬件反应时间
```

```
    write_command(0x06);          // 写入命令 0x06: 光标右移
    _nop_();                      // 空操作 , 给硬件反应时间
    write_command(0x01);          // 写入命令 0x01: 清屏
    delay(1);
}
```

在函数开始处，由于 LCD 尚未开始工作，所以不需检测忙标志，但是初始化完成后，每次再写命令、读写数据操作，均需检测忙标志。

7. 字符型 LCD 1602 的控制

用单片机驱动字符型 LCD 1602，使其显示两行文字："Welcome to" 与 "Zhengzhou CHINA"，电路如图 5-34 所示。

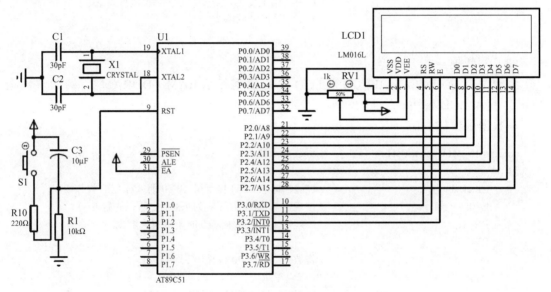

图 5-34　单片机与字符型 LCD 的 Proteus 接口电路

在 Proteus 中，LCD 1602 的仿真模型采用 LM016L，第一行字符的地址为 80H ～ 8FH；第二行字符的地址为 C0H ～ CFH。

参考程序如下：

```
#include <reg51.h>
#include <intrins.h>                    // 包含 _nop_() 空函数指令的头文件
#define uchar unsigned char
#define uint unsigned int
#define out P2
sbit RS=P3^0;                           // 位变量
sbit RW=P3^1;                           // 位变量
sbit E=P3^2;                            // 位变量
void lcd_initial(void);                 //LCD 初始化函数
void check_busy(void);                  // 检查忙标志函数
void write_command(uchar com);          // 写命令函数
```

```
void write_data(uchar dat);                              // 写数据函数
void string(uchar ad ,uchar *s);
void lcd_test(void);
void delay(uint);                                        // 延时函数

void main(void)                                          // 主函数
{
    lcd_initial();                                       // 调用对 LCD 初始化函数
    while(1)
    {
        string(0x83,"Welcome to");                       // 显示的第一行字符串
        string(0xC0,"Zhengzhou CHINA");                  // 显示的第二行字符串
        delay(100);                                      // 延时
        write_command(0x01);                             // 写入清屏命令
        delay(100);                                      // 延时
    }
}
void delay(uint j)                                       //1ms 延时子程序
{
    uchar i=250;
    for(;j>0;j--)
    {
        while(--i);
        i=249;
        while(   i);
        i=250;
    }
}
void check_busy(void)                                    // 检查忙标志函数
{
    uchar dt;
    do
    {
        dt=0xff;
        E=0;
        RS=0;
        RW=1;
        E=1;
        dt=out;
    }while(dt&0x80);
    E=0;
}
void write_command(uchar com)            // 写命令函数
{
    check_busy();
```

```
        E=0;
        RS=0;
        RW=0;
        out=com;
        E=1;
        _nop_();
        E=0;
        delay(1);
    }
    void write_data(uchar dat)              //写数据函数
    {
        check_busy();
        E=0;
        RS=1;
        RW=0;
        out=dat;
        E=1;
        _nop_();
        E=0;
        delay(1);
    }
    void LCD_initial(void)                  //LCD 初始化函数
    {
        write_command(0x38);               // 写入命令 0x38:8 位两行显示 ,5×7 点阵字符
        write_command(0x0c);               // 写入命令 0x0c: 开整体显示 , 光标关 , 无黑块
        write_command(0x06);               // 写入命令 0x06: 光标右移
        write_command(0x01);               // 写入命令 0x01: 清屏
        delay(1);
    }
    void string(uchar ad,uchar *s)          // 输出显示字符串的函数
    {
        write_command(ad);
        while(*s>0)
        {
            write_data(*s++);              // 输出字符串 , 且指针增 1
            delay(100);
        }
    }
```

5.3.4　时钟 / 日历芯片 DS1302

在单片机应用系统中，有时往往需要一个实时时钟 / 日历作为测控时间基准。时钟 / 日历集成电路芯片有多种，设计者只需选择合适芯片即可。这里介绍最为常见的时钟 / 日历芯片 DS1302 的功能和特性。

1. DS1302 简介

时钟 / 日历芯片 DS1302 是美国 Dallas 公司推出的涓流充电时钟芯片，功能特性如下：

1）能计算 2100 年前的年、月、日、星期、时、分、秒的信息；每月的天数和闰年天数可自动调整；时钟可设置为 24 或 12 小时（h）格式。

2）与单片机间采用单线同步串行通信。

3）31B 的 8 位静态 RAM。

4）功耗低，保持数据和时钟信息时功率小于 1mW；具有可选的涓流充电能力。

5）读 / 写时钟或 RAM 数据有单字节和多字节两种传送方式。

DS1302 引脚如图 5-35 所示。

各引脚功能如下：

I/O：数据输入 / 输出。

SCLK：同步串行时钟输入。

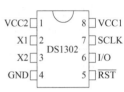

$\overline{\text{RST}}$：芯片复位，1——芯片的读 / 写使能，0——芯片复位并被禁止读 / 写。

图 5-35　DS1302 的引脚

VCC2：主电源输入，接系统电源。

VCC1：备份电源输入引脚，通常接 2.7 ～ 3.5V 电源。当 VCC2>VCC1+0.2V 时，芯片由 VCC2 供电；当 VCC2<VCC1 时，芯片由 VCC1 供电。

GND：接地。

X1，X2：接 32.768kHz 晶振引脚。

单片机与 DS1302 间无数据传输时，SCLK 保持低电平，此时如果 RST 从低电平变为高电平时，即启动数据传输，此时 SCLK 的上升沿将数据写入 DS1302，而在 SCLK 的下降沿从 DS1302 读出数据。RST 为低电平时，则禁止数据传输，DS1302 读 / 写时序如图 5-36 所示。数据传输时，低位在前，高位在后。

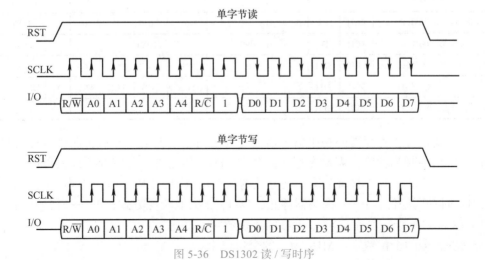

图 5-36　DS1302 读 / 写时序

2. DS1302 的命令字和内部寄存器

单片机对 DS1302 的读 / 写，都必须由单片机先向 DS1302 写入一个命令字（8 位）发起，命令字格式见表 5-6。

表 5-6　DS1302 的命令字格式

位序	D7	D6	D5	D4	D3	D2	D1	D0
命令字	1	RAM/$\overline{\text{CK}}$	A4	A3	A2	A1	A0	RD/$\overline{\text{W}}$

命令字各位功能如下：

D7：必须为逻辑 1，如为 0，则禁止写入 DS1302。

D6：1——读 / 写 RAM 数据，0——读 / 写时钟 / 日历数据。

D5 ～ D1：读 / 写单元的地址。

D0：1——对 DS1302 读操作，0——对 DS1302 写操作。

需要注意的是，命令字（8 位）总是低位在先，命令字每一位都是在 SCLK 上升沿送出的。

DS1302 芯片内各时钟 / 日历寄存器以及其他的功能寄存器见表 5-7。通过向寄存器写入命令字实现对 DS1302 进行操作。

表 5-7　主要寄存器、命令字与取值范围及各位内容

寄存器（地址）	命令字 写	命令字 读	取值范围	D7	D6	D5	D4	D3 ～ D0
秒寄存器（00H）	80H	81H	00 ～ 59	CH	10SEC			SEC
分寄存器（01H）	82H	83H	00 ～ 59	0	10MIN			MIN
小时寄存器（02H）	84H	85H	01 ～ 12 或 00 ～ 23	12/24	0	AP	HR	HR
日寄存器（03H）	86H	87H	01 ～ 28、29、30、31	0	0	10DATE		DATE
月寄存器（04H）	88H	89H	01 ～ 12	0	0	0	10M	MONTH
星期寄存器（05H）	8AH	8BH	01 ～ 07	0	0	0	0	DAY
年寄存器（06H）	8CH	8DH	01 ～ 99	10YEAR				YEAR
写保护寄存器（07H）	8EH	8FH		WP	0	0	0	0
滑流充电寄存器（08H）	90H	91H		TCS	TCS	TCS	TCS	DS DS RS RS
时钟突发寄存器（3EH）	BEH	BFH						

例如，要设置秒寄存器的初始值，需要先写入命令字 80H，然后再向秒寄存器写入初始值；要读出某时刻秒值，需要先写入命令字 81H，然后再从秒寄存器读取秒值。

表 5-7 中各寄存器"取值范围"列存放的数据均为 BCD 码，各位内容说明如下：

CH：时钟暂停位，1——振荡器停止，DS1302 为低功耗方式；0——时钟开始工作。

10SEC：秒的十位数字，SEC 为秒的个位数字。

10MIN：分的十位数字，MIN 为分的个位数字。

12/24：12 或 24 小时（h）方式选择位。

AP：小时格式设置位，0——上午模式（AM）；1——下午模式（PM）。

10DATE：日期的十位数字，DATE 为日期的个位数字。

10M：月的十位数字，MONTH 为日期的个位数字。

DAY：星期的个位数字。

10YEAR：年的十位数字，YEAR 为年的个位数字。

表 5-7 中后 3 个寄存器的功能及特殊位符号的意义说明如下：

写保护寄存器：该寄存器的 D7 位 WP 是写保护位，其余 7 位（D0 ~ D6）置为 0。在对时钟 / 日历单元和 RAM 单元进行写操作前，WP 必须为 0，即允许写入。当 WP 为 1 时，用来防止对其他寄存器进行写操作。

涓流充电寄存器：慢充电寄存器，用于管理对备用电源的充电。

TCS：当 4 位 TCS=1010 时，才允许使用涓流充电寄存器，其他任何状态都将禁止使用涓流充电寄存器。

DS：两位 DS 位用于选择连接在 VCC2 和 VCC1 间的二极管数目。01——选择 1 个二极管；10——选择 2 个二极管；11 或 00——涓流充电寄存器被禁止。

RS：两位 RS 位用于选择涓流充电寄存器内部在 VCC2 和 VCC1 之间的连接电阻。RS=01 时，选择 R1（2kΩ）；RS=10 时，选择 R2（4kΩ）；RS=11 时，选择 R3（8kΩ）；RS=00 时，不选择任何电阻。

时钟突发寄存器：单片机对 DS1302 除单字节数据读 / 写外，还可采用突发方式，即多字节连续读 / 写。在多字节连续读 / 写中，只要对地址为 3EH 的时钟突发寄存器进行读 / 写操作，即把对时钟 / 日历或 RAM 单元的读 / 写设定为多字节方式，该方式的读 / 写都开始丁地址 0 的 D0 位。当多字节方式写时钟 / 日历时，必须按照数据传送的次序写入最先的 8 个寄存器；但是以多字节方式写 RAM 时，没有必要写入所有的 31B，每个被写入的字节都被传输到 RAM，无论 31B 是否都被写入。

5.3.5　设计案例：多功能数字电子时钟 / 日历的设计

制作一个使用时钟 / 日历芯片 DS1302 并采用 LCD 1602 显示的日历 / 时钟，基本功能如下：

1）显示 6 个参量的内容，LCD 1602 分两行显示日历与时钟。第一行显示年、月、日；第二行显示时、分、秒。

2）闰年自动判别。

3）键盘采用动态扫描方式查询，参量应能进行增 1 修改，由"启动修改日期时间"功能键 K1 与 6 个参量修改键组合来完成增 1 修改。即先按一下 K1，然后按一下被修改参量键，即可使该参量增 1，修改完毕，再按一下 K1 表示确认修改结束。

时钟 / 日历原理电路与仿真如图 5-37 所示。

图中的 4×3 矩阵键盘，只用到了其中两行共 6 个键，即年、月、日、时、分、秒按键，按一下则加一。余下的按键，暂时未使用，可用于键盘功能扩展，留给学有余力的读者进一步开发。

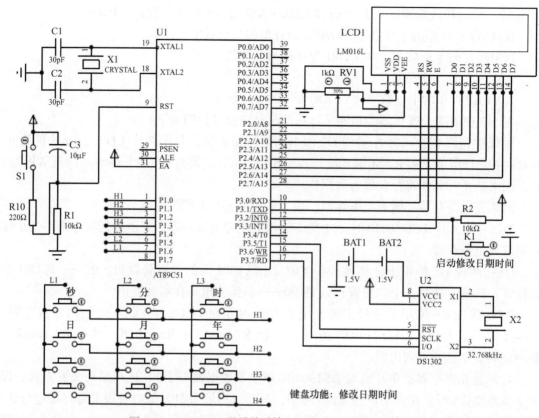

图 5-37　LCD 1602 显示的时钟 / 日历 Proteus 电路原理图

　　软件编程涉及 LCD 1602 的各种操作，例如初始化、写命令、写数据、清屏等，还涉及 DS1302 的各种操作，函数非常多，不再一一列举。对于初学者，完全读懂代码会有些困难，可以先通过仿真实验看一下结果，然后再进一步理解程序的运行过程。

　　参考程序如下：

```
#include<reg51.h>
#define uchar unsigned char
#define uint unsigned int
#define LCD_DATA    P2
#define AM(X)  X
#define PM(X)  (X+12)
#define DS1302_SECOND        0x80        // 片内各位数据的地址
#define DS1302_MINUTE        0x82
#define DS1302_HOUR          0x84
#define DS1302_WEEK          0x8a
#define DS1302_DAY           0x86
#define DS1302_MONTH         0x88
#define DS1302_YEAR          0x8c
#define DS1302_RAM(X)        (0x8c+(X)*2)
bit key_flag1=0,key_flag2=0;
```

```
sbit LCD_EN=P3^3;                          // 定义 LCD 1602 和单片机连接的控制引脚
sbit LCD_RS=P3^0;
sbit LCD_RW=P3^1;
sbit DS1302_CLK=P3^6;                      // 定义 DS1302 和单片机连接的控制引脚
sbit DS1302_IO=P3^7;
sbit DS1302_RST=P3^5;
sbit ACC0=ACC^0;
sbit ACC7=ACC^7;
typedef struct SYSTEM_TIME
{
    uchar Second;
    uchar Minute;
    uchar Hour;
    uchar Week;
    uchar Day;
    uchar Month;
    uchar Year;
    uchar DateString[9];                   // 用这两个字符串来放置读取的时间
    uchar TimeString[9];
}SYSTEMTIME;                               // 定义时间类型结构体
SYSTEMTIME adjusted;                       // 此处为结构体定义
uchar sec_add=0,min_add=0,hou_add=0;
uchar day_add=0,mon_add=0,yea_add=0;
//********** 以下这几个是和 LCD 1602 相关的函数 *************
void delay(uint temp)                      // 延时函数
{
    uint x,y;
    for(x=temp;x>0;x--)
        for(y=110;y>0;y--);
}
void write_com(uchar com)                  //LCD 写命令
{
    LCD_RS=0;
    LCD_RW=0;
    LCD_DATA=com;
    delay(5);
    LCD_EN=1;
    delay(5);
    LCD_EN=0;
}
void write_data(uchar date)                // 写入字符显示数据到 LCD
{
    LCD_RS=1;
    LCD_RW=0;
```

```
        LCD_DATA=date;
        delay(5);
        LCD_EN=1;
        delay(5);
        LCD_EN=0;
    }
    void init1602()                          //LCD 1602 初始化
    {
        LCD_EN=0;
        LCD_RW=0;
        write_com(0x38);
        write_com(0x0c);
        write_com(0x06);
        write_com(0x01);
        write_com(0x80);
    }
    void write_string(uchar *pp,uint n)      // 采用指针的方式输入字符 ,n 为字符数目
    {
        int i;
        for(i=0;i<n;i++)
            write_data(pp[i]);
    }
//********** 以下这些是和 DS1302 相关的函数 ***************
    void DS1302InputByte(uchar d)            // 实时时钟写入 1B
    {
        uchar i;
        ACC=d;
        for(i=8;i>0;i--)
        {
            DS1302_IO=ACC0;
            DS1302_CLK=1;
            DS1302_CLK=0;                     // 写数据在上升沿 , 且先写低位再写高位
            ACC=ACC>>1;
        }
    }
    uchar DS1302OutputByte(void)             // 实时读取 1B
    {
        uchar i;
        for(i=8;i>0;i--)
        {
            ACC=ACC>>1;
            ACC7=DS1302_IO;                   // 由低位到高位传播 ACC7 中的信息
            DS1302_CLK=1;                     // 读信息是在下降沿
            DS1302_CLK=0;
```

```
        }
        return(ACC);
}
void Write1302(uchar ucAddr,uchar ucData)    //ucAddr:DS1302 地址
{                                            //ucData: 要写的数据
        DS1302_RST=0;
        DS1302_CLK=0;
        DS1302_RST=1;
        DS1302InputByte(ucAddr);             // 地址 , 命令
        DS1302InputByte(ucData);             // 写 1B 的数据
        DS1302_CLK=1;
        DS1302_RST=0;
}
uchar Read1302(uchar ucAddr)                 // 读取 DS1302 某地址的数据
{
        uchar ucData;
        DS1302_RST=0;
        DS1302_CLK=0;
        DS1302_RST=1;
        DS1302InputByte(ucAddr|0x01);        // 上升沿 , 写地址 , 命令
        ucData=DS1302OutputByte();           // 下降沿 , 读 1B 的数据
        DS1302_CLK=1;
        DS1302_RST=0;
        return(ucData);                      // 在上升沿之后进行写操作 , 在下降沿之前进行读操作
}
void DS1302_SetProtect(bit flag)             // 是否写保护
{
        if(flag)
            Write1302(0x8e,0x80);
        else
            Write1302(0x8e,0x00);
}
void DS1302_SetTime(uchar Address,uchar Value)              // 设置时间
{
        DS1302_SetProtect(0);
        Write1302(Address,((Value/10)<<4 | (Value%10)));    // 十进制转 BCD 码
}
void DS1302_GetTime(SYSTEMTIME *Time)
{
        uchar ReadValue;
        ReadValue = Read1302(DS1302_SECOND);
        Time->Second=((ReadValue&0x70)>>4)*10+(ReadValue&0x0f);//BCD 码转十进制
        ReadValue = Read1302(DS1302_MINUTE);
        Time->Minute=((ReadValue&0x70)>>4)*10+(ReadValue&0x0f);
```

```
    ReadValue = Read1302(DS1302_HOUR);
    Time->Hour=((ReadValue&0x70)>>4)*10+(ReadValue&0x0f);
    ReadValue = Read1302(DS1302_DAY);
    Time->Day=((ReadValue&0x70)>>4)*10+(ReadValue&0x0f);
    ReadValue = Read1302(DS1302_WEEK);
    Time->Week=((ReadValue&0x70)>>4)*10+(ReadValue&0x0f);
    ReadValue = Read1302(DS1302_MONTH);
    Time->Month=((ReadValue&0x70)>>4)*10+(ReadValue&0x0f);
    ReadValue = Read1302(DS1302_YEAR);
    Time->Year=((ReadValue&0x70)>>4)*10+(ReadValue&0x0f);
}
uchar *DataToBCD(SYSTEMTIME *Time)
{
    uchar D[8];
    D[0]=Time->Second/10<<4+Time->Second%10;      // 将时间转为二进制存入数组 D
    D[1]=Time->Minute/10<<4+Time->Minute%10;
    D[2]=Time->Hour/10<<4+Time->Hour%10;
    D[3]=Time->Day/10<<4+Time->Day%10;
    D[4]=Time->Month/10<<4+Time->Month%10;
    D[5]=Time->Week/10<<4+Time->Week%10;
    D[6]=Time->Year/10<<4+Time->Year%10;
    return(D);
}
void DateToStr(SYSTEMTIME *Time)
{       // 将十进制转为液晶显示的 ASCII, 即变为字符, 此函数为年月日信息
    Time->DateString[0]=Time->Year/10+'0';
    Time->DateString[1]=Time->Year%10+'0';
    Time->DateString[2]='-';
    Time->DateString[3]=Time->Month/10+'0';
    Time->DateString[4]=Time->Month%10+'0';
    Time->DateString[5]='-';
    Time->DateString[6]=Time->Day/10+'0';
    Time->DateString[7]=Time->Day%10+'0';
    Time->DateString[8]='\0';
}
void TimeToStr(SYSTEMTIME *Time)
{       // 将十进制转为液晶显示的 ASCII, 即变为字符, 此函数为时分秒信息
    Time->TimeString[0]=Time->Hour/10+'0';
    Time->TimeString[1]=Time->Hour%10+'0';
    Time->TimeString[2]=':';
    Time->TimeString[3]=Time->Minute/10+'0';
    Time->TimeString[4]=Time->Minute%10+'0';
    Time->TimeString[5]=':';
    Time->TimeString[6]=Time->Second/10+'0';
```

```
        Time->TimeString[7]=Time->Second%10+'0';
        Time->TimeString[8]='\0';
}
uchar *WeekToStr(SYSTEMTIME *Time)              // 本例中未使用该函数
{
        uint i;
        uchar *z;
        i=Time->Week;
        switch(i)
        {
           case 1 : z="mon";break;
           case 2 : z="tue";break;
           case 3 : z="wed";break;
           case 4 : z="thu";break;
           case 5 : z="fri";break;
           case 6 : z="sat";break;
           case 7 : z="sun";break;
        }
        return z;
}
void Initial_DS1302(void)                       //DS1302 初始化时间
{
        uchar Second;
        Second=Read1302(DS1302_SECOND);
        if(Second&0x80)
        {
           DS1302_SetTime(DS1302_SECOND,0);
        }
}
void DS1302_TimeStop(bit flag)                  // 是否将时钟停止
{
        uchar Data;
        Data=Read1302(DS1302_SECOND);
        DS1302_SetProtect(0);
        if(flag)
           Write1302(DS1302_SECOND,Data|0x80);
        else
           Write1302(DS1302_SECOND,Data|0x7f);
}
//******** 以下为单片机工作时的主程序 *****************
int key_scan()                                  // 函数功能:键盘扫描,判断是否有键按下
{
        int i=0;
        uint temp;
```

```
        P1=0xf0;
        temp=P1;
        if(temp!=0xf0)
        {
            i=1;
        }
        else
        {
            i=0;
        }
        return i;
}
uchar key_value()                           // 函数功能：获取按下的按键值
{
        uint m=0,n=0,temp;
        uchar value;
        uchar v[4][3]={'2','1','0','5','4','3','8','7','6','b','a','9'};
        // 采用分行、分列扫描的形式获取按键键值
        P1=0xfe;temp=P1; if(temp!=0xfe)m=0;
        P1=0xfd;temp=P1; if(temp!=0xfd)m=1;
        P1=0xfb;temp=P1; if(temp!=0xfb)m=2;
        P1=0xf7;temp=P1; if(temp!=0xf7)m=3;
        P1=0xef;temp=P1; if(temp!=0xef)n=0;
        P1=0xdf;temp=P1; if(temp!=0xdf)n=1;
        P1=0xbf;temp=P1; if(temp!=0xbf)n=2;
        value=v[m][n];
        return value;
}
void adjust(void)                           // 函数功能：修改各参量
{
        if(key_scan()&&key_flag1)
        {
            switch(key_value())
            {
            case '0':sec_add++;break;
            case '1':min_add++;break;
            case '2':hou_add++;break;
            case '3':day_add++;break;
            case '4':mon_add++;break;
            case '5':yea_add++;break;
            default: break;
            }
        adjusted.Second+=sec_add;
        adjusted.Minute+=min_add;
```

```
        adjusted.Hour+=hou_add;
        adjusted.Day+=day_add;
        adjusted.Month+=mon_add;
        adjusted.Year+=yea_add;
        if(adjusted.Second>59)
        {
            adjusted.Second=adjusted.Second%60;
            adjusted.Minute++;
        }
        if(adjusted.Minute>59)
        {
            adjusted.Minute=adjusted.Minute%60;
            adjusted.Hour++;
        }
        if(adjusted.Hour>23)
        {
            adjusted.Hour=adjusted.Hour%24;
            adjusted.Day++;
        }
        if(adjusted.Day>31)
            adjusted.Day=adjusted.Day%31;
        if(adjusted.Month>12)
            adjusted.Month=adjusted.Month%12;
        if(adjusted.Year>100)
            adjusted.Year=adjusted.Year%100;
        }
}
void changing(void) interrupt 0 using 0            // 中断处理函数，修改参量，或修改确认
{
        if(key_flag1)
            key_flag1=0;
        else
            key_flag1=1;
}
void main()                                         // 主函数
{
        uint i;
        uchar p1[]="Date 20",p2[]="Time";
        SYSTEMTIME T;
        EA=1;                      // 开总中断
        EX0=1;                     // 开外部中断 0
        IT0=1;                     // 外部中断 0 下降沿触发
        init1602();                //LCD 1602 初始化
```

```
        Initial_DS1302();                  //DS1302 初始化
        while(1)
        {
            write_com(0x80);
            write_string(p1,7);
            write_com(0xc0);
            write_string(p2,5);
            DS1302_GetTime(&T) ;
            adjusted.Second=T.Second;
            adjusted.Minute=T.Minute;
            adjusted.Hour=T.Hour;
            adjusted.Week=T.Week;
            adjusted.Day=T.Day;
            adjusted.Month=T.Month;
            adjusted.Year=T.Year;
            for(i=0;i<9;i++)
            {
                    adjusted.DateString[i]=T.DateString[i];
                    adjusted.TimeString[i]=T.TimeString[i];
            }
            adjust();
            DateToStr(&adjusted);
            TimeToStr(&adjusted);
            write_com(0x87);
            write_string(adjusted.DateString,8);
            write_com(0xc6);
            write_string(adjusted.TimeString,8);
            delay(10);
        }
    }
```

本 章 小 结

　　本章主要讲了单片机 I/O 端口的应用，作为输出口，可以控制常见的外设 LED、LED 数码管、蜂鸣器等；作为输入口，单片机可以通过扫描按键的方式识别独立键盘、矩阵键盘，这时单片机需要不停地查询端口状态，不能长时间做别的工作，因此比较浪费 CPU 资源，后续学习了中断系统，会有更好的方案。

　　单片机 I/O 端口是有限的，当需要驱动多个 LED 数码管时，只能用动态显示方式。除了 LED 和数码管，液晶显示器也是常见的人机接口，LCD 1602 作为常见的显示模块，其本身也集成了电路，和单片机的接口较少，但是需要了解其常用的函数。DS1302 是最为常见的时钟 / 日历芯片，很多仪器仪表和设备都需要该芯片，但是使用 DS1302 芯片时，其软件编程较为复杂，需要有一定的软件和硬件基础。

思考题与习题

1. 分别写出共阴极、共阳极 LED 数码管仅显示小数点 "." 的段码。
2. LED 的静态显示方式和动态显示方式有什么区别？各有什么优缺点？
3. 独立键盘和矩阵键盘分别用于什么场合？
4. 单片机是如何识别矩阵键盘每个按键的？

第6章　单片机中断系统的应用

学习目标：掌握 AT89S51 片内中断系统的工作原理及特性，重点掌握与中断系统有关的特殊功能寄存器、如何来对中断系统进行初始化编程、中断响应的条件、如何撤销中断请求以及如何进行中断系统应用的编程。

6.1　单片机中断系统概述

6.1.1　中断的概念

在单片机应用系统中，中断技术主要用于实时监测与控制，也就是要求单片机能及时地响应中断请求源提出的服务请求，并做出快速响应和及时处理。这些工作是由单片机片内的中断系统来实现的。当中断请求源发出中断请求时，如果中断请求被允许的话，单片机暂时终止当前正在执行的主程序并转到中断服务程序，处理中断服务请求，处理完中断服务请求后，再回到原来被终止的程序处（断点），继续执行被中断的主程序。

单片机对外设中断服务请求的整个中断响应和处理过程如图 6-1 所示。

如果单片机没有中断系统，单片机的大量时间可能会浪费在查询是否有服务请求的定时查询操作上，即不论是否有服务请求都必须去查询。采用中断技术则完全消除了查询方式中的等待现象，大大提高了单片机的实时性和工作效率。由于中断工作方式的优点极为明显，因此，单片机的片内都集成有中断系统硬件模块。

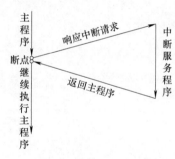

图 6-1　中断响应和处理过程

6.1.2　中断源

AT89S51 中的中断系统结构如图 6-2 所示。由图可知，AT89S51 单片机的中断系统有 5 个中断请求源（简称中断源），两个中断优先级可实现两级中断服务程序嵌套。每个中断源都可以用软件独立控制为允许中断或关闭中断；每一个中断源的中断优先级别均可用软件来设置。

由图 6-2 可知，中断系统共有 5 个中断请求源，其相关介绍如下：

1）$\overline{\text{INT0}}$ ——外部中断请求 0，外部中断请求信号（低电平或负跳变有效）由 $\overline{\text{INT0}}$ 引脚输入，中断请求标志为 IE0。

2）$\overline{\text{INT1}}$ ——外部中断请求 1，外部中断请求信号（低电平或负跳变有效）由 $\overline{\text{INT1}}$ 引脚输入，中断请求标志为 IE1。

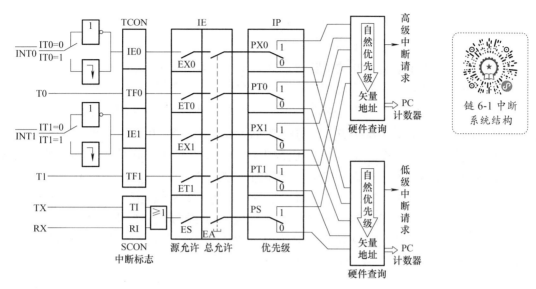

图 6-2　AT89S51 的中断系统结构

链 6-1 中断
系统结构

3）定时器 / 计数器 T0 计数溢出的中断请求，标志为 TF0。

4）定时器 / 计数器 T1 计数溢出的中断请求，标志为 TF1。

5）串行口中断请求，标志为发送中断 TI 或接收中断 RI。

6.1.3　中断的特点

5 个中断请求源的中断请求标志分别由特殊功能寄存器 TCON 和 SCON 相应位锁存（见图 6-2）。

1. TCON

TCON 为定时器 / 计数器的控制寄存器，字节地址为 88H，可位寻址，既包括定时器 / 计数器 T0、T1 溢出中断请求标志位 TF0 和 TF1，也包括两个外部中断请求的标志位 IE1 与 IE0，还包括两个外部中断请求源的中断触发方式选择位。TCON 格式见表 6-1。

链 6-2 寄存
器 TCON

表 6-1　特殊功能寄存器 TCON 的格式

位序	D7	D6	D5	D4	D3	D2	D1	D0
TCON	TF1	TR1	TF0	TR0	IE1	IT1	IE0	IT0
位地址	8FH	—	8DH	—	8BH	8AH	89H	88H

TCON 中与中断系统有关的各标志位功能如下：

1）TF1：定时器 / 计数器 T1 的溢出中断请求标志位。

当启动 T1 计数后，T1 从初值开始加 1 计数，当最高位产生溢出时，硬件置 TF1 为"1"，并向 CPU 申请中断，CPU 响应中断后，TF1 被硬件自动清"0"，TF1 也可由软件清"0"。

2) TF0：定时器 / 计数器 T0 的溢出中断请求标志位，与 TF1 类似。

3) IE1：外部中断请求 1 的中断请求标志位。

4) IE0：外部中断请求 0 的中断请求标志位，与 IE1 类似。

5) IT1：选择外部中断请求 1 为跳沿触发方式还是电平触发方式。

0——电平触发方式，加到 $\overline{INT0}$ 引脚上的外部中断请求输入信号为低电平有效，并把 IE1 置 "1"。转向中断服务程序时，则由硬件自动把 IE1 清 "0"。

1——跳沿触发方式，加到 $\overline{INT1}$ 引脚上的外部中断请求输入信号从高到低的负跳变有效，并把 IE1 置 "1"。转向中断服务程序时，则由硬件自动把 IE1 清 "0"。

6) IT0：选择外部中断请求 0 为跳沿触发方式还是电平触发方式，与 IT1 类似。

AT89S51 复位后，TCON 被清 "0"，5 个中断源的中断请求标志均为 0。

TR1（D6 位）、TR0（D4 位）这两位与中断系统无关，仅与定时器 / 计数器 T1 和 T0 有关，具体内容将在定时器 / 计数器章节中进行讲解。

2. SCON

SCON 为串行口控制寄存器，字节地址为 98H，可位寻址。SCON 的低 2 位锁存串行口的发送中断和接收中断的中断请求标志 TI 和 RI 格式见表 6-2。

表 6-2　SCON 中的中断请求标志位

位序	D7	D6	D5	D4	D3	D2	D1	D0
SCON	—	—	—	—	—	—	TI	RI
位地址							99H	98H

SCON 中的中断请求标志位功能如下：

1) TI：串行口发送中断请求标志位。CPU 将 1B 的数据写入串行口的发送缓冲器 SBUF 时，就启动一帧串行数据的发送，每发送完一帧串行数据后，硬件使 TI 自动置 "1"。CPU 响应串行口发送中断时，并不清除 TI 中断请求标志，必须在中断服务程序中用指令对 TI 清 "0"。

2) RI：串行口接收中断请求标志位。在串行口接收完一个串行数据帧后，硬件自动使 RI 置 "1"。CPU 在响应串行口接收中断时，RI 并不清 "0"，必须在中断服务程序中用指令对 RI 清 "0"。

6.1.4　中断优先级

中断允许控制和中断优先级控制分别由中断允许寄存器（IE）和中断优先级寄存器（IP）实现。下面介绍这两个特殊功能寄存器。

1. 中断允许寄存器（IE）

各中断源开放或屏蔽，是由片内中断允许寄存器（IE）控制的。IE 的字节地址为 A8H，可进行位寻址，格式见表 6-3。

表 6-3　中断允许寄存器（IE）的格式

位序	D7	D6	D5	D4	D3	D2	D1	D0
IE	EA	—	—	ES	ET1	EX1	ET0	EX0
位地址	AFH	—	—	ACH	ABH	AAH	A9H	A8H

IE 对中断开放和关闭实现两级控制。两级控制就是有一个总的中断开关控制位 EA（IE.7 位），当 EA=0 时，所有中断请求被屏蔽，CPU 对任何中断请求都不接受；当 EA=1 时，CPU 开中断，但 5 个中断源的中断请求是否允许，还要由 IE 中的低 5 位所对应的 5 个中断请求允许控制位的状态来决定。

IE 中各位的功能如下：

1）EA：中断允许总开关控制位。

EA=0，所有的中断请求被屏蔽。

EA=1，所有的中断请求被开放。

2）ES：串行口中断允许位。

ES=0，禁止串行口中断。

ES=1，允许串行口中断。

3）ET1：定时器 / 计数器 T1 的溢出中断允许位。

ET1=0，禁止 T1 溢出中断。

ET1=1，允许 T1 溢出中断。

4）EX1：外部中断 1 中断允许位。

EX1=0，禁止外部中断 1 中断。

EX1=1，允许外部中断 1 中断。

5）ET0：定时器 / 计数器 T0 的溢出中断允许位。

ET0=0，禁止 T0 溢出中断。

ET0=1，允许 T0 溢出中断。

6）EX0：外部中断 0 中断允许位。

EX0=0，禁止外部中断 0 中断。

EX0=1，允许外部中断 0 中断。

AT89S51 复位后，IE 被清 "0"，所有中断请求被禁止。IE 中与各个中断源相应位可用指令置 "1" 或清 "0"，即可允许或禁止各中断源的中断申请。若使某一个中断源被允许中断，除了 IE 相应位被置 "1" 外，还必须使 EA 位置 "1"。

2. 中断优先级寄存器（IP）

中断请求源有两个中断优先级，每一个中断请求源可由软件设置为高优先级中断或低优先级中断，也可实现两级中断嵌套。

所谓两级中断嵌套，就是 AT89S51 正在执行低优先级中断的服务程序时，可被高优先级中断请求所中断，待高优先级中断处理完毕后，再返回低优先级中断服务程序。两级中断嵌套如图 6-3 所示。

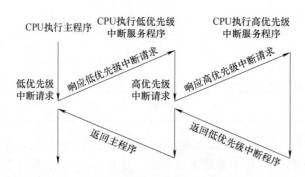

图 6-3　两级中断嵌套过程

各中断源的中断优先级关系，可归纳为下面两条基本规则：

1）低优先级可被高优先级中断，高优先级不能被低优先级中断。

2）任何一种中断（不管是高优先级还是低优先级）一旦得到响应，不会再被它的同优先级中断源所中断。如果某一中断源被设置为高优先级中断，在执行该中断源的中断服务程序时，则不能被任何其他中断源的中断请求所中断。

AT89S51 片内有一个中断优先级寄存器（IP），字节地址为 B8H，可位寻址。只要用程序改变其内容，即可进行各中断源中断优先级设置，IP 的格式见表 6-4。

表 6-4　IP 的格式

位序	D7	D6	D5	D4	D3	D2	D1	D0
IP	—	—	—	PS	PT1	PX1	PT0	PX0
位地址	—	—	—	BCH	BBH	BAH	B9H	B8H

中断优先级寄存器（IP）各位含义如下：

1）PS：串行口中断优先级控制位，1——高优先级；0——低优先级。

2）PT1：T1 中断优先级控制位，1——高优先级；0——低优先级。

3）PX1：外部中断 1 中断优先级控制位，1——高优先级；0——低优先级。

4）PT0：T0 中断优先级控制位，1——高优先级；0——低优先级。

5）PX0：外部中断 0 中断优先级控制位，1——高优先级；0——低优先级。

中断优先级寄存器（IP）各位都可由程序置"1"和清"0"，用位操作指令或字节操作指令可更新 IP 的内容，改变各中断源的中断优先级。

AT89S51 复位后，各中断源均为低优先级中断，IP 内容为 00。下面介绍 AT89S51 的中断优先级结构。

中断系统有两个不可寻址的"优先级激活触发器"，其中一个触发器指示某高优先级中断正在执行，所有后来的中断均被阻止；另一个触发器指示某低优先级中断正在执行，所有同优先级中断都被阻止，但不阻断高优先级的中断请求。

在同时收到几个同优先级的中断请求时，哪一个中断请求能优先得到响应，取决于内部查询顺序。这相当于在同一个优先级还存在另一辅助优先级结构，其查询顺序见表 6-5。由表可知，各中断源在同一优先级条件下，外部中断 0 中断优先级最高，串行口中断的优先级最低。

表 6-5　同优先级中断的查询顺序

中断源	中断级别
外部中断 0	最高
T0 溢出中断	
外部中断 1	↓
T1 溢出中断	
串行口中断	最低

6.2　51 系列单片机的中断系统

6.2.1　单片机的外部中断触发方式

外部中断有两种触发方式：电平触发方式和跳沿触发方式。

（1）电平触发方式

外部中断若定义为电平触发方式，外部中断申请触发器状态随着 CPU 在每个机器周期采样到的外部中断输入引脚电平变化而变化，这能提高 CPU 对外部中断请求的响应速度。当外部中断源被设定为电平触发方式时，在中断服务程序返回之前，外部中断请求输入必须无效（即外部中断请求输入已由低电平变为高电平），否则 CPU 返回主程序后会再次响应中断。所以电平触发适合于外部中断以低电平输入且中断服务程序能清除外部中断请求源（即外部中断输入电平又变为高电平）的情况。

（2）跳沿触发方式

外部中断若定义为跳沿触发方式，外部中断申请触发器能锁存外部中断输入线上的负跳变。即便是 CPU 暂时不能响应，中断请求标志也不会丢失。在这种方式下，如果相继连续两次采样，一个机器周期采样到外部中断输入为高电平，下一机器周期采样为低电平，则中断申请触发器置"1"，直到 CPU 响应此中断时，该标志才清"0"。这样就不会丢失中断，但输入的负脉冲宽度至少要保持 1 个机器周期（若晶振频率为 6MHz，则为 2s），才能被 CPU 采样到。外部中断的跳沿触发方式适合于以负脉冲形式输入的外部中断请求。

6.2.2　单片机的中断处理过程

1. 中断响应条件

一个中断源中断请求被响应，须满足以下必要条件：

1）总中断允许开关接通，即 IE 中的中断总允许位 EA=1。

2）该中断源发出中断请求，即该中断源对应的中断请求标志为"1"。

3）该中断源的中断允许位为 1，即该中断被允许。

4）无同优先级或更高优先级中断正在被服务。

　　中断响应就是 CPU 对中断源提出的中断请求的接受，当查询到有效的中断请求时，若满足上述条件，则紧接着就进行中断响应。

2. 中断响应过程

　　首先由硬件自动生成一条长调用指令"LCALL addr16"。即程序存储区中相应的中断入口地址。例如，对于外部中断 1 的响应，硬件自动生成的长调用指令如下：

LCALL　0013H

　　生成 LCALL 指令后，紧接着就由 CPU 执行该指令。首先将程序计数器（PC）内容压入堆栈以保护断点，再将中断入口地址装入 PC，使程序转向响应中断请求的中断入口地址。各中断源服务程序入口地址是固定的，其中断入口地址见表 6-6。

表 6-6　各中断源的中断入口地址

中断源	中断入口地址
外部中断 0	0003H
T0 溢出中断	000BH
外部中断 1	0013H
T1 溢出中断	001BH
串行口中断	0023H

　　其中两个中断入口间只相隔 8B，一般情况下难以安放一个完整的中断服务程序。

　　因此，通常总是在中断入口地址处放置一条无条件转移指令，使程序执行转向在其他地址存放的中断服务程序入口。

　　中断响应是有条件的，并不是查询到的所有中断请求都能被立即响应，当遇到下列 3 种情况之一时，中断响应被封锁：

　　1）CPU 正在处理同优先级或更高优先级的中断。因为当一个中断被响应时，要把对应的中断优先级状态触发器置"1"（该触发器指出 CPU 所处理的中断优先级别），从而封锁了低优先级中断请求和同优先级中断请求。

　　2）所查询的机器周期不是当前正在执行指令的最后一个机器周期。设定这个限制的目的是只有在当前指令执行完毕后，才能进行中断响应，以确保当前指令执行的完整性。

　　3）正在执行的指令是 RETI 或是访问 IE 或 IP 的指令。因为按中断系统的规定，在执行完这些指令后，需再执行完一条指令，才响应新的中断请求。

　　如存在上述 3 种情况之一，CPU 将丢弃中断查询结果，不能对中断进行响应。

3. 外部中断的响应时间

　　在使用外部中断时，有时需考虑从外部中断请求有效（外部中断请求标志置"1"）到转向中断入口地址所需要的响应时间，即外部中断响应的实时性问题。

　　外部中断最短响应时间为 3 个机器周期。其中中断请求标志位查询占一个机器周期，而这个机器周期恰好处于指令的最后一个机器周期。在这个机器周期结束后，中断即被响应，CPU 接着执行一条硬件子程序调用指令（LCALL）以转到相应的中断服务程序入口，这需要 2 个机器周期。

外部中断响应最长时间为 8 个机器周期。这种情况发生在 CPU 进行中断标志查询时，刚好才开始执行 RETI 或访问 IE 或 IP 的指令，则需把当前指令执行完再继续执行一条指令后，才能响应中断。

执行上述的 RETI 或访问 IE 或 IP 的指令，最长需要 2 个机器周期。而接着再执行一条指令，按最长的指令（乘法指令 MUL 和除法指令 DIV）来算，也只有 4 个机器周期。再加上硬件子程序调用指令（LCALL）的执行，需要 2 个机器周期，所以，外部中断响应的最长时间为 8 个机器周期。

如已在处理同优先级或更高优先级中断，外部中断请求响应时间取决于正在执行的中断服务程序的处理时间，此情况下，响应时间无法计算。

这样，在单一中断系统，AT89S51 对外部中断请求响应时间总是在 3 ～ 8 个机器周期之间。

6.2.3　单片机的中断请求的撤销

某中断请求被响应后，就存在着一个中断请求撤销问题。下面按中断请求源的类型分别说明中断请求的撤销方法。

1. 定时器 / 计数器中断请求的撤销

定时器 / 计数器中断请求被响应后，硬件会自动把中断请求标志位（TF0 或 TF1）清 "0"，因此定时器 / 计数器中断请求是自动撤销的。

链 6-3 中断请求的撤销

2. 外部中断请求的撤销

（1）跳沿方式外部中断请求的撤销

中断请求撤销包括中断标志位清 "0" 和外部中断信号的撤销。其中，中断标志位（IE0 或 IE1）清 "0" 是在中断响应后由硬件自动完成的。而外部中断请求信号的撤销，由于跳沿信号过后也就消失了，所以跳沿方式的外部中断请求也是自动撤销的。

（2）电平方式外部中断请求的撤销

中断请求标志可以自动撤销，但中断请求的低电平信号可能继续存在，在以后的机器周期采样时，又会把已清 "0" 的 IE0 或 IE1 标志位重新置 "1"。要彻底解决电平方式外部中断请求撤销，除中断标志位清 "0" 之外，还需在中断响应后把中断请求信号输入引脚从低电平强制改变为高电平。为此，可增加电平方式的外部中断请求的撤销电路，如图 6-4 所示。

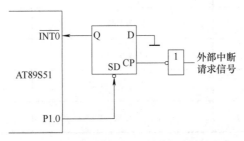

图 6-4　电平方式的外部中断请求的撤销电路

由图 6-4 可知，D 触发器锁存外来的中断请求低电平信号，并通过其输出端 Q 接到（$\overline{INT0}$ 或 $\overline{INT1}$）。所以，增加的 D 触发器不影响中断请求。中断响应后，为撤销中断请求，可利用 D 触发器直接置 "1" SD 端实现，即把 SD 端接 AT89S51 的 P1.0。因此，只要 P1.0 端输出一个负脉冲就可以使 D 触发器置 "1"，从而就撤销低电平的中断请求信号。负脉冲可在中断服务程序中先把 P1.0 置 1，再让 P1.0 为 0，再把 P1.0 置 1。

3. 串行口中断请求的撤销

串行口中断标志位是 TI 和 RI，但对这两个中断标志 CPU 不自动清 "0"。因为响应串行口中断后，CPU 无法知道是接收中断还是发送中断，还需测试这两个中断标志位来判定，然后才清除。所以串行口中断请求撤销只能使用软件在中断服务程序中把串行口中断标志位 TI、RI 清 0。

6.3　51 系列单片机中断系统软件设计方法

6.3.1　中断系统的初始化编程

为直接使用 C51 语言编写中断服务程序，C51 语言中定义了中断函数。由于 C51 语言编译器在编译时对声明为中断服务程序的函数自动添加相应现场保护、阻断其他中断、返回时自动恢复现场等处理的程序段，因而在编写中断函数时可不必考虑这些问题，减小编写中断服务程序的烦琐程度。

中断服务函数的一般形式如下：

函数类型　函数名 (形式参数表)interrupt　n　using　n

关键字 interrupt 后面的 n 是中断号，对于 51 单片机，n 的取值为 0 ～ 4，编译器从 $8 \times n + 3$ 处产生中断向量。AT89S51 中断源对应的中断号和中断向量见表 6-7。

表 6-7　51 单片机的中断号和中断向量

中断号 n	中断源	中断向量（$8 \times n+3$）
0	外部中断 0	0003H
1	T0 溢出中断	000BH
2	外部中断 1	0013H
3	T1 溢出中断	001BH
4	串行口中断	0023H
其他值	保留	$8 \times n+3$

　　AT89S51 内部 RAM 中可使用 4 个工作寄存器区，每个工作寄存器区包含 8 个工作寄存器（R0 ～ R7）。关键字 using 后面的 *n* 用来选择 4 个工作寄存器区。using 是一选项，如不选，中断函数中的所有工作寄存器内容将被保存到堆栈中。

　　关键字 using 对函数目标代码的影响如下：

　　在中断函数的入口处将当前工作寄存器区内容保护到堆栈中，函数返回前将被保护的寄存器区内容从堆栈中恢复。使用 using 在函数中确定一个工作寄存器区须十分小心，要保证任何工作寄存器区的切换都只在指定的控制区域中发生，否则将产生不正确的函数结果。

　　例如，外部中断 1() 中断服务函数如下：

```
void int1()interrupt 2 using 0          // 中断号 n=2, 选择 0 区工作寄存器区
```

　　中断调用与标准 C 语言的函数调用是不一样的，当中断事件发生后，对应的中断函数被自动调用，既没有参数，也没有返回值，会带来如下影响：

　　1）编译器会为中断函数自动生成中断向量。

　　2）退出中断函数时，所有保存在堆栈中的工作寄存器及特殊功能寄存器被恢复。

　　3）在必要时特殊功能寄存器 ACC、B、DPH、DPL 以及 PSW 的内容被保存到堆栈中。

　　编写中断程序，应遵循以下规则：

　　1）中断函数没有返回值，如果定义一个返回值，将会得到不正确的结果。建议将中断函数定义为 void 类型，明确说明无返回值。

　　2）中断函数不能进行参数传递，如果中断函数中包含任何参数声明都将导致编译出错。

　　3）任何情况下都不能直接调用中断函数，否则会产生编译错误。因为中断函数的返回是由汇编语言 RETI 指令完成的。RETI 指令会影响 AT89S51 硬件中断系统内的不可寻址的中断优先级寄存器的状态。在没有实际中断请求的情况下，直接调用中断函数，就不会执行 RETI 指令，其操作结果有可能产生一个致命错误。

　　4）如在中断函数中再调用其他函数，则被调用的函数所用的寄存器区必须与中断函数使用的寄存器区不同。

6.3.2　中断服务程序的编写

　　这里通过两个例子介绍有关中断服务程序的编写。

1. 单一外部中断的应用

　　【例 6-1】 在单片机 P2 口上接有 8 个 LED。在外部中断 0 输入引脚（P3.2）接一个按钮 SB。要求将外部中断 0 设置为电平触发。程序启动时，P2 口上的 8 个 LED 全亮。每按一次按钮 SB，使引脚接地，产生一个低电平触发的外部中断请求，在中断服务程序中，让低 4 位的 LED 与高 4 位的 LED 交替闪烁 5 次，然后从中断返回，控制 8 个 LED 再次全亮。原理电路及仿真结果如图 6-5 所示。

链 6-4 单一中断的应用

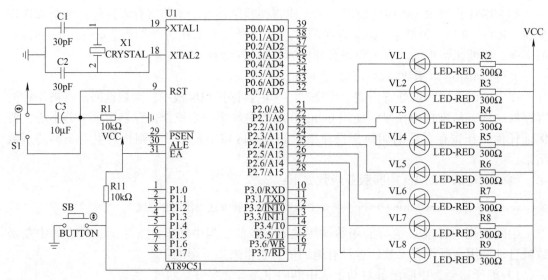

图 6-5　利用中断控制 8 个 LED 交替闪烁一次的 Proteus 电路原理图

参考程序如下：

```
#include <reg51.h>
#define uchar   unsigned char
void delay(unsigned int i)          // 延时函数 delay(),i 为形式参数 , 不能赋初值
{
    unsigned int j;
    for(;i>0;i--)
    for(j=0;j<333;j++)              // 晶振频率为 12MHz, j 的选择与晶振频率有关
    {;}                             // 空函数
}
void   main()                       // 主函数
{
    EA=1;                           // 总中断允许
    EX0=1;                          // 允许外部中断 0 中断
    IT0=1;                          // 选择外部中断 0 为跳沿触发方式
    while(1)                        // 循环
    {
        P2=0;                       //P2 口的 8 个 LED 全亮
    }
}
void int0()   interrupt 0   using 0 // 外部中断 0 的中断服务函数
{
    uchar   m;
    EX0=0;                          // 禁止外部中断 0 中断
    for(m=0;m<5;m++)                // 交替闪烁 5 次
    {
        P2=0x0f;                    // 低 4 位 LED 灭 , 高 4 位 LED 亮
        delay(400) ;                // 延时
```

```
        P2=0xf0;                    // 高 4 位 LED 灭 , 低 4 位 LED 亮
        delay(400);                 // 延时
        EX0=1;                      // 中断返回前 , 打开外部中断 0 中断
    }
}
```

本例程序包含两部分，一部分是主程序段，完成中断系统初始化，并把 8 个 LED 全部点亮；另一部分是中断函数部分，控制 4 个 LED 交替闪烁一次，然后从中断返回。

2. 两个外部中断的应用

当需要多个中断源时，只需增加相应的中断服务函数即可。例 6-2 是处理两个外部中断请求的例子。

【例 6-2】如图 6-6 所示，在单片机 P2 口上接有 8 个 LED。在外部中断 0 输入引脚（P3.2）接有一个按钮 SB1。在外部中断 1 输入引脚（P3.3）接有一个按钮 SB2。要求 SB1 和 SB2 都未按下时，P2 口的 8 个 LED 呈流水灯显示，仅 SB1（P3.2）按下再松开时，上下各 4 个 LED 交替闪烁 10 次，然后再回到流水灯显示；当按下再松开 SB2（P3.3）时，P2 口的 8 个 LED 全部闪烁 10 次，然后再回到流水灯显示。设置两个外部中断的优先级相同。

链 6-5 两个外部中断的应用

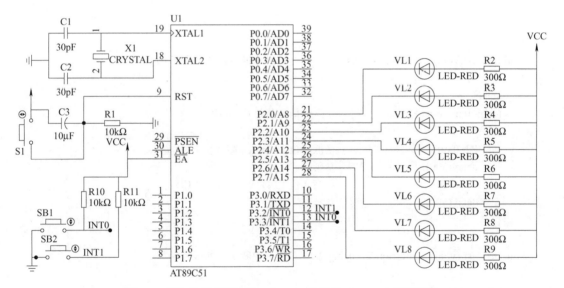

图 6-6　两个外部中断控制 8 个 LED 显示的 Proteus 电路原理图

参考程序如下：

```
#include <reg51.h>
#define uchar unsigned char
void delay(unsigned int i)          // 延时函数 delay(),i 为形式参数 , 不能赋初值
{
    uchar j;
    for(;i>0;i--)
```

```
        for(j=0;j<125;j++)
        {;}                         // 空函数
}
void   main()                       // 主函数
{
uchar display[9]={0xff,0xfe,0xfd,0xfb,0xf7,0xef,0xdf,0xbf, 0x7f};
                                    // 流水灯显示数据数组
unsigned int a;
for(;;)
{
        EA=1;                       // 总中断允许
        EX0=1;                      // 允许外部中断 0 中断
        EX1=1;                      // 允许外部中断 1 中断
        IT0=1;                      // 选择外部中断 0 为跳沿触发方式
        IT1=1;                      // 选择外部中断 1 为跳沿触发方式
        IP=0;                       // 两个外部中断均为低优先级
        for(a=0;a<9;a++)
        {
            delay(500);             // 延时
            P2=display[a];          // 将已经定义的流水灯显示数据送到 P2 口
        }
    }
}
void int0_isr(void)   interrupt 0   using 1     // 外部中断 0 的中断服务函数
{
    uchar   n;
    for(n=0;n<10;n++)               // 高、低 4 位显示 10 次
    {
        P2=0x0f;                    // 低 4 位 LED 灭 , 高 4 位 LED 亮
        delay(500);                 // 延时
        P2=0xf0;                    // 高 4 位 LED 灭 , 低 4 位 LED 亮
        delay(500);                 // 延时
    }
}
void int1_isr (void)   interrupt 2   using 2    // 外部中断 1 中断服务函数
{
    uchar   m;
    for(m=0;m<10;m++)               // 闪烁显示 10 次
    {
        P2=0xff;                    // 全灭
        delay(500);                 // 延时
        P2=0;                       // 全亮
        delay(500);                 // 延时
    }
}
```

6.4 设计案例：带应急信号处理的交通灯控制器的设计

中断嵌套指的是中断系统正执行一个低优先级中断，此时又有一高优先级中断产生，中断系统就会去执行高优先级中断服务程序。高优先级中断服务程序完成后，再继续执行低优先级中断服务程序。

【例6-3】电路如图6-6所示，设计一中断嵌套程序：要求 SB1 和 SB2 都未按下时，P2 口 8 个 LED 呈流水灯显示，当按一下 SB1 时，产生一个低优先级外部中断 0 请求（跳沿触发），进入外部中断 0 中断服务程序，上下 4 个 LED 交替闪烁。此时按一下 SB2，产生一个高优先级的外部中断 1 请求（跳沿触发），进入外部中断 1 中断服务程序，使 8 个 LED 全部闪烁。当显示 5 次后，再从外部中断 1 返回继续执行外部中断 0 中断服务程序，即 P2 口控制 8 个 LED，上下 4 个 LED 交替闪烁。设置外部中断 0 为低优先级，外部中断 1 为高优先级。

参考程序如下：

```
#include <reg51.h>
#define uchar unsigned char
void delay(unsigned int i)            // 延时函数 delay()
{
    unsigned int j;
    for(;i>0;i--)
    for(j=0;j<125;j++)
    {;}                               // 空函数
}
void   main()                         // 主函数
{
    uchar display[9]={0xfe,0xfd,0xfb,0xf7,0xef,0xdf,0xbf,0x7f};
                                      // 流水灯显示数据组
    uchar a;
    for(;;)
    {
        EA=1;                         // 总中断允许
        EX0=1;                        // 允许外部中断 0 中断
        EX1=1;                        // 允许外部中断 1 中断
        IT0=1;                        // 选择外部中断 0 为跳沿触发方式
        IT1=1;                        // 选择外部中断 1 为跳沿触发方式
        PX0=0;                        // 外部中断 0 为低优先级
        PX1=1;                        // 外部中断 1 为高优先级
    for(a=0;a<9;a++)
    {
            delay(500);               // 延时
            P2=display[a];            // 流水灯显示数据送到 P2 口驱动 LED 显示
    }
}
```

```
    }
    void int0_isr(void)    interrupt 0    using 0        // 外部中断 0 中断函数
    {
        for(;;)
        {
            P2=0x0f;                    // 低 4 位 LED 灭，高 4 位 LED 亮
            delay(400);                 // 延时
            P2=0xf0;                    // 高 4 位 LED 灭，低 4 位 LED 亮
            delay(400);                 // 延时
        }
    }
    void int1_isr (void)    interrupt 2    using 1        // 外部中断 1 中断函数
    {
        uchar m;
        for(m=0;m<5;m++)                // LED 全亮全灭 5 次
        {
            P2=0;                       // LED 全亮
            delay(500);                 // 延时
            P2=0xff;                    // LED 全灭
            delay(500);                 // 延时
        }
    }
```

本例若设置外部中断 1 为低优先级，外部中断 0 为高优先级，仍然先按下再松开 K1，后按下再松开 K2 或者设置两个外部中断源的中断优先级为同级，均不会发生中断嵌套。

本 章 小 结

本章主要讲述了单片机中断系统的基本概念、中断的特点、中断处理过程、中断请求的撤除以及外部中断的触发方式等。通过几个实例，讲解了中断系统如何进行初始化编程以及如何编写中断服务程序。通过一个综合实例，讲解了中断嵌套的执行过程：单片机正在执行一个低优先级中断程序，此时又有一个高优先级中断程序产生，单片机就会暂停执行低优先级中断程序，并暂存低优先级中断程序的当前执行位置和当前产生的数据，然后去执行高优先级中断程序。高优先级中断程序执行完成后，再读取暂存的数据，继续执行低优先级中断程序。

思考题与习题

1. 51 系列单片机的中断源有几个？分别是什么？
2. 单片机外部中断有几种触发方式？分别是什么？
3. AT89S51 复位后，各中断源的中断优先级是低还是高？ IP 内容为多少？
4. 什么是中断嵌套？

第7章 单片机定时器/计数器的应用

学习目标： 本章要求在掌握 AT89S51 单片机片内定时器/计数器的结构、功能、工作原理的基础上，进行定时器/计数器的初值计算及 C51 语言编程应用。

在单片机控制系统中，常常需要实时时钟和计数器，以实现定时或延时控制以及对单片机外部事件进行计数。AT89S51 单片机内有两个可编程的定时器/计数器 T1、T0，以满足这方面的需要。

7.1 定时器/计数器的结构和工作原理

AT89S51 单片机内部有两个 16 位的加 1 定时器/计数器 T0 和 T1，其结构如图 7-1 所示，每个定时器/计数器由两个 8 位寄存器组成。TH0、TL0 是定时器/计数器 T0 的高 8 位、低 8 位寄存器，TH1、TL1 是定时器/计数器 T1 的高 8 位、低 8 位寄存器。TMOD 是定时器/计数器工作方式寄存器，确定定时器/计数器的工作方式和功能；TCON 是定时器/计数器控制寄存器，控制 T0、T1 的启动和停止及记录计数计满溢出情况。

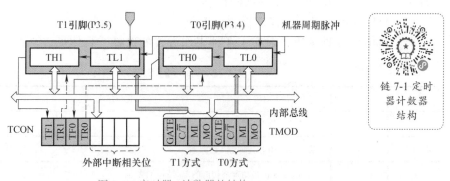

图 7-1　定时器/计数器的结构

定时器/计数的实质是加 1 计数器，有两种工作模式，即定时器模式和计数器模式。作为定时器时，使用系统的时钟振荡器输出脉冲经 12 分频后产生的机器周期脉冲作为计数脉冲源；作为计数器时，对单片机引脚输入的外部随机脉冲源进行输入计数。两种模式下，每输入一个脉冲，计数值加 1，当计数存储器内容为全 1 时，再输入一个脉冲就使计数器溢出清零，同时使 TCON 中的溢出标志位 TF0 或 TF1 置 1，并向 CPU 发出中断请求，表示定时时间已到或计数值已满。

定时器模式下，加 1 计数器是对内部机器周期计数，计数值乘以机器周期就是定时时间。计数器模式下，单片机 T0（P3.4）或 T1（P3.5）引脚接入外部事件脉冲，计数器在 T0/T1 输入端有一个负跳变时计数器加 1。单片机对外部脉冲的基本要求是脉冲的高低电平持续时间都必须大于 1 个机器周期，因为在每个机器周期的 S5P2 期间采样 T0、T1 引脚电平。当某周期采样到一高电平输入，而下一周期又采样到一低电平时，则计数器加 1，更新的计数值在下一个机器周期的 S3P1 期间装入计数器。由于检测一个从 1 到 0 的下降沿需要两个机器周期。当晶振频率为 12MHz 时，计数脉冲的周期要大于 2μs。

7.1.1　定时器 / 计数器工作方式寄存器（TMOD）

链 7-2 寄存器 TMOD

AT89S51 单片机的定时器 / 计数器工作方式寄存器（TMOD）用于设置定时器 / 计数器的工作模式和工作方式，它的字节地址为 89H，不可进行位寻址，其格式见表 7-1。

表 7-1　TMOD 的格式

位序	D7	D6	D5	D4	D3	D2	D1	D0
TMOD	GATE	C/$\overline{T}$	M1	M0	GATE	C/$\overline{T}$	M1	M0
工作方式	T1 方式字段				T0 方式字段			

TMOD 中的 8 位分为两组，高 4 位控制 T1，低 4 位控制 T0。TMOD 各位的功能如下：

（1）GATE：门控位

GATE=0，定时器 / 计数器是否计数，仅由 TCON 中的控制位 TR0 或 TR1 来控制。

GATE=1，定时器 / 计数器是否计数，要由外部中断引脚 $\overline{INT0}$ 或 $\overline{INT1}$ 上的电平与运行控制位 TR0 或 TR1 两个条件共同控制。

（2）M1、M0：工作方式选择位

M1、M0 的 4 种编码，对应于 4 种工作方式的选择，具体见表 7-2。

表 7-2　M1、M0 的工作方式选择

M1	M0	工作方式
0	0	方式 0，13 位定时器 / 计数器
0	1	方式 1，16 位定时器 / 计数器
1	0	方式 2，8 位自动重装初值的定时器 / 计数器
1	1	方式 3，仅适用于 T0（分成两个 8 位计数器），T1 停止计数

（3）C/$\overline{T}$：计数器模式和定时器模式选择位

C/$\overline{T}$ =0 为定时器工作模式，对系统时钟 12 分频后的内部脉冲（即机器周期）进行计数。

C/$\overline{T}$ =1 为计数器工作模式，计数器对外部输入引脚 T0（P3.4）或 T1（P3.5）的外部脉冲（负跳变）计数。

7.1.2　定时器 / 计数器控制寄存器（TCON）

表 7-3 为 TCON 的格式，其中低 4 位功能与外部中断有关，相关内容已在第 6 章中

断系统中介绍。这里仅介绍与定时器／计数器相关的高 4 位功能。

表 7-3　TCON 的格式

位序	D7	D6	D5	D4	D3	D2	D1	D0
TCON	TF1	TR1	TF0	TR0	IE1	IT1	IE0	IT0
位地址	8FH	8EH	8DH	8CH	8BH	8AH	89H	88H

（1）TF1、TF0：计数溢出标志位

当计数器计数溢出时，该位置 1。使用查询方式时，此位可供查询，但应注意查询后，应使用软件及时将该位清零。使用中断方式时，此位作为中断请求标志位，进入中断服务程序后由硬件自动清零。

链 7-3 寄存器 TCON

（2）TR1、TR0：计数运行控制位

TR1/TR0=1，启动定时器／计数器计数。

TR1/TR0=0，停止定时器／计数器计数。

该位可由软件置 1 或清零。

7.2　定时器／计数器的 4 种工作方式

AT89S51 单片机定时器／计数器 T0 有 4 种工作方式，即方式 0、1、2、3，T1 有 3 种工作方式，即方式 0、1、2。前 3 种方式，T0 和 T1 除了所使用寄存器、控制位、标志位不同外，其他操作完全相同。

7.2.1　方式 0

当 M1、M0 为 00 时，定时器／计数器被设置为工作方式 0，此时定时器／计数器的等效逻辑结构框图如图 7-2 所示（以定时器／计数器 T1 为例，TMOD.5、TMOD.4=00）。

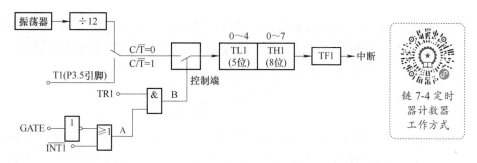

图 7-2　工作方式 0 的逻辑结构框图

定时器／计数器处于工作方式 0 时，为 13 位计数器，由 TL1 的低 5 位和 TH1 的高 8 位构成。TL1 低 5 位溢出则向 TH1 进位，TH1 计数溢出则把 TCON 中的溢出标志位 TF1 置 1。图 7-2 中，$C/\overline{T}$ 位控制的电子开关决定了定时器／计数器的两种工作模式。

1）$C/\overline{T}$ =0，电子开关打在上面位置，T1 为定时器工作模式，它把系统时钟 12 分频后的脉冲作为计数信号。

2）C/$\overline{T}$ =1，电子开关打在下面位置，T1 为计数器工作模式，它对 P3.5 引脚上的外部输入脉冲计数，当引脚上发生负跳变时，计数器加 1。

GATE 位的状态决定定时器 / 计数器的运行控制取决于 TR1 这一个条件，还是取决于TR1 和 $\overline{INT1}$ 引脚状态这两个条件。

1）GATE=0 时，A 点（见图 7-2）电位恒为 1，B 点电位仅取决于 TR1 状态。TR1=1，B 点为高电平，控制端控制电子开关闭合，允许 T1 对脉冲计数；TR1=0，B 点为低电平，电子开关断开，禁止 T1 计数。

2）GATE=0 时，B 点电位由 $\overline{INT1}$ 的输入电平和 TR1 的状态这两个条件来确定。当TR1=1，$\overline{INT1}$ =1 时，B 点才为高电平，控制端控制电子开关闭合，允许 T1 计数。故这种情况下计数器是否计数是由 TR1 和 $\overline{INT1}$ 两个条件来共同控制的。

7.2.2　方式 1

当 M1、M0 为 01 时，定时器 / 计数器处于工作方式 1，这时定时器 / 计数器的等效电路逻辑结构如图 7-3 所示。

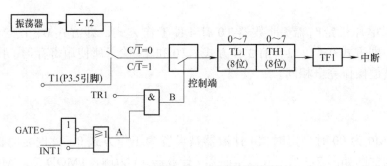

图 7-3　工作方式 1 的逻辑结构框图

方式 1 和方式 0 的差别仅仅在于计数器的位数不同，方式 1 为 16 位计数器，由 TH1高 8 位和 TL1 低 8 位构成，方式 0 则为 13 位计数器，有关控制状态位（GATE、$\overline{INT1}$ 、TF1、TR1）的含义及作用与方式 0 相同。

7.2.3　方式 2

方式 0 和方式 1 的最大特点是计数溢出后，计数器为全 0，因此在循环定时或循环计数应用时就存在用指令反复装入计数初值的问题，这会影响定时精度，方式 2 就是为解决此问题而设置的。

当 M1、M0 为 10 时，定时器 / 计数器处于工作方式 2，这时定时器 / 计数器的等效逻辑结构如图 7-4 所示。工作方式 2 为自动重装初值的 8 位定时器 / 计数器，TL1 作为常数缓冲器，当 TL1 计数溢出时，在溢出标志 TF1 置 1 的同时，还自动将 TH1 中的初值送至 TL1，使 TL1 从初值开始重新计数。

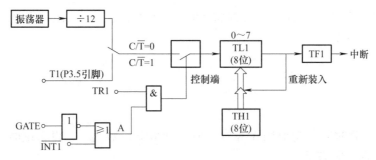

图 7-4　工作方式 2 的逻辑结构框图

7.2.4　方式 3

方式 3 是为了增加一个附加的 8 位定时器 / 计数器设置的，目的是使 AT89S51 单片机具有 3 个定时器 / 计数器。方式 3 只适用于定时器 / 计数器 T0，定时器 / 计数器 T1 不能处于工作方式 3，因为 T1 处于方式 3 时相当于 TR1=0，停止计数（此时 T1 可作为串行口波特率产生器）。

当 TMOD 的低 2 位（TMOD.1、TMOD.0）为 11 时，T0 的工作方式被选为方式 3，各引脚与 T0 的逻辑关系如图 7-5 所示。此时，定时器 / 计数器 T0 分为两个独立的 8 位计数器 TL0 和 TH0，TL0 使用 T0 的状态控制位 C/$\overline{T}$、GATE、$\overline{INT0}$、TF0、TR0，而 TH0 被固定为一个 8 位定时器（不能作为外部计数模式），并使用定时器 T1 的状态控制位 TR1，同时占用定时器 T1 的中断请求源 TF1。

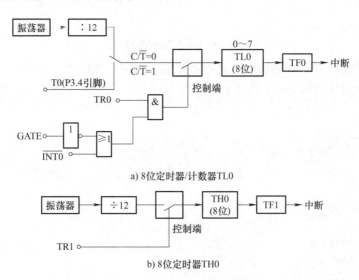

a) 8位定时器/计数器TL0

b) 8位定时器TH0

图 7-5　工作方式 3 的逻辑结构框图

在 T0 处于工作方式 3 时，因 T1 的控制位 C/$\overline{T}$、M1、M0 仍然有效，T1 可按方式 0、1、2 工作，只是不能运行控制位 TR1 和溢出标志位 TF1，也不能发出中断请求信号。方式设定后，T1 将自动运行，如果要停止工作，只需将其定义为方式 3 即可。

在单片机的串行通信应用中，T1 常作为串行口波特率发生器（工作在不适用 TR1、

TF1，也不用中断请求的方式2），此时将T0设置为方式3，可以使单片机的定时器/计数器资源得到充分利用。

7.2.5　初值计算

链7-5初值计算

1.定时初值计算

设 T 表示定时时间，初值用 X 表示，所用计数器位数为 N，设系统时钟频率为 f_{osc}，则它们满足

$$(2^N-X) \times 12/f_{osc}=T \tag{7-1}$$

所以　　　　　　　　　　　　　$X=2^N-f_{osc}/12 \times T$

2.计数初值计算

N 是所用计数器的位数，设 X 为计数初值，则计数值满足

$$X=2^N- 计数值$$

【例7-1】如果定时器/计数器T0工作在方式1，定时时间为1ms，求送入TH0、TL0的计数初值各是多少？具体通过指令怎么送入？设系统使用的时钟频率为 $f_{osc}=6MHz$。

解： 由于工作方式1为16位，故计数的最大值为 $2^{16}=65536$。时钟频率 $f_{osc}=6MHz$ 时，一个机器周期就是 $T_{cy}=2\mu s$。由式（7-1）可得

$$(2^{16}-X) \times 12/ (6 \times 10^6) =1 \times 10^{-3}$$

则初值为

$$X=65536-500=65036$$

如何将十进制数65036转换成二进制数赋值给TH0、TL0？

方法1：直接将65036转换成十六进制即可传送。

65036=0xfe0c

只需执行以下指令：

TH0=0xfe;
TL0=0x0c;

方法2：利用求整取余进行赋值，即

TH0=(65536-500)/256;　　　　　　//求整
TL0=(65536-500)%256;　　　　　　//取余

对外部脉冲计数时，初值的计算及表示与例7-1类似，不再赘述。

7.3　定时器/计数器的应用案例

定时器/计数器T0、T1的工作方式0与方式1基本相同，只是计数位数不同。方式0为13位，方式1为16位。由于方式0是为兼容MCS-48而设，计数初值计算复杂，所

以在实际应用中，一般不用方式 0，常采用方式 1。

7.3.1　定时器的应用

【例 7-2】假设系统晶振频率为 6MHz，应用定时器 T0 产生 1ms 定时，并使 P1.0 引脚输出周期为 2ms 且占空比为 1∶1 的方波。波形如图 7-6 所示，电路原理如图 7-7 所示。

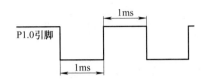

图 7-6　定时器控制 P1.0 输出周期 2ms 的方波

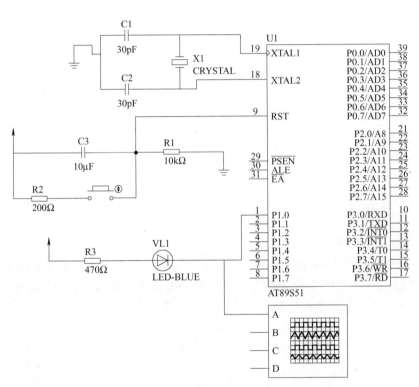

链 7-6 利用定时功能输出方波

图 7-7　方式 1 定时中断控制方波 Proteus 电路原理图

方法 1：利用中断方式实现

（1）设置 TMOD

T0 工作在方式 1，应使 TMOD 的 M1、M0 为 01；设置 C/$\overline{\text{T}}$ =0 为定时器模式；对 T0 的运行控制仅由 TR0 来控制，使相应的 GATE 位为 0。定时器 T1 不使用，各相关位均设为 0。所以，TMOD 应初始化为 0x01。

（2）初值的计算

由题意可知，需定时 P1.0 的高电平（或低电平）时间为 1ms，其初值计算过程见例 7-1。

（3）设置 IE

本例由于采用定时器 T0 中断，因此需将 IE 中的 EA、ET0 位置 1。

（4）启动和停止定时器 T0

TCON 中的 TR0=1，则启动定时器 T0；TR0=0，则停止定时器 T0。

参考程序如下：

```
#include <reg51.h>
sbit P1_0=P1^0;
void main ()
{
    TMOD=0x01;              // 定时器 T0 为方式 1
    TH0=0xfe;               // 设置定时器初值
    TL0=0x0c;
    P1_0=0;                 //P1 口 8 个 LED 点亮
    EA=1;                   // 总中断开
    ET0=1;                  // 开 T0 中断
    TR0=1;                  // 启动 T0
    while(1);               // 循环等待
}
void timer0() interrupt 1   //T0 中断程序
{
    TH0=0xfe;               // 重新赋初值
    TL0=0x0c;
    P1_0=!P1_0;             // 取反
}
```

方法 2：利用查询方式实现

通过不断查询 TF0 的状态判断定时时间是否结束。从初值开始计数，计数器溢出后 TF0 为 1。这种方式通过不断查询 TF0 是否为 1 来判断一次计数是否结束，为了不影响下次计数，每次 TF0 为 1 后，需通过软件对 TF0 进行清零操作。

参考程序如下：

```
#include <reg51.h>
sbit P1_0=P1^0;
void main ()
{
    TMOD=0x01;              // 定时器 T0 为方式 1
TR0=l;                      // 接通 T0
while (1)                   // 无限循环
{
            TH0=0xfe;       // 重新赋初值
            TL0=0x0c;
do{ }while ( !TF0) ;        // 判断 TF0 是否为 1, 为 1 则 T0 溢出, 往下执行, 否则原地
                            // 循环
P1_0=!P1_0;                 // 取反
```

```
    TF0=0;                          //TF0 标志清零
  }
}
```

运行程序后，右击虚拟数字示波器选择"Digital oscilloscope"选项，示波器显示如图 7-8 所示，可以看出高低电平分别占用 1ms，输出为周期为 2ms 的方波。

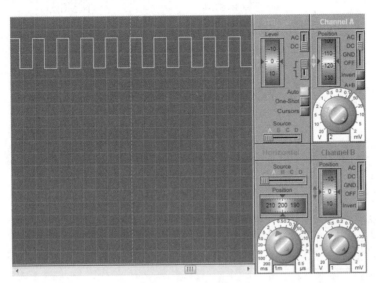

图 7-8　例 7-2 输出波形图

如果使用 T0 的工作方式 2，怎么利用中断方式实现同样的功能？

分析：方式 2 可以自动重装计数初值，这种方式可以省去用户程序中重新装入初值的指令。利用中断方式实现时，在中断服务程序里就可以不用再有重新赋初值的指令。

参考程序如下：

```
#include <reg51.h>
sbit P1_0=P1^0;
void main ()
{
    TMOD=0x02;                      // 定时器 T0 为方式 2
    TH0=0xfe;                       // 设置定时器初值
    TL0=0x0c;
    P1_0=0;                         //P1 口 8 个 LED 点亮
    EA=1;                           // 总中断开
    ET0=1;                          // 开 T0 中断
    TR0=1;                          // 启动 T0
    while(1);                       // 循环等待
}
void timer0() interrupt 1           //T0 中断程序
{
    P1_0=!P1_0;                     // 取反
}
```

【例7-3】在 AT89S51 的 P1 口上接有 8 个 LED，原理电路如图 7-9 所示。T0 采用方式 1 的定时中断方式，使 P1 口外接的 8 个 LED 每 500ms 闪亮一次。

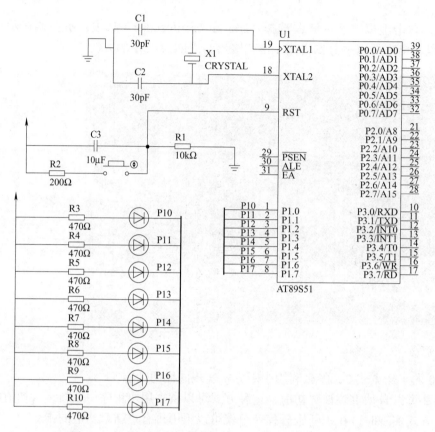

链 7-7 定时器中断控制流水灯

图 7-9 方式 1 定时中断控制 LED 闪亮 Proteus 电路原理图

分析：系统选用 12MHz 的晶振，机器周期为 1μs，采用工作方式 1 时，最大的计数值为 2^{16}μs=65.536ms。本例中要求定时 500ms，远大于 65.536ms，所以考虑基本定时 5ms，然后循环 100 次，以达到 500ms。

（1）设置 TMOD

T0 工作在方式 1，应使 TMOD 的 M1、M0 为 01；设置 C/$\overline{T}$ =0 为定时器模式；对 T0 的运行控制仅由 TR0 来控制，使相应的 GATE 位为 0。定时器 T1 不使用，各相关位均设为 0。所以，TMOD 应初始化为 0x01。

（2）初值的计算

设定时时间 5ms（即 5000μs），设 T0 计数初值为 X，假设晶振的频率为 12MHz，则定时时间为

$$定时时间 = (2^{16}-X) \times 12/ 晶振频率$$

则 $$5000=(65536-X) \times 12/12$$

得 $$X=60536$$

可以通过指令进行赋初值：

```
TH0=(65536−5000)/256;
TL0=(65536−5000)%256;
```

（3）设置 IE

本例由于采用定时器 T0 中断，因此需将 IE 中的 EA、ET0 位置 1。

（4）启动和停止定时器 T0

TCON 中的 TR0=1，则启动定时器 T0；TR0=0，则停止定时器 T0。

参考程序如下：

```
#include <reg51.h>
char  i=100;
void main ()
{
    TMOD=0x01;                   // 定时器 T0 为方式 1
    TH0=(65536−5000)/256;        // 设置定时器初值
    TL0=(65536−5000)%256;
    P1=0x00;                     //P1 口 8 个 LED 点亮
    EA=1;                        // 总中断开
    ET0=1;                       // 开 T0 中断
    TR0=1;                       // 启动 T0
    while(1);                    // 循环等待
}
void timer0() interrupt 1        //T0 中断程序
{
    TH0=(65536−5000)/256;        // 设置定时器初值
    TL0=(65536−5000)%256;
    i--;                         // 循环次数减 1
    if(i<=0)
    {
        P1= ~ P1;                //P1 口按位取反
        i=100;                   // 重置循环次数
    }
}
```

7.3.2　计数器的应用

【例 7-4】如图 7-10 所示，T1 采用计数模式，方式 1 中断，计数输入引脚 T1（P3.5）上外接按钮，作为计数信号输入。按 5 次按钮后，P1 口的 8 个 LED 闪烁不停。

分析：

（1）设置 TMOD

T1 工作在方式 1，应使 TMOD 的 M1、M0 为 01；设置 C/$\overline{\text{T}}$ =1，为计数器模式；对 T0 运行控制仅由 TR0 来控制，应使 GATE0=0。定时器 T0 不使用，各相关位均设为 0。所以，TMOD 应初始化为 0x50。

链 7-8 计数
功能应用

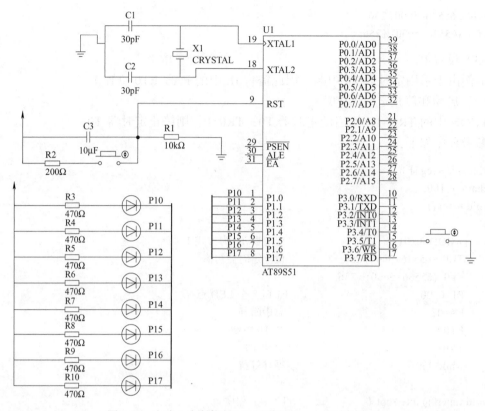

图 7-10　方式 1 中断控制 LED 闪烁 Proteus 电路原理图

（2）计算定时器 T1 的计数初值

由于每按一次按钮，计数一次，按 5 次后，P1 口的 8 个 LED 闪烁不停。因此计数器初值为 65536-5=65531，将其转换成十六进制后为 0xfffb，所以，TH0=0xff，TL0=0xfb。

（3）设置 IE

本例由于采用 T1 中断，因此需将 IE 的 EA、ET1 位置 1。

（4）启动和停止定时器 T1

TCON 中 TR1=1，则启动 T1 计数；TR1=0，则停止 T1 计数。

参考程序如下：

```
#include <reg51.h>
 void delay(unsigned int i)          // 定义延时函数
{
    unsigned int j;
    for(;i>0;i--)
    for(j=0;j<125;j++)
    {;}
}
void   main()                       // 主函数
 {
    TMOD=0x50;                      // 设置定时器 T1 为方式 1 计数
    TH1=0xff;                       // 向 TH1 写入初值的高 8 位
```

```
        TL1=0xfb;                       // 向 TL1 写入初值的低 8 位
        EA=1;                           // 总中断允许
        ET1=1;                          // 定时器 T1 中断允许
        TR1=1;                          // 启动定时器 T1
        while(1) ;                      // 无限循环，等待计数中断
  }
void T1_int(void)   interrupt 3         // T1 中断函数
{
        for(;;)                         // 无限循环
        {
            P1=0xff;                    // LED 全灭
            delay(500) ;                // 延时 500ms, 晶振为 12MHz
            P1=0;                       // LED 全亮
            delay(500);                 // 延时 500ms
        }
}
```

7.3.3　利用 T1 控制 P1.7 发出 1kHz 的音频信号

【例 7-5】利用 T1 的中断控制 P1.7 引脚输出频率为 1kHz 方波音频信号，驱动蜂鸣器发声。系统时钟为 12MHz，方波音频信号周期为 1ms，因此 T1 定时中断时间为 0.5ms，进入中断服务程序后，对 P1.7 求反。电路如图 7-11 所示。

分析：

计算 T1 的初值时，系统时钟为 12MHz，工作在方式 1 下，1kHz 的音频信号周期为 1ms。设要定时计数的脉冲数为 a，那么装入 TH1、TL1 的 8 位计数初值分别为

TH1=(65536-a)/256;

TL1=(65536-a)%256;

参考程序如下：

```
#include <reg51.h>              // 包含头文件
sbit sound=P1^7;                // 将 sound 位定义为 P1.7 引脚
#define f1(a) (65536-a)/256     // 定义装入定时器高 8 位时间常数
#define f2(a) (65536-a)%256     // 定义装入定时器低 8 位时间常数
unsigned int i=500;
unsigned int j=0;
void main(void)
{
    EA=1;                       // 开总中断
    ET1=1;                      // 允许定时器 T1 中断
    TMOD=0x10;                  //TMOD=0001 000B, 使用 T1 的方式 1 定时
    TH1=f1(i);                  // 给 T1 高 8 位赋初值
    TL1=f2(i);                  // 给 T1 低 8 位赋初值
    TR1=1;                      // 启动 T1
    while(1)
```

```
    {                               // 循环等待
        i=500;
        while(j<2000);
        j=0;
        i=300;                      // 调频
        while(j<2000);
        j=0;
    }
}
void T_1(void) interrupt 3 using 0    // 定时器 T1 中断函数
{
        TR1=0;                      // 关闭 T1
        sound= ~ sound;             //P1.7 输出求反
        TH1=f1(i);                  //T1 的高 8 位重新赋初值
        TL1=f2(i);                  //T1 的低 8 位重新赋初值
        j++;
        TR1=1;                      // 启动定时器 T1
}
```

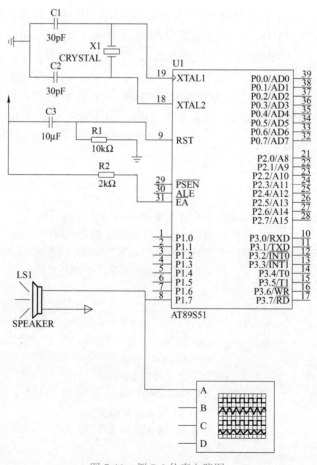

图 7-11　例 7-5 仿真电路图

运行程序后，发现示波器显示的高低电平持续时间和理论上有出入，经分析，是程序中使用宏调用，对应时间都有所增加。

7.3.4 LED 数码管秒表

【例 7-6】用 2 位数码管显示计时时间，最小计时单位为"百毫秒"，计时范围为 0.1 ～ 9.9s。第一次按下计时功能键时，秒表开始计时并显示；第二次按下计时功能键时，停止计时，将计时的时间值送到数码管显示，如果计时到 9.9s，将重新开始从 0 计时；第三次按下计时功能键时，秒表清 0。若再次按下计时功能键，则重复上述计时过程。电路如图 7-12 所示。

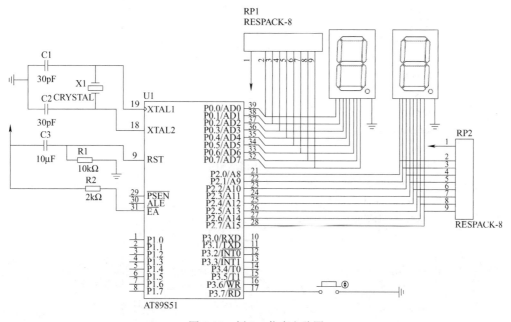

图 7-12　例 7-6 仿真电路图

参考程序如下：

```c
#include <reg51.h>                            // 头文件
unsigned char code discode1[]=
{0xbf,0x86,0xdb,0xcf,0xe6,0xed,0xfd,0x87,0xff,0xef};   // 数码管显示 0 ～ 9 的段码表 , 带小数点
unsigned char code discode2[]=
{0x3f,0x06,0x5b,0x4f,0x66,0x6d,0x7d,0x07,0x7f,0x6f};   // 数码管显示 0 ～ 9 的段码表 , 不带小
                                              // 数点
unsigned char timer=0;                        //timer 记录中断次数
unsigned char second;                         //second 储存秒
unsigned char key=0;                          //key 记录按键次数
void main()                                   // 主函数
{
    TMOD=0x01;                                // 定时器 T0 方式 1 定时
    ET0=1;                                    // 允许定时器 T0 中断
```

```
    EA=1;                              // 总中断允许
    second=0;                          // 设初始值
    P0=discode1[second/10];            // 显示秒位 0
    P2=discode2[second%10];            // 显示 0.1s 位 0
    while(1)                           // 循环
    {
        if((P3&0x80)==0x00)            // 当按键被按下时
        {
            key++;                     // 按键次数加 1
            switch(key)                // 根据按键次数分 3 种情况
            {
              case 1:                  // 第一次按下为启动秒表计时
              TH0=0xee;                // 向 TH0 写入初值的高 8 位
              TL0=0x00;                // 向 TL0 写入初值的低 8 位，定时 5ms
              TR0=1;                   // 启动定时器 T0
              break;
              case 2:                  // 按下两次暂停秒表
              TR0=0;                   // 关闭定时器 T0
              break;
              case 3:                  // 按下 3 次秒表清 0
              key=0;                   // 按键次数清 0
              second=0;                // 秒表清 0
              P0=discode1[second/10];  // 显示秒位 0
              P2=discode2[second%10];  // 显示 0.1s 位 0
              break;
            }
        while((P3&0x80)==0x00);        // 如果按键时间过长，在此循环
        }
    }
}
void int_T0() interrupt 1    using 0   // 定时器 T0 中断函数
{
    TR0=0;                             // 停止计时，执行以下操作（会带来计时误差）
    TH0=0xee;                          // 向 TH0 写入初值的高 8 位
    TL0=0x00;                          // 向 TL0 写入初值的低 8 位，定时 5ms
    timer++;                           // 记录中断次数
    if (timer==20)                     // 中断 20 次，共计时 20×5ms=100ms=0.1s
    {
        timer=0;                       // 中断次数清 0
        second++;                      // 加 0.1s
        P0=discode1[second/10];        // 根据计时，即时显示秒位
        P2=discode2[second%10];        // 根据计时，即时显示 0.1s 位
    }
    if(second==99)                     // 当计时到 9.9s 时
    {
```

```
        TR0=0;                    // 停止计时
        second=0;                 // 秒数清 0
        key=2;                    // 按键数置 2, 当再次按下按键时 , key++, 即 key=3, 秒表清 0 复原
    }
    else                          // 计时不到 9.9s 时
    {
        TR0=1;                    // 启动定时器继续计时
    }
}
```

7.3.5　门控位的应用——测量脉冲宽度

下面以 T1 为例，介绍利用门控位 GATE 测量加在 $\overline{INT1}$ 引脚上正脉冲的宽度。门控位 GATE 可使 T1 启动计数受 $\overline{INT1}$ 控制，当 GATE1=1，TR1=1 时，只有 $\overline{INT1}$ 引脚输入高电平，T1 才被允许计数。利用该功能，可测量 $\overline{INT1}$ 引脚正脉冲宽度。具体原理如图 7-13 所示。

图 7-13　利用门控位 GATE 测量正脉冲宽度原理图

【例 7-7】利用门控位 GATE1 来测量 $\overline{INT1}$ 引脚上正脉冲宽度，并在 6 位数码管上以机器周期数显示。对被测量脉冲信号宽度，要求能通过旋转信号源旋钮可调。电路如图 7-14 所示。

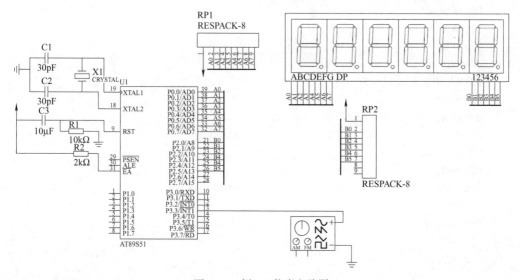

图 7-14　例 7-7 仿真电路图

参考程序如下：

```c
#include <reg51.h>
#define uint unsigned int
#define uchar unsigned char
sbit P3_3=P3^3;                                  // 位变量定义
uchar count_high;                                // 定义计数变量，用来读取 TH0
uchar count_low;                                 // 定义计数变量，用来读取 TL0
uint num;
uchar shiwan, wan, qian, bai, shi, ge;
uchar flag;
uchar code table[]={0x3f,0x06,0x5b,0x4f,0x66,0x6d,0x7d,0x07,0x7f,0x6f};
void delay(uint z)                               // 延时函数
{
    uint x,y;
    for(x=z;x>0;x--)
    for(y=110;y>0;y--);
}
void display(uint a,uint b,uint c,uint d,uint e,uint f)   // 数码管显示函数
{
    P2=0xff;
    P0=table[f];
    P2=0xfe;
    delay(2);
    P2=0xff;
    P0=table[e];
    P2=0xfd;
    delay(2);
    P2=0xff;
    P0=table[d];
    P2=0xfb;
    delay(2);
    P2=0xff;
    P0=table[c];
    P2=0xf7;
    delay(2);
    P2=0xff;
    P0=table[b];
    P2=0xef;
    delay(2);
    P2=0xff;
    P0=table[a];
    P2=0xdf;
    delay(2);
}
void read_count()                                // 读取计数寄存器的内容
```

```
{
    do
    {
        count_high=TH1;              // 读高字节
        count_low=TL1;               // 读低字节
    }while (count_high!=TH1);
    num=count_high*256+count_low;
                                     /* 可将两字节的机器周期数进行显示处理 */
}

void main()
{
    while(1)
    {
        flag=0;
        TMOD=0x90;
        TH1=0;                       // 向定时器 T1 写入计数初值
        TL1=0;
        while(P3_3==1);              // 等待 INT1 变低
        TR1=1;                       // 如果 INT1 为低 , 启动 T1( 未真正开始计数 )
        while(P3_3==0);              // 等待 INT1 变高 , 变高后 T1 真正开始计数
        while(P3_3==1);              // 等待 INT1 变低 , 变低后 T1 停止计数
        TR1=0;
        read_count();                // 读计数寄存器内容的函数
        shiwan=num/100000;
        wan=num%100000/10000;
        qian=num%10000/1000;
        bai=num%1000/100;
        shi=num%100/10;
        ge=num%10;
        while(flag!=100)             // 降低刷新频率
        {
            flag++;
            display(ge,shi,bai,qian,wan,shiwan);
        }
    }
}
```

程序运行后，可以对比信号源方波的频率计算出实际脉冲宽度并与 6 位数码管显示的数值进行比较。如果系统的时钟频率为 12MHz，默认信号源输出频率为 1kHz 的方波，理论上脉宽应该是 500，但实际数码管显示略小于 500，有时是 493，这个和实际的波形有关，测量值也是正确的。

定时器 / 计数器还可以应用于 LCD 显示时间、十字路口交通灯等设计中，具体可以参考相关书籍。

7.4 AT89S52 单片机的定时器 / 计数器 T2

AT89S52 是增强型单片机，与 AT89S51 相比较，除了片内的 ROM 和 RAM 的容量增加了一倍外，还增加了一个定时器 / 计数器 T2，相应地增加了一个中断源 T2（矢量地址为 002BH）。T2 除了具备 T0 和 T1 的基本功能外，还增加了 16 位自动重装、捕获及加减计数方式。对于增强型单片机，P1.0 增加了第二功能，即可作为 T2 的外部脉冲输入和定时脉冲输出；P1.1 增加了第二功能，即可作为 T2 捕捉 / 重装方式的触发和检测控制。

7.4.1 T2 相关的寄存器

1. 工作模式寄存器（T2MOD）

T2MOD 设置 T2 的工作模式，只有低 2 位有效，其格式见表 7-4。

表 7-4 T2MOD 格式

位序	D7	D6	D5	D4	D3	D2	D1	D0
T2MOD	—	—	—	—	—	—	T2OE	DCEN

T2MOD 各位的定义如下：

1) T2OE（D1）：T2 输出的启动位。

2) DCEN（D0）：置位为 1 时允许 T2 增 1/ 减 1 计数，并由 T2EX 引脚（P1.1）上的逻辑电平决定是增 1 还是减 1 计数。

3) 一：保留位。

当单片机复位时，DCEN 为 0，默认 T2 为增 1 计数方式；当把 DCEN 置 1 时，将由 T2EX 引脚（P1.1）上的逻辑电平决定 T2 是增 1 还是减 1 计数。

2. 控制寄存器（T2CON）

T2 有 3 种工作方式，即自动重装载（递增或递减计数）、捕捉和波特率发生器，由特殊功能寄存器中的控制寄存器（T2CON）中的相关位来进行选择。它的字节地址为 C8H，可位寻址，位地址为 CFH ～ C8H，格式见表 7-5。

表 7-5 T2CON 格式

位序	D7	D6	D5	D4	D3	D2	D1	D0
T2CON	TF2	EXF2	RCLK	TCLK	EXEN2	TR2	C/$\overline{T2}$	CP/$\overline{RL2}$
位地址	CFH	CEH	CDH	CCH	CBH	CAH	C9H	C8H

T2CON 各位的定义如下：

1) TF2：T2 计数溢出中断请求标志位。当 T2 计数溢出时，由内部硬件置位 TF2，向 CPU 发出中断请求。但是当 RCLK 位或 TCLK 位为 1 时将不予置位。本标志位必须由软件清 0。

2）EXF2：T2 外部中断请求标志位。当由引脚 T2EX 上的负跳变引起"捕捉"或"自动重装载"且 EXEN2 位为 1 时，则置位 EXF2 标志位，并向 CPU 发出中断请求。该标志位必须由软件清 0。

3）RCLK：串行口接收时钟标志位。当 RCLK 位为 1 时，串行通信端使用 T2 的溢出信号作为串行通信方式 1 和方式 3 的接收时钟；当 RCLK 位为 0 时，串行通信端使用 T1 的溢出信号作为串行通信方式 1 和方式 3 的接收时钟。

4）TCLK：串行发送时钟标志位。当 TCLK 位为 1 时，串行通信端使用 T2 的溢出信号作为串行通信方式 1 和方式 3 的发送时钟；当 TCLK 位为 0 时，串行通信端使用 T1 的溢出信号作为串行通信方式 1 和方式 3 的发送时钟。

5）EXEN2：T2 外部采样允许标志位。当 EXEN2 位 =1 时，如果 T2 不是正工作在串行口的时钟，则在 T2EX 引脚（P1.1）上的负跳变将触发"捕捉"或"自动重装载"操作；当 EXEN2 位 =0 时，在 T2EX 引脚（P1.1）上的负跳变对 T2 不起作用。

6）TR2：T2 启动 / 停止控制位。当软件置位 TR2 时，即 TR2=1，则启动 T2 开始计数，当软件清 0 TR2 位时，即 TR2=0，则 T2 停止计数。

7）C/$\overline{T2}$：T2 的计数或定时方式选择位，当设置 C/$\overline{T2}$ =1 时，为对外部事件计数方式；当设置 C/$\overline{T2}$ =0 时，为定时方式。

8）CP/$\overline{RL2}$：T2 捕捉 / 自动重装载选择位。当设置 CP/$\overline{RL2}$ =1 时，如果 EXEN2 为 1，则在 T2EX 引脚（P1.1）上的负跳变将触发"捕捉"操作；当设置 CP/$\overline{RL2}$ =0 时，如果 EXEN2 为 1，则 T2 计数溢出或 T2EX 引脚上的负跳变都将引起自动重装载操作；当 RCLK 位为 1 或 TCLK 位为 1 时，CP/$\overline{RL2}$ 标志位不起作用。T2 计数溢出时，将迫使 T2 进行自动重装载操作。

通过软件编程对 T2CON 中的相关位进行设置来选择 T2 的 3 种工作方式：16 位自动重装载（递增或递减计数）、捕捉和波特率发生器，具体见表 7-6。

表 7-6　T2 的工作方式设置

RCLK+TCLK	CP/$\overline{RL2}$	TR2	工作方式
0	0	1	16 位自动重装载
0	1	1	捕捉
1	X	1	波特率发生器
X	X	0	停止工作并关闭

7.4.2　T2 的工作方式

1. 16 位自动重装载方式

T2 的 16 位自动重装载工作方式如图 7-15 所示。

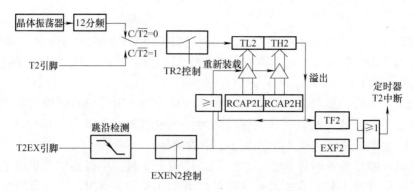

图 7-15 T2 的 16 位自动重装载方式工作示意图

图 7-15 中 RCAP2L 为陷阱寄存器低字节，字节地址为 CAH；RCAP2H 为陷阱寄存器高字节，字节地址为 CBH。T2 引脚为 P1.0，T2EX 引脚为 P1.1，因此当使用 T2 时，P1.0 和 P1.1 就不能作为 I/O 端口用了。另外有两个中断请求，通过一个"或"门输出。因此当单片机响应中断后，在中断服务程序中应该用软件识别是哪一个中断请求，分别进行处理，该中断请求标志位必须用软件清 "0"。

1）当设置 T2MOD 的 DCEN 位为 0（或上电复位为 0）时，T2 为增 1 型自动重新装载方式，此时根据 T2CON 中的 EXEN2 位的状态，可选择以下两种操作方式：

① 当 EXEN2 标志位清 0 时，T2 计满溢出回 0，一方面使中断请求标志位 TF2 置 1，同时又将 RCAP2L、RCAP2H 中预置的 16 位计数初值自动重装入计数器 TL2、TH2 中，自动进行下一轮的计数操作，其功能与 T0、T1 的方式 2（自动装载）相同，只是本计数方式为 16 位，计数范围大。RCAP2L、RCAP2H 的计数初值由软件预置。

② 当设置 EXEN2 标志位为 1 时，T2 仍具有上述①的功能，并增加了新的特性。当外部输入引脚 T2EX（P1.1）产生负跳变时，能触发三态门将 RCAP2L、RCAP2H 中的计数初值自动装载到 TH2 和 TL2 中，重新开始计数，并将 EXF2 置为 1，发出中断请求。

2）当 T2MOD 的 DCEN 位置为 1 时，T2 既可以实现增 1 计数，也可以实现减 1 计数，增 1 还是减 1 取决于 T2EX 引脚上的逻辑电平。图 7-16 为 T2 增 1/减 1 计数的工作示意图。

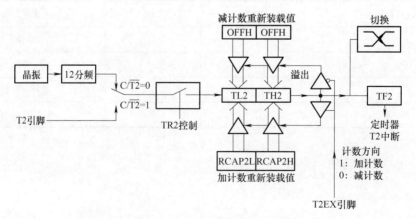

图 7-16 T2 增 1/减 1 计数的工作示意图

由图 7-16 可见，当设置 DCEN 位为 1 时，可以使 T2 具有增 1/减 1 计数功能。

当 T2EX（P1.1）引脚为"1"时，T2 执行增 1 计数功能。当不断加 1 计满溢出回 0时，一方面置位 TF2 为 1，发出中断请求，另一方面，溢出信号触发三态门，将存放在RCAP2L、RCAP2H 中的计数初值自动装载到 TL2 和 TH2 中继续进行加 1 计数。

当 T2EX（P1.1）引脚为"0"时，T2 执行减 1 计数功能。当 TL2 和 TH2 中的值等于 RCAP2L、RCAP2H 中的值时，产生向下溢出，一方面置位 TF2 为 1，发出中断请求，另一方面，下溢信号触发三态门，将 0FFFFH 装入 TL2 和 TH2 中，继续进行减 1 计数。

中断请求标志位 TF2 和 EXF2 位必须用软件清 0。

2. 捕捉方式

捕捉方式就是及时"捕捉"住输入信号发生的跳变及有关信息。常用于精确测量输入信号的变化如脉宽等。捕捉方式的工作示意图如图 7-17 所示。

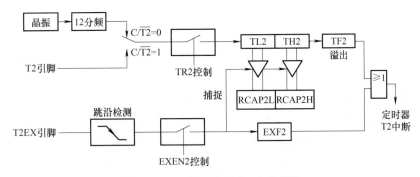

图 7-17　T2 的捕捉方式工作示意图

根据 T2CON 中 EXEN2 位的不同设置，"捕捉"方式有以下两种选择：

1）当 EXEN2 位为 0 时，T2 是一个 16 位的定时器 / 计数器。当设置 C/ $\overline{T2}$ 位为 1 时，选择外部计数方式，即对 T2 引脚（P1.0）上的负跳变信号进行计数。计数器计满溢出时，中断请求标志 TF2 置 1，发出中断请求信号。CPU 响应中断进入该中断服务程序后，必须用软件将标志位 TF2 清 0。其他操作均与 T0 和 T1 的工作方式 1 相同。

2）当 EXEN2 位为 1 时，T2 除上述功能外，还可增加"捕捉"功能。当外部 T2EX引脚（P1.1）上的信号发生负跳变时，将选通三态门控制端（见图 7-17"捕捉"处），把TH2 和 TL2 中的当前计数值分别"捕捉"进 RCAP2L 和 RCAP2H 中，同时 T2EX 引脚（P1.1）上的信号负跳变将置位 T2CON 的 EXF2 标志位，向 CPU 请求中断。

3. 波特率发生器方式及可编程时钟输出

（1）波特率发生器方式

T2 具有专用的"波特率发生器"（波特率发生器就是控制串行口接收 / 发送数字信号的时钟发生器）的工作方式。通过软件置位 T2CON 中的 RCLK 和 / 或 TCLK，可将 T2设置为波特率发生器。需要注意的是，如果 T2 用于波特率发生器、T1 用于别的功能，则这个接收 / 发送波特率可能是不同的。

当置位 RCLK 和 / 或 TCLK 时，T2 进入波特率发生器模式，如图 7-18 所示。由图 7-18可知，当设置 T2CON 中的 C/ $\overline{T2}$ 为 0，设置 RCLK 和 / 或 TCLK 为 1 时，输出 16 分频的接收 / 发送波特率。

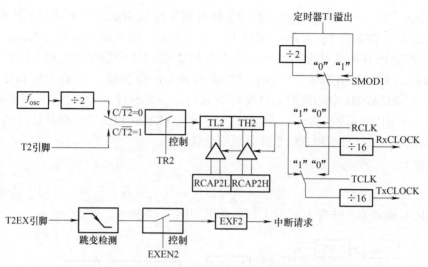

图 7-18　T2 的波特率发生器工作示意图

通过对 T2EX 引脚（P1.1）跳变信号的检测，并置位 EXF2 中断请求标志位，向 CPU 请求中断。需要注意的是，图 7-18 中的主振频率 f_{osc} 是经过 2 分频，而不是 12 分频。

T2 工作在波特率发生器方式，属于 16 位自动重装载的定时模式。串行通信方式 1 和方式 3（见第 8 章的介绍）的波特率计算公式为

$$串行通信方式 1 和方式 3 的波特率 = 定时器 T2 的溢出率 /16$$

T2 的波特率发生器可选择定时模式或计数模式，一般都选择定时模式。需要注意的是，在作为定时器使用时，是主振频率 f_{osc} 经 12 分频为一个机器周期作为加 1 计数信号，而作为波特率发生器使用时，是以每个时钟状态 S（2 分频主振频率）作为加 1 计数信号。因此串行通信方式 1 和方式 3 的波特率计算公式为

$$方式 1 和方式 3 的波特率（bit/s）= (f_{osc}/32) \times [65536 - (RCAP2H\ RCAP2L)] \qquad (7\text{-}2)$$

式（7-2）中"RCAP2H RCAP2L"为 T2 的初值。例如"RCAP2H RCAP2L"初值为 FFFFH，则 65536–65535=1，则式（7-2）的波特率 = $(f_{osc}/32)$ bit/s。

设主振频率 f_{osc}=12MHz，则上述波特率 =375kbit/s。

从式（7-2）可知，采用 T2 用作波特率发生器，其波特率设置范围极广。根据图 7-18，当 T2 用作波特率发生器时，具有以下特点：

1）必须设置 T2CON 中的 RCLK 和 / 或 TCLK 为 1（有效）。

2）计数器溢出再装载，但不会置位 TF2 向 CPU 请求中断。

3）如果 T2EX 引脚上发生负跳变将置位 EXF2 为 1，向 CPU 请求中断处理，但不会将 RCAP2H 和 RCAP2L 中预置的计数初值装入 TH2 和 TL2 中。因此，可将 T2EX 引脚用作额外的输入引脚或外部中断源。

4）采用定时模式作为波特率发生器时，是对 f_{osc} 经 2 分频（时钟状态 S）作为计数单位，而不是 f_{osc} 经 12 分频的机器周期信号。

5）波特率设置范围广，精确度高。

另外要注意的是，T2 在波特率工作方式下采用定时器模式时（TR2 为 1），不能对

TH2、TL2 进行读写。因为此时的 T2 是每个时钟状态（S）进行加 1 计数，这时进行读写可能出错。对陷阱寄存器（RCAP2）可以读，但不能写，因为写 RCAP2 可能会覆盖重装的数据并使装入出错。处理 T2 或 RCAP2 前不能关闭 T2（即清 0 TR2 位）。

（2）可编程时钟输出

T2 可通过软件编程在 P1.0 引脚输出时钟信号。P1.0 除用作通用 I/O 引脚外还有两个功能可供选用，即用于 T2 的外部计数输入和频率为 61Hz ～ 4MHz 的时钟信号输出。图 7-19 为时钟输出和外部事件计数方式工作示意图。

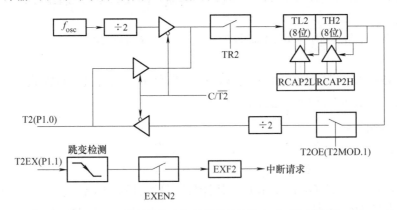

图 7-19　T2 的时钟输出和外部事件计数方式工作示意图

通过软件对 T2CON.1 位 C/$\overline{T2}$ 复位为 0，对 T2MOD.1 位 T2OE 置 1 就可将 T2 选定为时钟信号发生器，而 T2CON.2 位 TR2 控制时钟信号输出开始或结束（TR2 为启动 / 停止控制位）。由主振频率 f_{osc} 和 T2 定时、自动重装载方式的计数初值决定时钟信号的输出频率，其设置公式如下：

$$时钟信号输出频率 = （12 \times 10^6）/[4 \times（65536-（RCAP2H\ RCAP2L）]　　（7-3）$$

从式（7-3）可知，在主振频率（f_{osc}）设定后，时钟信号输出频率就取决于计数初值。

在时钟输出模式下，计数器溢出回 0 不会产生中断请求。这种功能相当于 T2 用作波特率发生器，同时又可用作时钟发生器。但必须注意，无论如何波特率发生器和时钟发生器都不能单独确定各自不同的频率。原因是两者都用同一个 RCAP2H、RCAP2L，不可能出现两个计数初值。

本 章 小 结

定时器 / 计数器是单片机的重要功能之一，常用于测量时间、速度、频率、脉宽、提供定时脉冲信号等。AT89S51 有两个 16 位定时器 / 计数器 T0、T1，本章在介绍它们的基本结构和工作原理的基础上，结合典型应用举例，通过 Proteus 和 Keil C 进行仿真调试，最后对增强型单片机 AT89S52 的 T2 相关的寄存器和工作方式进行简单介绍。

本章重点是在理解定时器 / 计数器的基本原理基础上，能够熟练使用 T0、T1 的工作方式 1 和方式 2，实现基本应用，包含它们的中断模式和查询模式，通过仿真会分析程序的相关功能实现。

思考题与习题

一、填空题

1. 如果晶振频率为 12MHz，定时器 / 计数器 Tx（x=0，1）工作在方式 0、1、2 下，其方式 0 的最大定时时间为_____，方式 1 的最大定时时间为_____，方式 2 的最大定时时间为_____。

2. 定时器 / 计数器用作计数器模式时，外部输入的计数脉冲的最高频率为系统时钟频率的_____。

3. 定时器 / 计数器用作定时器模式时，其计数脉冲由_____提供，定时时间与_____有关。

4. AT89S51 单片机的晶振频率为 6MHz，若利用定时器 T1 的方式 1 定时 1ms，则（TH1）=_____，（TL1）=_____。

二、选择题

1. 定时器 T0、T1 工作于方式 1 时，其计数器为_____位。
A. 8 位　　　　　　　　B. 16 位　　　　　　　　C. 14 位　　　　　　　　D. 13 位

2. 定时器 T0、T1 的 GATEx=1 时，其计数器是否计数的条件_____。
A. 仅取决于 TRx 状态　　　　　　　　B. 仅取决于 GATE 位状态
C. 是由 TRx 和 INTx 两个条件来共同控制　D. 仅取决于 INTx 的状态

三、编程题

1. 使用定时器 T0，采用方式 2 定时，在 P1.0 引脚输出周期为 400μs，占空比为 4∶1 的矩形脉冲，要求在 P1.0 引脚接有虚拟示波器，观察 P1.0 引脚输出的矩形脉冲波形。设晶振频率为 12MHz。

2. 使用定时器 / 计数器 T1 对外部事件计数，要求每计数 10，就将 T1 改成定时方式，控制 P1.7 输入一个脉宽为 10ms 的正脉冲，然后又转为计数方式，如此反复循环。要求在 P1.7 引脚接有虚拟示波器，观察 P1.7 引脚输出的矩形脉冲波形。设晶振频率为 12MHz。

第 8 章 单片机串行口的应用

学习目标： 本章要求在掌握 AT89S51 单片机串行通信基本结构、工作原理、相关特殊功能寄存器及 4 种工作方式的基础上，进行波特率的计算、串行通信的 C51 语言编程应用及仿真调试。

随着单片机技术和计算机网络技术的广泛应用，单片机与计算机或单片机与单片机之间的通信应用越来越多。AT89S51 单片机片内有一个全双工通用异步接收发送设备（UART）的串行口，既可以用于网络通信，也可以实现串行异步通信，还可以构成同步移位寄存器进行使用。

8.1 串行通信基础

单片机的数据通信有并行通信和串行通信两种方式。

1. 并行通信

单片机的并行通信是指数据的各位同时进行发送或接收。此时，传输过程中有多个数据位，且在两个设备之间传输。发送设备在发送数据时先检测接收设备的状态，若接收设备处于可以接收数据的状态，发送设备就发出选通信号。在选通信号作用下，各个数据位信号同时传输至接收设备。图 8-1 所示为并行通信示意图。

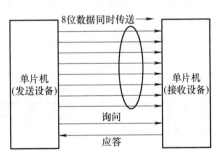

图 8-1 单片机并行通信示意图

特点：并行通信相对传输速度快、控制简单，但由于传输线较多，长距离传输时成本高，因此此方式适合于短距离的数据传输。

2. 串行通信

串行通信是将数据字节分成一位一位的形式在一条传输线上逐个传送，如图 8-2 所示。串行通信时，数据发送设备先将数据代码由并行形式转换成串行形式，然后一位一位地逐个放在传输线上进行传送；数据接收设备将接收到的串行位形式的数据转换成并行形式进行存储或处理。串行通信必须采取一定方法进行数据传送的起始及停止控制。

特点：串行通信传送控制复杂、速度慢，但传输线少，长距离传送时成本低，且可以利用电话网等现成设备，因此在单片机应用系统中，串行通信的使用非常普遍。

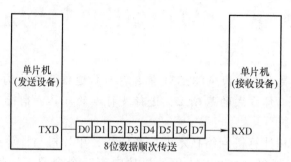

图 8-2　单片机串行通信示意图

8.1.1　同步通信和异步通信

串行通信中数据信息和控制信息都要在一条线上实现传送。为了对数据和控制信息进行区分，收发双方要事先约定共同遵守的通信协议，约定的内容包含同步方式、数据格式、传输速率、校验方式等。根据发送与接收设备时钟的配置方式可将串行通信分为异步通信和同步通信。

1. 同步通信

同步通信是采用一个同步时钟，通过一条同步时钟线，加到收发双方，使它们达到完全同步，此时，传输数据的位之间的距离均为"位间隔"的整数倍，同时传送的字符间不留间隙，即保持位同步关系。同步通信及数据格式如图 8-3 所示。

特点：同步通信传输效率高。用于同一电路板内各元器件之间数据传送的 SPI 就是典型的同步通信接口。

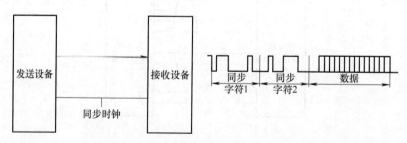

图 8-3　同步通信及数据格式

2. 异步通信

异步通信是指发送和接收设备使用各自的时钟控制数据的传输过程，这样可省去连接收发双方的一条同步时钟信号线，使得异步通信连接更加简单且容易实现。为使收发双方协调要求发送和接收设备的时钟频率尽可能一致（误差在允许的范围内）。异步通信的示意图以及典型的数据帧格式如图 8-4 所示。异步通信是以数据帧为单位进行数据传输，各数据帧之间的间隔是任意的，但每个数据帧中的各位是以固定的时间传送的。

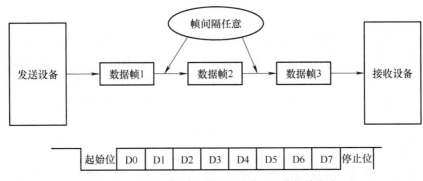

图 8-4　异步通信的示意图以及典型的数据帧格式

异步通信是以字符（构成的帧）为单位进行传输，字符与字符之间的间隙（时间间隔）任意，但每个字符中的各位是以固定的时间传送的，即字符之间是异步的（各帧之间不一定有"位间隔"的整数倍的关系），但同一字符内的各位是同步的（各位之间的距离均为"位间隔"的整数倍）。

特点：异步通信不要求收发双方时钟严格一致，这使得其实现容易，成本低，但是每个数据帧要附加起始位、停止位，有时还要再加上校验位，各帧之间还有间隔，因此传输效率不高。PC 上的 RS–232C 接口就是典型的异步通信接口。

8.1.2　串行通信的传输方式

串行通信按照数据传输的方向及时间关系可分为单工、半双工和全双工，如图 8-5 所示。

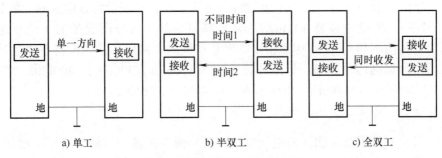

图 8-5　串行通信的 3 种传输模式

单工是指数据传输仅能沿一个方向进行，不能实现反向传输，如图 8-5a 所示。半双工是指数据传输可以沿两个方向，但需要分时进行，如图 8-5b 所示。全双工是指数据可以同时进行双向传输，如图 8-5c 所示。

8.1.3　串行通信的错误校验

在串行通信过程中，往往要对数据传送的正确与否进行校验，校验是保证传输数据准确无误的关键。常用的校验方法有奇偶校验、代码和校验与循环冗余校验（CRC）等方法。

1. 奇偶校验

串行发送数据时，数据位尾随 1 位奇偶校验位（1 或 0）。当约定为奇校验时，数据中"1"的个数与校验位"1"的个数之和应为奇数；当约定为偶校验时，数据中"1"的个数与校验位"1"的个数之和应为偶数。数据发送方与接收方应一致。在接收数据帧时，对"1"的个数进行校验，若发现不一致，则说明数据传输过程中出现了差错，则通知发送端重发。

2. 代码和校验

代码和校验是发送方将所发数据块求和或各字节异或，然后将产生一个字节的校验字符（校验和）附加到数据块末尾。接收方接收数据时同时对数据块（除校验字节）求和或各字节异或，将所得结果与发送方的"校验和"进行比较，如果相符，则无差错，否则即认为在传输过程中出现了差错。

3. 循环冗余校验

循环冗余校验纠错能力强，容易实现。该校验是通过某种数学运算实现有效信息与校验位之间的循环校验，常用于对磁盘信息的传输、存储区的完整性校验等。它是目前应用最广的检错码编码方式，常用于同步通信中。

8.1.4　传输速率与传输距离

1. 传输速率

传输速率用比特率描述，定义为每秒传送的信息量（对应传信率）。单位是位 / 秒（bit/s）。在通信技术领域内，另一术语波特率更为常用，它表示每秒传送码元的数目（对应的是传码率），单位是波特（Baud）。对于基带传输（每个码元带有 1 或 0 这 1bit 信息，传码率与传信率相同），波特率和比特率是相同的。所以，常用波特率描述计算机串行通信应用中数据的传输速率。标准波特率包含 110bit/s、300bit/s、600bit/s、1200bit/s、1800bit/s、2400bit/s、4800bit/s、9600bit/s、14.4kbit/s、56kbit/s 等。

2. 传输距离与传输速率的关系

传输距离与波特率及传输线的电气特性有关。通常传输距离随波特率的增加而减小。如使用非屏蔽双绞线（50pF/0.3m）时，波特率为 9600bit/s 时最大传输距离为 76m，若再提高波特率，传输距离将大大减小。

8.2　串行口的结构

AT89S51 单片机串行口的内部结构如图 8-6 所示，它有两个物理上独立的接收、发送缓冲器 SBUF（属于特殊功能寄存器），可同时发送、接收数据。发送缓冲器只能写入不能读出，接收缓冲器只能读出不能写入，两个缓冲器共用一个特殊功能寄存器字节地址（99H）。定时器 T1 作为串行通信的波特率发生器。

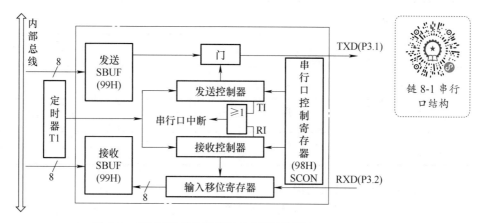

图 8-6 AT89S51 单片机串行口内部结构图

接收缓冲器是双缓冲结构，由于在前一个字节从接收缓冲器 SBUF 读走之前，已经开始接收第二个字节（串行输入至移位寄存器），若在第二个字节接收完毕而前一个字节仍未被读走时，就会丢失前一个字节的内容。

串行口的发送和接收都是以 SBUF 的名称进行读或写的，当向 SBUF 发出"写"命令时，即向发送缓冲器 SBUF 装载并开始由 TXD 引脚向外串行地发送一帧数据，发送完后便使发送中断标志 TI=1；当串行口接收中断标志 RI=0 时，置允许接收位 REN=1 就会启动接收过程，一帧数据进入输入移位寄存器，并装载到接收缓冲器 SBUF 中，同时使 RI=1。执行读 SBUF 的命令，则可以由接收缓冲器 SBUF 取出信息送到累加器（A），并存于某个指定的位置。

串行口的控制寄存器是可编程的，对串行口初始化编程只需要将两个控制字分别写入特殊功能寄存器 SCON 和 PCON。下面分别详细介绍这两个寄存器。

8.2.1 串行口控制寄存器（SCON）

串行口控制寄存器（SCON）用于设定串行口的工作方式、进行接收和发送控制以及设置状态标志。字节地址为 98H，可位寻址，即 SCON 的所有位都可用软件来进行位操作清零或置 1。SCON 的格式见表 8-1。

链 8-2 寄存器 SCON

表 8-1 串行口控制寄存器（SCON）的格式

位序	D7	D6	D5	D4	D3	D2	D1	D0
SCON	SM0	SM1	SM2	REN	TB8	RB8	TI	RI
位地址	9FH	9EH	9DH	9CH	9BH	9AH	99H	98H

（1）SM0、SM1——串行口 4 种工作方式选择

SM0、SM1 两位编码对应的 4 种工作方式见表 8-2。

表 8-2　串行口的 4 种工作方式

SM0	SM1	方式	功能说明	波特率
0	0	0	同步移位寄存器	$f_{osc}/12$
0	1	1	8 位异步收发	可变，由定时器控制
1	0	2	9 位异步收发	$f_{osc}/64$ 或 $f_{osc}/32$
1	1	3	9 位异步收发	可变，由定时器控制

（2）SM2——多机通信控制位

多机通信是在方式 2 和方式 3 下进行，因此 SM2 位主要用于方式 2 或方式 3。

当串行口以方式 2 或方式 3 接收数据时，如 SM2=1，则只有当接收到的第 9 位数据（RB8）为"1"时，才使 RI 置"1"，产生中断请求，并将收到的前 8 位数据送入 SBUF；当收到的第 9 位数据（RB8）为"0"时，则将收到的前 8 位数据丢弃。

当 SM2=0 时，则不论第 9 位数据是"1"还是"0"，都将接收的前 8 位数据送入 SBUF 中，并使 RI 置"1"，产生中断请求。

在方式 1 时，如果 SM2=1，则只有收到有效的停止位时才会激活 RI。在方式 0 时，SM2 必须为 0。

（3）REN——允许串行口接收位

REN=1，允许串行口接收数据；REN=0，禁止串行口接收数据。需要注意的是，REN 必须由软件置"1"或清"0"。

（4）TB8——发送的第 9 位数据

在方式 2 和方式 3 时，TB8 是要发送的第 9 位数据，其值由软件置"1"或清"0"。

在双机串行通信时，TB8 一般作为奇偶校验位使用，也可在多机串行通信中表示主机发送的是地址帧还是数据帧，TB8=1 为地址帧，TB8=0 为数据帧。

（5）RB8——接收的第 9 位数据

在方式 2 和方式 3 时，RB8 存放接收到的第 9 位数据。在方式 1 时，如果 SM2=0，RB8 是接收到的停止位。在方式 0，不使用 RB8。

（6）TI——发送中断标志位

在方式 0 时，串行口发送的第 8 位数据结束，TI 由硬件置"1"，在其他工作方式中，串行口发送停止位开始时，置 TI 为"1"。TI=1，表示一帧数据发送结束。TI 位状态可供软件查询，也可申请中断。CPU 响应中断后，在中断服务程序向 SBUF 写入要发送的下一帧数据。需要注意的是，TI 必须由软件清"0"。

（7）RI——接收中断标志位

串行口在方式 0 时，接收完第 8 位数据后，RI 由硬件置"1"。在其他工作方式中，串行口接收到停止位时，该位置"1"。RI=1，表示一帧数据接收完毕，并申请中断，要求 CPU 从接收缓冲器 SBUF 取走数据。该位状态也可供软件查询。另外，RI 必须由软件清"0"。

链 8-3 寄存器 PCON

8.2.2 电源控制寄存器（PCON）

PCON 的字节地址为 87H，不能位寻址，只有最高位 SMOD 与串行口工作有关，格式见表 8-3。

表 8-3 电源控制寄存器（PCON）的格式

位序	D7	D6	D5	D4	D3	D2	D1	D0
PCON	SMOD							

SMOD 位：波特率倍增位。在串行口方式 1、方式 2、方式 3 时，波特率与 SMOD 有关。

如，方式 1 的波特率计算公式为

$$方式 1 波特率 = \frac{2^{SMOD}}{32} \times 定时器 T1 的溢出率$$

当 SMOD=1 时，波特率比 SMOD=0 时提高一倍。复位时，SMOD=0。

8.3 串行口的工作方式

AT89S51 单片机串行口可设置 4 种工作方式，由 SCON 中的 SM0、SM1 定义。

链 8-4 串行口的工作方式

8.3.1 方式 0

方式 0 为同步移位寄存器输入 / 输出方式。该方式并不用于两个 AT89S51 单片机间的异步串行通信，而是用于外接移位寄存器，用来扩展并行 I/O 端口。

方式 0 以 8 位数据为一帧，没有起始位和停止位，先发送或接收最低位。数据由 RXD 引脚输入或输出，移位脉冲由 TXD 引脚输出。波特率为 $f_{osc}/12$，是固定的。方式 0 的帧格式如图 8-7 所示。

| … | D0 | D1 | D2 | D3 | D4 | D5 | D6 | D7 | … |

图 8-7 方式 0 的数据帧格式

1. 方式 0 输出

当单片机执行将数据写入发送缓冲器 SBUF 指令时，产生一个正脉冲，串行口把 8 位数据以 $f_{osc}/12$ 固定波特率从 RXD 引脚串行输出，低位在先，TXD 引脚输出同步移位脉冲，当 8 位数据发送完，中断标志位 TI 置 "1"。方式 0 的发送时序如图 8-8 所示。

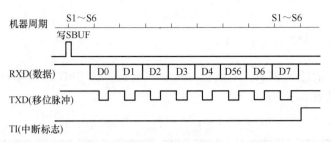

图 8-8　方式 0 发送时序图

【例 8-1】如图 8-9 所示，控制 8 个发光二极管流水点亮。图中 74LS164 的引脚 8（CLK 端）为同步脉冲输入端，引脚 9 为控制端，引脚 9 电平由单片机的 P1.0 控制。当引脚 9 为 0 时，允许串行数据由 RXD 端（P3.0）向 74LS164 的串行数据输入端 A 和 B（引脚 1 和引脚 2）输入，但是 74LS164 的 8 位并行输出端关闭；当引脚 9 为 1 时，A 和 B 输入端关闭，但是允许 74LS164 中的 8 位数据并行输出。当串行口将 8 位串行数据发送完毕后，申请中断，在中断服务程序中，单片机通过串行口输出下一个 8 位数据。

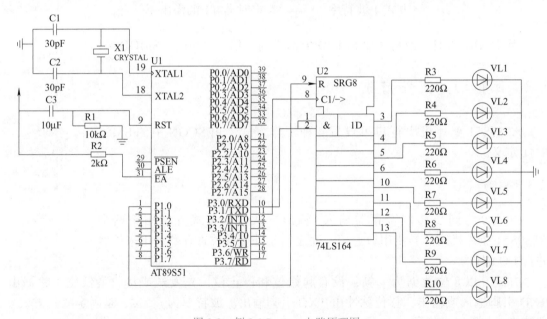

图 8-9　例 8-1 Proteus 电路原理图

参考程序如下：

```c
#include <reg51.h>
sbit P1_0=0x90;
unsigned char nSendByte;
void delay(unsigned int i)          // 延时子程序
{
    unsigned char j;
    for(;i>0;i--)
        for(j=0;j<125;j++);
```

```
}
void main()                    // 主程序
{
    SCON=0x00;                 // 设置串行口为方式 0
    EA=1;                      // 全局中断允许
    ES=1;                      // 允许串行口中断
    nSendByte=1;               // 点亮数据初始为 0000 0001 送入 nSendByte
    SBUF=nSendByte;            // 向 SBUF 写入点亮数据，启动串行发送
    P1_0=0;                    // 允许串行口向 74LS164 串行发送数据
    while(1);
}
void   Serial_Port() interrupt 4   using 0
{
    if(TI)
    {
        P1_0=1;
        SBUF=nSendByte;
        delay(500);
        P1_0=0;
        nSendByte=nSendByte<<1;
        if(nSendByte==0)
        nSendByte=1;
        SBUF=nSendByte;
    }
    TI=0;
}
```

说明：

1）程序中定义了全局变量 nSendByte，以便在中断服务程序中能访问该变量。nSendByte 用于存放从串行口发出的点亮数据，在程序中使用左移一位操作符"<<"对 nSendByte 变量进行移位，使得从串行口发出的数据为 0x01、0x02、0x04、0x08、0x10、0x20、0x40、0x80，从而流水点亮各个发光二极管。

2）程序中 if 语句的作用是当 nSendByte 左移 1 位由 0x80 变为 0x00 后，需对变量 nSendByte 重新赋值为 1。

3）主程序中 SBUF=nSendByte 语句必不可少，如果没有该语句，主程序并不从串行口发送数据，也就不会产生随后的发送完成中断。

2. 方式 0 输入

方式 0 输入时，REN 为串行口允许接收控制位，REN=0，禁止接收；REN=1，允许接收。

当 CPU 向串行口 SCON 写入控制字（设置为方式 0，并使 REN 位置"1"，同时 RI=0）时，产生一正脉冲，串行口开始接收数据。引脚 RXD 为数据输入端，TXD 为移位脉冲信号输出端，接收器以 $f_{osc}/12$ 的固定波特率采样 RXD 引脚的数据信息，当 8 位数据接收完毕时，中断标志 RI 置"1"，表示一帧接收完毕，可进行下一帧接收。方式 0 的

接收时序如图 8-10 所示。

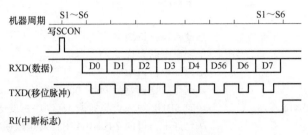

图 8-10　方式 0 接收时序图

8.3.2　方式 1

当 SM0、SM1=01 时，串行口设为方式 1 双机串行通信，如图 8-11 所示。TXD 引脚和 RXD 引脚分别用于发送和接收数据。方式 1 收发一帧数据为 10 位，1 个起始位（0），8 个数据位，1 个停止位（1），先发送或接收最低位，方式 1 的帧格式如图 8-12 所示。

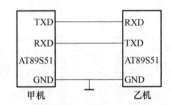

图 8-11　方式 1 串行通信连接电路图

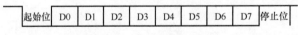

图 8-12　方式 1 的帧格式

方式 1 为波特率可变的 8 位异步通信接口。波特率由式（8-1）确定：

$$方式 1 波特率 = \frac{2^{SMOD}}{32} \times 定时器 T1 的溢出率 \qquad （8-1）$$

式中，SMOD 为 PCON 的最高位的值（0 或 1）。

1. 串行发送

串行口以方式 1 输出，数据位由 TXD 引脚输出，发送一帧信息为 10 位，包括 1 位起始位 0、8 位数据位（先低位）和 1 位停止位 1，当 CPU 执行写数据到发送缓冲器 SBUF 的命令后，就启动发送。方式 1 发送时序如图 8-13 所示。

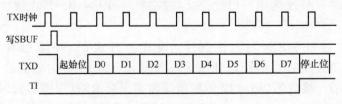

图 8-13　方式 1 发送数据时序图

发送时钟 TX 时钟频率就是发送波特率。发送开始时，内部逻辑将起始位向 TXD 引脚（P3.1）输出，此后每经过 1 个 TX 时钟周期，便产生 1 个移位脉冲，并由 TXD 引脚输出 1 个数据位。8 位全发送完后，中断标志位 TI 置"1"。

2. 串行接收

串行口以方式 1（SM0、SM1=01）接收时（REN=1），数据从 RXD（P3.0）引脚输入。当检测到起始位负跳变时，则开始接收。方式 1 的接收时序如图 8-14 所示。

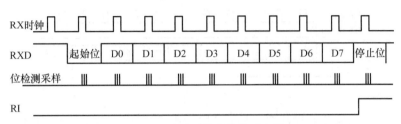

图 8-14　方式 1 接收数据时序图

接收时，定时控制信号有以下两种：

1）接收移位时钟（RX 时钟），频率和传送的波特率相同。

2）位检测器采样脉冲，它的频率是 RX 时钟的 16 倍。也就是在 1 位数据接收期间，有 16 个采样脉冲，以波特率的 16 倍速率采样 RXD 引脚状态。

当采样到 RXD 引脚从 1 到 0 的负跳变（有可能是起始位）时，就启动接收检测器。接收的值是 3 次连续采样（第 7、8、9 个脉冲时采样），取其中两次相同的值，以确认是否的确是从起始位（负跳变）开始，这样能较好地消除干扰引起的影响，以保证可靠无误地开始接收数据。

方式 1 接收到的第 9 位信息是停止位，它将进入 RB8，而数据的 8 位信息会进入 SBUF，这时内部控制逻辑使 RI 置 1，向 CPU 请求中断，CPU 应将 SBUF 中的数据及时读走，否则会被下一帧收到的数据所覆盖。

8.3.3　方式 2 和方式 3

串行口工作于方式 2 或方式 3 时，为 9 位异步通信接口。每帧数据均为 11 位，1 位起始位 0，8 位数据位（先低位），1 位可编程控制为 1 或 0 的第 9 位数据及 1 位停止位，帧格式如图 8-15 所示。

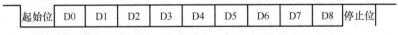

图 8-15　方式 2、方式 3 的帧格式

方式 2 的波特率由式（8-2）确定：

$$方式 2 波特率 = \frac{2^{\text{SMOD}}}{64} \times f_{\text{osc}} \tag{8-2}$$

方式 3 的波特率由式（8-3）确定：

$$方式 3 波特率 = \frac{2^{\text{SMOD}}}{32} \times T1 的溢出率 \tag{8-3}$$

式（8-2）和式（8-3）中，SMOD 为 PCON 最高位的值（0 或 1）。

1. 串行发送

CPU 向 SBUF 写入数据时，就启动了串行口的发送。SCON 中的 TB8 写入输出移位寄存器的第 9 位，8 位数据装入 SBUF。方式 2 和方式 3 的发送时序如图 8-16 所示。

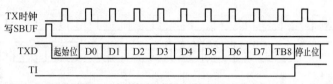

图 8-16　方式 2、方式 3 发送数据时序图

开始时，先把起始位 0 输出到 TXD 引脚，然后再发送数据位 D0 到 TXD，之后每一个移位脉冲都使输出移位寄存器的各位向低端移动一位，并由 TXD 引脚输出。

第一次移位时，停止位 1 移入输出移位寄存器的第 9 位上，以后每次移位高端都会移入 0。当停止位移至输出位时，检测电路能检测到这一条件，使控制电路进行最后一次移位，并置 TI=0，向 CPU 请求中断。

2. 串行接收

当 SCON 中的 SM0、SM1=10，且 REN=1 时，允许串行口以方式 2 或方式 3 接收。接收时，数据由 RXD 引脚输入，接收 11 位信息。当位检测逻辑采样到 RXD 引脚从 1 到 0 的负跳变，并判断起始位有效后，便开始接收一帧信息。在接收完第 9 位数据后，需满足以下两个条件，才将接收到的数据送入接收缓冲器 SBUF。

1）RI=0，意味着接收缓冲器为空。

2）SM2=0 或接收到的第 9 位数据位 RB8=1。

当满足上述两个条件时，接收到的数据送入（接收缓冲器）SBUF，第 9 位数据送入 RB8，且 RI 置"1"。若不满足这两个条件，接收的信息将被丢弃。方式 2 和方式 3 的接收时序如图 8-17 所示。

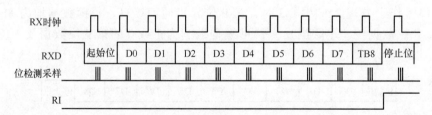

图 8-17　方式 2、方式 3 接收数据时序图

8.4　串行口波特率的确定方法

在串行通信中，收发双发对接收或发送数据的速率要有约定。

链 8-5 串行
口波特率

8.4.1　波特率的计算

通过软件可对单片机串行口编程分为 4 种工作方式，其中方式 0 和方式 2 的波特率是固定的，计算公式分别为

$$方式 0 波特率 = \frac{f_{osc}}{12}$$

$$方式 2 波特率 = \frac{2^{SMOD}}{64} \times f_{osc}$$

方式 1 和方式 3 的波特率是可以调整的，由定时器 T1 的溢出率（T1 每秒溢出的次数）来决定。用 T1 作为波特率发生器时，典型用法是使 T1 工作在自动重装初值的 8 位定时方式（即定时器的工作方式 2）。这时，溢出率取决于 TH1 中的初值，设此时初值为 X

则
$$T1 溢出率 = \frac{f_{osc}}{12 \times (256 - X)} \tag{8-4}$$

将式（8-4）分别代入式（8-2）和式（8-3）可得方式 1 和方式 3 的波特率计算公式为

$$方式 1 波特率 = \frac{2^{SMOD}}{32} \times \frac{f_{osc}}{12 \times (256 - X)} \tag{8-5}$$

$$方式 3 波特率 = \frac{2^{SMOD}}{32} \times \frac{f_{osc}}{12 \times (256 - X)}$$

可以看出，方式 1、方式 3 的波特率随 f_{osc}、SMOD 和初值 X 而变化。

8.4.2　波特率的选择

实际应用时，波特率要选择为标称值，又由于 TH1 的初值是整数，为了减小波特率计算误差，晶振频率要选 11.0592MHz，这样根据已知波特率和晶振频率来计算定时器 T1 的初值 X。常用的波特率和初值 X 间的关系见表 8-4。

表 8-4　方式 1 和方式 3 常用波特率与 TH1 初值关系

波特率 / (bit/s)	f_{osc}/MHz	SMOD	定时器 T1 工作方式	初值 X
19.2k	11.0592	1	2	FDH
9.6k	11.0592	0	2	FDH
4.8k	11.0592	0	2	FAH
2.4k	11.0592	0	2	F4H
1.2k	11.0592	0	2	E8H

【例 8-2】若 AT89S51 的时钟为 11.0592MHz，选用 T1 的方式 2 定时作为波特率发生器，波特率为 9600bit/s，求初值。

解：设 T1 为方式 2 定时，选 SMOD=0。

将已知条件代入式（8-5）可得

$$波特率 = \frac{2^{\text{SMOD}}}{32} \times \frac{f_{\text{osc}}}{12 \times (256 - X)} = 9600$$

从中解得 $X = 253 = \text{FDH}$。

说明：这里时钟振荡频率选为 11.0592MHz，就可使初值为整数，从而产生精确的波特率。

8.4.3 串行口初始化步骤

使用串行口前，应进行初始化，主要包含以下几个步骤：

1）确定定时器 T1 的工作方式（配置 TMOD）。

2）根据需要的波特率计算 T1 的初值，装载至 TH1、TL1。

3）启动 T1（置位 TR1）。

4）确定串行口工作方式（配置 SCON）。

5）如果串行口工作在中断模式，需进行中断设置（配置 IE、IP）。

8.5 串行口的多机通信

多个 AT89S51 单片机可利用串行口进行多机通信，经常采用图 8-18 的主从式结构。以下面系统为例进行说明，一个主机（AT89S51 单片机或其他具有串行口的微机）和 3 个（也可为多个）AT89S51 单片机组成的从机系统，如图 8-18 所示。主机 RXD 与所有从机 TXD 端相连，TXD 与所有从机 RXD 端相连。从机地址分别为 01H、02H 和 03H。

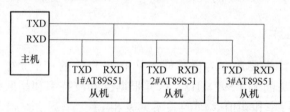

图 8-18 一个主机 3 个从机的多机通信系统示意图

主从式是指多机系统中，只有一个主机，其余的全是从机。主机发送的信息可以被所有从机接收，任何一个从机发送的信息，只能由主机接收。从机和从机之间不能相互直接通信，它们的通信只能经主机才能实现。

8.5.1 多机通信工作原理

要保证主机与所选择的从机实现可靠通信，必须保证串行口具有识别功能。串行口控制寄存器（SCON）中的 SM2 位就是为满足这一条件而设置的多机通信控制位，其工作原理是在串行口以方式 2（或方式 3）接收时，若 SM2=1，则表示进行多机通信，可能出现以下两种情况。

1）从机收到主机发来的第 9 位数据 RB8=1 时，前 8 位数据才装入 SBUF，并置中断标志 RI=1，向 CPU 发出中断请求。在中断服务程序中，从机把接收到的 SBUF 中的数据存入数据缓冲区中。

2）如果从机接收到的第 9 位数据 RB8=0，则不产生中断标志 RI=1，不引起中断，从机不接收主机发来的数据。

若 SM2=0，则接收的第 9 位数据不论是 0 还是 1，从机都将产生中断标志 RI=1，接收到的数据装入 SBUF 中。应用 AT89S51 单片机串行口这一特性，可实现 AT89S51 单片机的多机通信。

8.5.2　多机通信工作过程

1）各从机初始化程序允许从机的串行口中断，将串行口编程设置为方式 2 或方式 3 接收，即 9 位异步通信方式，且 SM2 和 REN 位置"1"，使从机只处于多机通信且接收地址帧的状态。

2）主机和某个从机通信前，先将准备接收数据的从机地址发给各从机，接着才传送数据（或命令），主机发出的地址帧信息的第 9 位为 1，数据（或命令）帧的第 9 位为 0。当主机向各从机发送地址帧时，各从机串行口接收到的第 9 位信息 RB8 为 1，且由于各从机 SM2=1，中断标志位 RI 置"1"，各从机响应中断，在中断服务程序中，判断主机送来的地址是否和本机地址相符，若为本机地址，则该从机 SM2 位清"0"，准备接收主机的数据或命令；若地址不相符，则保持 SM2=1 状态。

3）接着主机发送数据（或命令）帧，数据帧的第 9 位为 0。此时各从机接收到的 RB8=0，只有与前面地址相符的从机（即 SM2 位已清"0"的从机）才能激活中断标志位 RI，从而进入中断服务程序，在中断服务程序中接收主机发来的数据（或命令）；与主机发来地址不符的从机，由于 SM2 保持为 1，且 RB8=0，因此不能激活中断标志 RI，也就不能接收主机发来的数据帧，从而保证主机与从机间通信的正确性。此时主机与建立联系的从机已设置为单机通信模式，即在整个通信中，通信的双方都要保持发送数据的第 9 位（即 TB8 位）为 0，防止其他的从机误接收数据。

4）结束数据通信并为下一次多机通信做准备。在多机通信系统中每个从机都被赋予唯一一个地址。例如，图 8-18 中 3 个从机的地址可设为 01H、02H、03H，还要预留 1～2 个"广播地址"，它是所有从机共有的地址，例如将"广播地址"设为 00H。当主机与从机的数据通信结束后，一定要将从机再设置为多机通信模式，以便进行下一次的多机通信。这时要求与主机正在进行数据传输的从机必须随时注意，一旦接收数据第 9 位（RB8）为"1"，说明主机传送的不再是数据，而是地址，这个地址就有可能是"广播地址"，当收到"广播地址"后，便将从机的通信模式再设置成多机模式，为下一次多机通信做好准备。

8.6　串行口的应用案例

利用单片机串行通信接口进行设计，需考虑以下问题：
1）确定串行通信收发双方的数据传输速率和通信距离。
2）由串行通信的数据传输速率和通信距离确定采用的串行通信接口标准。

3）注意串行通信的通信线选择，一般选用双绞线较好，并根据传输的距离选择纤芯的直径。如空间干扰较多，还要选择带有屏蔽层的双绞线。

常用的串行通信标准接口有 RS-232、RS-422 和 RS-485，它们在数据传输速率、通信距离和抗干扰性能上具有各自的特点。

8.6.1　串行通信标准接口简介

AT89S51 单片机串行口输入、输出均为 TTL 电平。这种以 TTL 电平来串行传输数据的特点是抗干扰性差、传输距离短、传输速率低。为提高串行通信可靠性，增大串行通信距离和提高传输速率，在实际设计中都采用标准串行接口，如 RS-232C、RS-485 等。

根据双机通信距离和抗干扰性要求，可选择 TTL 电平传输，或选择 RS-232C、RS-485 串行接口进行串行数据传输。

1. TTL 电平通信接口

如两个 AT89S51 单片机相距在 1.5m 之内，串行口可直接相连，接口电路如图 8-11 所示。甲机 RXD 与乙机 TXD 端相连，乙机 RXD 与甲机 TXD 端相连，从而直接用 TTL 电平传输方法来实现双机通信。TTL 电平中的逻辑"1"和"0"分别表示为：

逻辑"1"：2.4 ~ 5V。

逻辑"0"：0 ~ 0.5V。

2. RS-232C 双机通信接口

RS-232 是美国电子工业协会（EIA）于 1962 年制定的标准。1969 年修订为 RS-232C，后来又多次修订。由于内容修改不多，所以人们习惯称呼其早期的名字 RS-232C。当双机通信距离在 1.5 ~ 15m 时，可利用该接口实现点对点的双机通信，接口电路如图 8-19 所示。芯片 MAX232A 是美国 Maxim 公司生产的 RS-232C 全双工发送器 / 接收器电路芯片。一般常用 9 针（DB-9）连接器，如图 8-20 所示，一般只使用引脚 2、3、5。

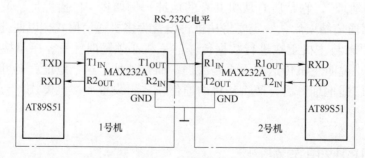

图 8-19　RS-232C 双机通信接口电路

RS-232C 标准规定电缆长度限定在 15 米以内，最高传输速率为 20kbit/s，足以覆盖个人计算机使用的 50 ~ 9600bit/s 范围。传送的数字量采用负逻辑，且与地对称。其中：

逻辑"1"：-15 ~ -3V。

逻辑"0"：+3 ~ +15V。

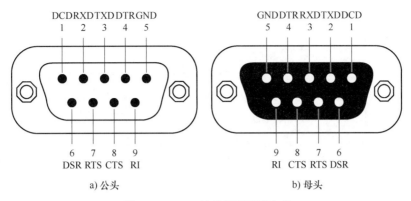

图 8-20　DB-9 连接器及引脚定义

由于单片机的引脚为 TTL 电平，与 RS-232C 标准的电平互不兼容，所以单片机使用 RS-232C 标准串行通信时，必须进行 TTL 电平与 RS-232C 标准电平之间的转换。

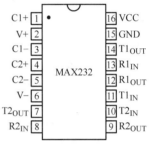

图 8-21　MAX232A 引脚图

RS-232C 电平与 TTL 电平之间的转换，常采用美国 Maxim 公司的 MAX232A，它是全双工发送器 / 接收器接口电路芯片，可实现 TTL 电平到 RS-232C 电平、RS-232C 电平到 TTL 电平的转换。MAX232A 的引脚如图 8-21 所示。由于芯片内部有自升压的电平倍增电路，可将 +5V 转换成 -10 ～ +10V，满足 RS-232C 标准对逻辑 "1" 和逻辑 "0" 的电平要求。工作时仅需单一的 +5V 电源。其片内有两个发送器，两个接收器，有 TTL 信号输入 /RS-232C 输出的功能，也有 RS-232C 输入 /TTL 输出的功能。

说明：由于现在计算机端口基本没有 DB-9 接口，所以需要使用通用串行总线（USB）接口进行通信。由于 USB 的通信时序和信号电平与串行口完全不同，需要通过一个 USB 转串行口的模块实现电平转换。

3. RS-485 双机通信接口

在工业现场，常采用双绞线传输的 RS-485 串行通信接口，很容易实现多机通信。RS-485 为半双工，采用一对平衡差分信号线。RS-485 与多站互连是十分方便的，很容易实现 1 对 N 的多机通信。

RS-485 标准允许最多并联 32 台驱动器和 32 台接收器。图 8-22 为 RS-485 双机通信接口。RS-485 最大传输距离约为 1219m，最大传输速率为 10Mbit/s。通信线路要采用平衡双绞线。平衡双绞线长度与传输速率成反比，在 100kbit/s 速率以下，才可能使用规定的最长电缆。只有在很短距离内才能获得最大传输速率。一般 100m 长双绞线最大传输速率仅为 1Mbit/s。

图 8-22 中，RS-485 以双向、半双工方式实现双机通信。在 AT89S51 系统发送或接收数据前，应先将 SN75176 的发送门或接收门打开，当 P1.0=1 时，发送门打开，接收门关闭；当 P1.0=0 时，接收门打开，发送门关闭。图 8-22 的 SN75176 片内集成一个差分驱动器和一个差分接收器，且兼有 TTL 电平到 RS-485 电平、RS-485 电平到 TTL 电平的转换功能。此外常用的 RS-485 接口芯片还有 MAX485。

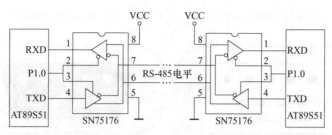

图 8-22　RS-485 双机通信接口电路

8.6.2　单片机与单片机间方式 1 通信设计

【**例 8-3**】图 8-23 为单片机 A、B 双机串行通信，双机 RXD 和 TXD 相互交叉相连，A 机 P1 口接 8 个开关，B 机 P1 口接 8 个发光二极管。A 机设置为只能发送不能接收的单工方式。要求 A 机读入 P1 口的 8 个开关的状态后，通过串行口发送到 B 机，B 机将接收到的 A 机的 8 个开关的状态数据送入 P1 口，由 P1 口的 8 个发光二极管来显示 8 个开关的状态。双方晶振均采用 11.0592MHz。

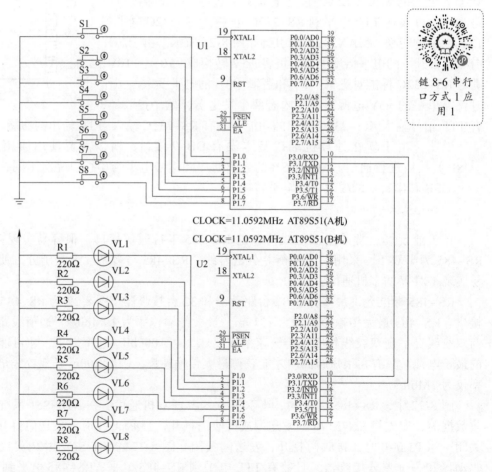

图 8-23　例 8-3 仿真电路图

参考程序如下:

```
//A 机发送程序
#include <reg51.h>
#define uchar unsigned char
#define uint unsigned int
void main()
{
      uchar temp=0;
      TMOD=0x20;                /* 设置定时器 T1 为方式 2*/
      TH1=0xfd;                 /* 波特率 9600*/
      TL1=0xfd;
      SCON=0x40;                /* 方式 1 只发送 , 不接收 */
      PCON=0x00;                /* 串行口初始化为方式 0*/
      TR1=1;                    /* 启动 T1*/
      P1=0xff;                  /* P1 口为输入 */
      while(1)
      {
          temp=P1;              /* 读入 P1 口开关的状态数据 */
          SBUF=temp;            /* 数据送串行口发送 */
          while(TI==0);         /* 如果 TI=0, 未发送完 , 循环等待 */
          TI=0;                 /* 已发送完 , 再把 TI 清 0*/
      }
}
//B 机接收程序
#include <reg51.h>
#define uchar unsigned char
#define uint unsigned int
void main()
{
      uchar temp=0;
      TMOD=0x20;                /* 设置定时器 T1 为方式 2*/
      TH1=0xfd;                 /* 波特率 9600*/
      TL1=0xfd;
      SCON=0x50;                /* 设置串行口为方式 1 接收 ,REN=1*/
      PCON=0x00;                /*SMOD=0*/
      TR1=1;                    /* 启动 T1*/
      while(1)
      {
          while(RI==0);         /* 若 RI 为 0, 未接收到数据 */
          RI=0;                 /* 接收到数据 , 则把 RI 清 0*/
          temp=SBUF;            /* 读取数据存入 temp 中 */
          P1=temp;              /* 接收的数据送 P1 口控制 8 个 LED 的亮与灭 */
      }
}
```

【例 8-4】如图 8-24 所示，A、B 两机以方式 1 进行串行通信，双方晶振频率均为 11.0592MHz，波特率为 2400bit/s。A 机 TXD 引脚、RXD 引脚分别与 B 机 RXD 引脚、TXD 引脚相连。为观察串行口传输的数据，电路中添加了两个虚拟终端来分别显示串行口发出的数据。添加虚拟终端，只需单击图 8-24 左侧工具箱中的虚拟仪器图标，在预览窗口中显示的各种虚拟仪器选项中单击"VIRTUAL TERMINAL"项，并放置在原理图编辑窗口，然后把虚拟终端的"RXD"端与单片机的"TXD"端相连即可。

要求：当串行通信开始时，A 机首先发送数据 AAH，B 机收到后应答 BBH，表示同意接收。A 机收到 BBH 后，即可发送数据。如果 B 机发现数据出错，就向 A 机发送 FFH，A 机收到 FFH 后，重新发送数据给 B 机。

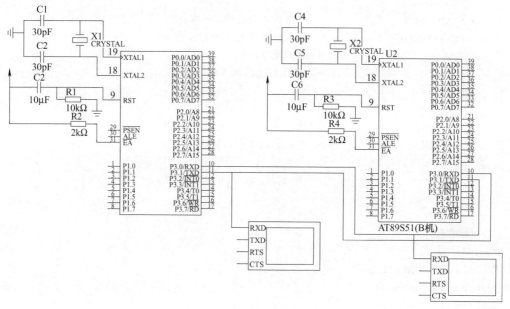

图 8-24　例 8-4 仿真电路图

程序设计思路如下：

设发送字节块长度为 10B，数据缓冲区为 buf，数据发送完毕要立即发送校验和，进行数据发送准确性验证。B 机接收到的数据存储到数据缓冲区 buf，收到一个数据块后，再接收 A 机来的校验和，并将其与 B 机求得的校验和比较，若相等，说明接收正确，B 机回答 00H；若不等，说明接收不正确，B 机回答 FFH 并请求 A 机重新发送。

链 8-7 串行口方式 1 应用 2

选择定时器 T1 为方式 2 定时，波特率不倍增，即 SMOD=0。查表 8-4，可得写入 T1 的初值应为 F4H。

参考程序如下：

```
//A 机程序
#include <reg51.h>//A 机发送
#define uchar unsigned char
#define TR 0
void delay(unsigned int a);
```

```c
void setup();
void send();
void receive();
uchar buf[10]={0x01,0x02,0x03,0x04,0x05,0x06,0x07,0x08,0x09,0x0a};
uchar sum;
void main()
{
        setup();
        if(TR==0)
        {
        send();
        }
}
void    delay(unsigned int a)
{
    unsigned int i;
    while( a--!=0)
    {
        for(i=0; i <82; i++);
    }
}
void setup()
{
    TMOD-0x20;
    TH1=0xf4;
    TH0=0xf4;
    PCON=0x00;
    SCON=0x50;
    TR1=1;
 }
void send()
{
    uchar i;
    do
    {
        delay(1000);
        SBUF=0xaa;
        while(TI==0);
        TI=0;
        while(RI==0);
        RI=0;
    }
    while(SBUF!=0xbb);
    do
    {
```

```
        sum=0;
        for(i=0;i<10;i++)
        {
            delay(1000);
            SBUF=buf[i];
            sum+=buf[i];
            while(TI==0);
            TI=0;
        }
        delay(1000);
        SBUF=sum;
        while(TI==0);
        TI=0;
        while(RI==0);
        RI=0;
    }
    while(SBUF!=0x00);
    while(1);
}


//B 机接收程序
#include<reg51.h>                    //B 机接收
#define uchar unsigned char
#define TR 1
void delay(unsigned int a);
void setup();
void receive();
uchar sum;
uchar buf[10];
void main()
{
    setup();
    if(TR==1)
      {
            receive();
      }
  }
void   delay(unsigned int a)
{
    unsigned int i;
    while( a--!=0)
    {
        for(i=0; i <82; i++);
    }
}
```

```
void setup()
{
    TMOD=0x20;
    TH1=0xf4;
    TH0=0xf4;
    PCON=0x00;
    SCON=0x50;
    TR1=1;
}
void receive()
{
        uchar i;
        RI=0;
        while(RI==0);
        RI=0;
        while(SBUF!=0xaa)
        {
            SBUF=0xff;              // 不是 aa 说明有误，发送 FFH
            while(TI!=1);
            TI=0;
            delay(1000);
        }
        SBUF=0xbb;
        while(TI==0);
        TI=0;
        sum=0;
        for(i=0;i<10;i++)
        {
            while(RI==0);
            RI=0;
            buf[i]=SBUF;
            sum+=buf[i];
        }
    while(RI==0);
    RI=0;
    if(SBUF==sum)
    {
      SBUF=0x00;
      while(TI==0);
      TI=0;
    }
      else
    {
      SBUF=0xff;
```

```
            while(TI==0);
            TI=0;
        }
}
```

在仿真电路里，运行程序后，示波器显示如图 8-25 所示。

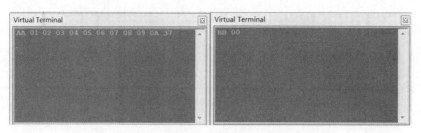

图 8-25　通过数字示波器观察两个单片机串行通信情况

8.6.3　单片机与单片机间方式 2/ 方式 3 通信设计

方式 2 与方式 3 相比，除了波特率有差别外，其他都相同。方式 3 与方式 1 相比，波特率计算公式一样，即波特率 $=\dfrac{2^{\mathrm{SMOD}}}{32}\times$ 定时器 T1 的溢出率，不同的是方式 3 接收 / 发送 11 位信息，第 0 位为起始位，第 1 ～ 8 位为数据位，第 9 位为程控位，由用户设置的 TB8 位决定，第 10 位为停止位 1。下面以方式 3 为例进行说明。

【例 8-5】如图 8-26 所示，A、B 两单片机以方式 3（或方式 2）进行串行通信。A 机把控制 8 个流水灯点亮的数据发送给 B 机并点亮其 P1 口的 8 个 LED。方式 3 比方式 1 多了 1 个可编程控制位 TB8，该位一般作为奇偶校验位。B 机接收到的 8 位二进制数据有可能出错，需进行奇偶校验，其方法是将 B 机的 RB8 和 PSW 的奇偶校验位 P 进行比较，如果相同，则接收数据，否则拒绝接收。

参考程序如下：

```
//A 机发送程序
#include <reg51.h>
sbit p=PSW^0;                    /* p 位定义为 PSW 的第 0 位 , 即奇偶校验位 */
unsigned char code Tab[ ]={0xfe,0xfd,0xfb,0xf7,0xef,0xdf,0xbf,0x7f};
                                 /* 控制流水灯显示数据 , 数组被定义为全局变量 */
void Send(unsigned char dat)     /* 发送一个字节数据的函数 */
{
    ACC=dat;
    TB8=p;                       /* 将奇偶校验位写入 TB8*/
    SBUF=dat;                    /* 将待发送的数据写入发送缓冲器 */
    while(TI==0);                /* 检测发送标志位 TI, TI=0, 未发送完 */
    ;                            /* 空操作 */
    TI=0;                        /* 一个字节发送完 ,TI 清 0*/
}
void Delay (void)                /* 延时大约 200ms 函数 */
```

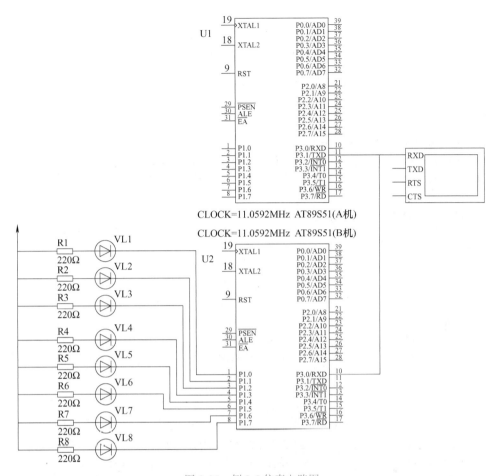

图 8-26　例 8-5 仿真电路图

```
{
    unsigned int m,n;
    for(m=0;m<25000;m++);
    for(n=0;n<25000;n++);
}

void main(void)                    /* 主函数 */
{
    unsigned char i;
    TMOD=0x20;                     /* 设置定时器 T1 为方式 2*/
    SCON=0xc0;                     /* 设置串行口为方式 3*/
    PCON=0x00;                     /*SMOD=0*/
    TH1=0xfd;                      /* 给定时器 T1 赋初值，波特率设置为 9600*/
    TL1=0xfd;
    TR1=1;                         /* 启动定时器 T1*/
    while(1)
    {
        for(i=0;i<8;i++)
```

链 8-8 串行
口方式 2/3
应用

```
            {
                Send(Tab[i]);
                Delay();                /* 大约 200ms 发送一次数据 */
            }
        }
    }
    //B 机接收程序
    #include <reg51.h>
    sbit p=0xd0;                        /* p 位为 PSW 的第 0 位，即奇偶校验位 */
    unsigned char Receive(void)         /* 接收一个字节数据的函数 */
    {
        unsigned char dat;
        while(RI==0);                   /* 检测接收中断标志 RI,RI=0，未接收完，则循环等待 */
        ;
        RI=0;                           /* 已接收一帧数据，将 RI 清 0*/
        ACC=SBUF;                       /* 将接收缓冲器的数据存于 ACC*/
        if(RB8==p)                      /* 只有奇偶校验成功才接收数据 */
        {
            dat=ACC;                    /* 将接收缓冲器的数据存于 dat*/
            return dat;                 /* 将接收的数据返回 */
        }
    }
    void main(void)                     /* 主函数 */
    {
        TMOD=0x20;                      /* 设置定时器 T1 为方式 2*/
        SCON=0xd0;                      /* 设置串行口为方式 3，允许接收 REN=1*/
        PCON=0x00;                      /* SMOD=0*/
        TH1=0xfd;                       /* 给定时器 T1 赋初值，波特率为 9600*/
        TL1=0xfd;
        TR1=1;                          /* 接通定时器 T1*/
        REN=1;                          /* 允许接收 */
        while(1)
        {
            if(RB8==p)                  /* 只有奇偶校验成功才接收数据 */
            {
                P1=Receive();           /* 将接收到的数据送 P1 口显示 */
            }
        }
    }
```

8.6.4　单片机与 PC 串行通信

实际应用时，单片机与 PC 间的通信非常普遍，此时单片机系统的主要任务是采集现场的物理参数，然后将采集的数据发送到 PC；PC 负责对接收到的现场数据进行显示、统计、处理等。

1. 硬件连接

普通 PC 至少有一个标准的 RS-232C 串行接口，用于与具有标准 RS-232C 串行接口的外设或另一台计算机交换数据。由于单片机使用 TTL 电平，所以为了与具有标准 RS-232C 串行接口的 PC 进行通信，早期单片机芯片的引脚电平必须用电平转换器（如 MAX232 等）转换成 RS-232 电平，并用 9 针的 D 型标准连接器（DB-9）引出接至 PC，单片机与 PC 通过 DB-9 连接的串行通信接口示意图如图 8-27 所示。

随着 USB 接口技术的成熟和使用的普及，DB-9 串行口正在逐步地被 USB 接口所替代。现在的大多数笔记本计算机中，出于节省物理空间和用处不大等原因，DB-9 串行口已不再设置，这就约束了基于 RS-232（DB-9）串行口与 PC 通信的单片机设备的使用范围。下面主要介绍利用 USB 接口进行单片机与 PC 间的通信。

使用 USB-RS232 转接芯片实现 PC 同单片机的硬件连接，通过编写单片机指令实现数据帧格式的匹配。目前常用的 USB 转接芯片包括 PL2303、CH341、CP2101 和 FT232 等，此处选用 CH341 芯片，它通过 USB 总线提供异步串行口、打印口、并行口及常用的 2 线和 4 线等同步串行接口。具体来讲，选用 SSOP-20 封装的 CH341T，其引脚图如图 8-28 所示。CH341T 提供全速 USB 设备接口，兼容 USB2.0，外围器件至少需要电容和晶体，电路如图 8-29 所示。

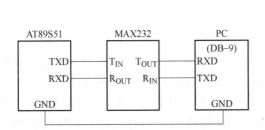

图 8-27　单片机与 PC 的 DB-9 串行通信接口示意图

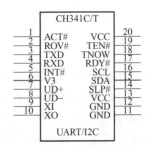

图 8-28　CH341T 引脚图

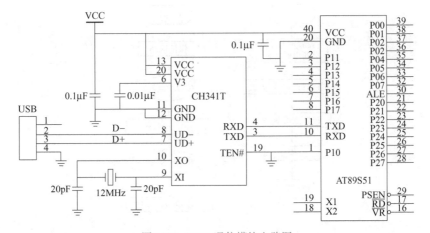

图 8-29　USB 通信模块电路图

其中，电源电压为 5V，USB 接口的差分数据线与 CH341T 的 UD- 和 UD+ 直接相连。

CH341T 提供 TTL 电平，同 AT89S51 可直接采用简单的 3 线连接（RXD–TXD，TXD–RXD，GND–GND）。在 5V 电源的情况下，V3 口需要外接 0.01μF 的退耦电容。TEN# 为串行口发送数据使能端，低电平有效。CH341T 必须使用 12MHz 的晶振，否则无法正常工作。为保证单片机能够产生与计算机匹配的波特率，单片机采用 11.0592MHz 的晶振。

通过登录南京沁恒微电子公司网站可下载 CH341T 驱动程序 CH341SER.EXE，在确认驱动程序和硬件电路无误后，打开驱动程序自动安装。将硬件电路通过 USB 接口连接至 PC，PC 自动识别并弹出新硬件安装对话框，选择自动安装，驱动程序即可成功安装至 PC。在计算机设备管理器中，可显示安装成功的 USB 串口，如图 8-30 所示。

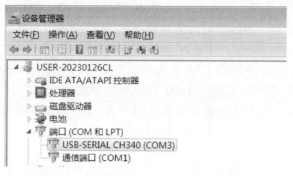

图 8-30　串口设备安装成功后的设备管理器

2. 软件程序

为实现单片机同 PC 的简单通信功能，需要通过 C 语言指令使单片机完成一定的工作以验证 USB 接口通信的畅通。若使它们正常通信，单片机和 USB 接口需使用相同的通信协议。单片机端程序流程图如图 8-31 所示。实际上，单片机向 PC 发送数据与单片机和单片机间发送数据的方法完全一样。通过例题说明单片机与 PC 串行通信的 Proteus 仿真及 C 语言程序设计。

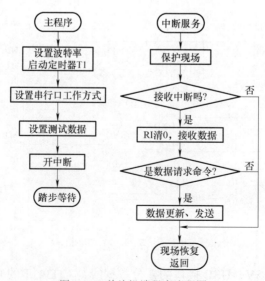

图 8-31　单片机端程序流程图

【例 8-6】单片机向计算机发送信息的 Proteus 仿真电路如图 8-32 所示，要求单片机通过串行口不停地向 PC 发送字符串 "Hello China！"。本例使用一个串行口虚拟终端，观察串行口线上出现的串行传输数据，同时通过将程序下载至开发板，利用串口调试助手显示结果。

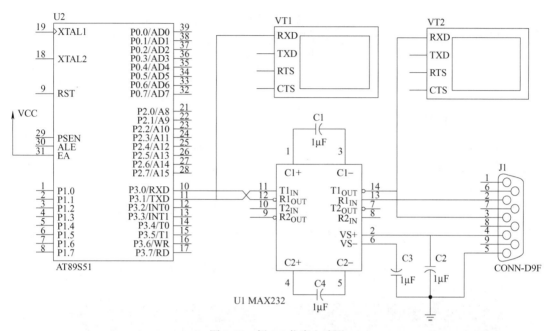

图 8-32　例 8-6 仿真电路图

参考程序如下：

```
// 单片机发送程序
#include <reg51.h>
#include <intrins.h>
char code str[ ]=" Hello China!\n\r" ;
void send_str();
main ()
{
    TMOD=0x20;              // 定时器 1 工作于 8 位自动重载模式，用于产生波特率
    TH1=0xfd;
    TL1=0xfd;
    SCON=0x50;             // 设定串行口工作方式
    PCON=0x00;             // 波特率不倍增
    TR1=1;                 // 启动定时器 1
    while(1)
    {
        send_str();        // 传送字串 "Hello China!"
    }
}
```

链 8-9 发送 "Hello China！"

```
void    send_str()
{
    unsigned char i=0;
    while(str[i]!='\0')
    {
    SBUF=str[i];                    // 传送字符串
    while(TI==0);                   // 等待数据传送
    TI=0;                           // 清除数据传送标志
    i++;                            // 下一个字符
    }
}
```

3. 通过虚拟终端观察运行结果

将 hex 文件调入 Proteus 中进行联调，可弹出两个虚拟终端窗口，如图 8-33 所示，VT1 窗口显示的数据表示单片机串行口发给 PC 的数据，VT2 显示的数据表示由 PC 经 RS-232 串行口模型 COMPIM 接收到的数据，由于使用了串行口模型 COMPIM，从而省去了 PC 的模型，解决了单片机与 PC 串行通信的虚拟仿真问题。其中，要显示字符串，需在两个窗口单击右键选中 Echo Typed Characters 选项。

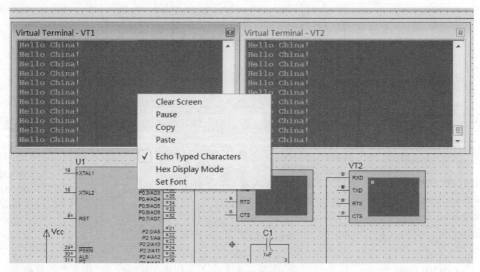

图 8-33　从两个虚拟终端窗口观察到的串行通信数据

4. 通过串口调试助手观察运行结果

为了能在 PC 上看到单片机发出的数据，可以使用计算机串口调试助手软件观察单片机串行通信。首先，打开串口调试助手设置串行通信的参数，"波特率"选"9600"，"串口"选择"COM3"；其次，将本例程序生成的 hex 文件下载至单片机内，将单片机的串行口引脚通过 USB 连接至 PC，则在串口调试助手软件接收区界面就会增加一个"Hello China！"字符，表示单片机向 PC 发送字符成功，如图 8-34 所示。

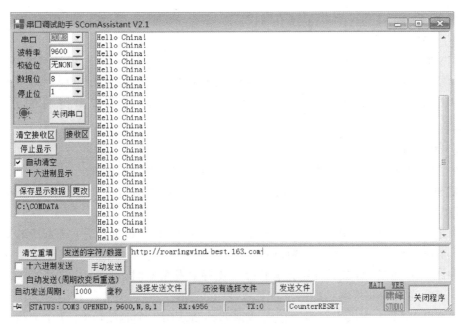

图 8-34　从串口调试助手界面观察到的串行通信数据

本 章 小 结

串行通信有异步通信和同步通信两种方式。异步通信是按字符传输的，每传送一个字符，就用起始位来进行收发双方的同步；同步串行通信进行数据传送时，发送和接收双方要保持完全同步，因此要求接收和发送设备必须使用同一时钟。同步通信的优点是可以提高传送速率（波特率达 56kbit/s 或更高），但硬件更复杂。AT89S51 单片机片内有一个全双工通用异步接收发送设备（UART）的串行口，本章介绍了串行口的内部结构、4 种工作方式、波特率的确定、多机通信等。通过实例介绍不同工作方式的具体应用，利用虚拟终端和串口调试助手实现 RS-232 总线与 PC 之间的通信。

本章重点是在理解串行口的基本原理基础上，能够熟练使用不同工作方式下串行口的具体使用及单片机串行口与 PC 间串行口通信的调试。

思考题与习题

一、填空题

1. AT89S51 的串行异步通信口为_____（单工 / 半双工 / 全双工）。

2. 串行通信波特率的单位是_____。

3. 若 AT89S51 的串行口传送速率为每秒 120 帧，每帧 10 位，则波特率为_____。

4. 串行口采用方式 0 的波特率为_____。

5. AT89S51 单片机的通信接口有_____和_____两种形式。在串行通信中，发送时要把_____数据转换成_____数据；接收时又需把_____数据转换成_____数据。

6. 当用串行口进行串行通信时，为减小波特率误差，使用的时钟频率为_____MHz。

7. AT89S51 单片机串行口的 4 种工作方式中，_____和_____的波特率是可调的，这与定时器 / 计数器 T1 的溢出率有关，另外两种方式的波特率是固定的。

8. 帧格式为 1 个起始位，8 个数据位和 1 个停止位的异步串行通信方式是方式_____。

二、简答题

1. 在异步串行通信中，接收方是如何知道发送方开始发送数据的？

2. AT89S51 单片机的串行口有几种工作方式？有几种帧格式？各种工作方式的波特率如何确定？

3. 假定串行口串行发送的字符格式为 1 个起始位、8 个数据位、1 个奇校验位、1 个停止位，请画出传送字符 "C" 的帧格式。

4. 为什么定时器 / 计数器 T1 用作串行口波特率发生器时，常采用方式 2？若已知时钟频率、串行通信的波特率，如何计算装入 T1 的初值？

5. 某 AT89S51 单片机串行口，传送数据的帧格式由 1 个起始位 0、7 个数据位、1 个偶校验位和 1 个停止位 1 组成。当该串行口每分钟传送 1800 个字符时，试计算出它的波特率。

三、编程题

1. 将 AT89S51 串行口的 TXD 和 RXD 通过 RS-232 电平转换芯片和 PC 的串行口相连，通过单片机串行发送 0 ~ 9 共 10 个数的 ASCII 显示在计算机屏幕上。利用 Proteus 画出电路图，编写单片机的发送程序并通过虚拟终端进行仿真。

第9章　单片机串行扩展的应用

学习目标： 本章要求在掌握 I²C 总线和单总线扩展方式基础上，能够在实际操作中熟练选择两种扩展方式及 C51 语言的编程应用。

单片机应用系统中使用的串行扩展方式主要有 Philips 公司的 I²C（Inter-Integrated Circuit）总线和 Dallas 公司的单（1-Wire）总线。其中，单总线因其简单明了的结构，得到许多用户的青睐，因此首先要了解单总线的扩展技术。

9.1　单总线扩展技术

单总线（1-Wire Bus）是由美国 Dallas 公司推出的外围串行扩展总线。它只有一条数据输入/输出线（DQ），总线上的所有器件都挂在 DQ 上，电源也通过这条信号线供给，这种只使用一条信号线的串行扩展技术，称为单总线扩展技术。

单总线系统中配置的各种器件，由 Dallas 公司提供的专用芯片实现。每个芯片都有 64 位 ROM，厂家对每一芯片都用激光烧写编码，其中存有 16 位十进制编码序列号，它是器件的地址编号，以确保它挂在总线上后，可唯一地被确定。除了器件的地址编码外，芯片内还包含收发控制和电源存储电路，如图 9-1 所示。这些芯片的耗电量都很小（空闲时为几微瓦，工作时为几毫瓦），从总线上馈送电能到大电容中就可以工作，故一般不需另加电源。

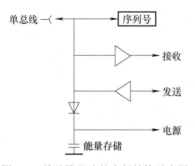

链 9-1 单总线扩展技术

图 9-1　单总线芯片的内部结构示意图

9.1.1　单总线扩展的典型应用——DS18B20 的温度测量系统

1. 单总线温度传感器 DS18B20 简介

DS18B20 是美国 Dallas 半导体公司生产的单总线（1-Wire）器件。它具有微型化、低功耗、高性能、抗干扰能力强、易配处理器等优点，可直接将温度转化为串行数字信号供处理器处理。

2. DS18B20 产品的特点

1）只要求一个端口即可实现通信。

2）DS18B20 中的每个器件上都有独一无二的序列号。

3）实际应用中不需要外部任何元器件即可实现测温。

4）适用电压范围为 3.0 ～ 5.5V。

5）测量温度范围在 –55 ～ +125℃，在 –10 ～ +85℃时精度为 ± 0.5℃。

6）可编程分辨率为 9 ～ 12 位，可分辨温度为 0.5℃、0.25℃、0.125℃和 0.0625℃。

7）转换时间最长为 750ms。

8）内部有温度上、下限告警设置。

9）负电压特性。电源极性接反时，芯片不会因发热而烧毁，但不能正常工作。

3. DS18B20 的引脚介绍

DS18B20 的引脚示意图如图 9-2 所示，各引脚定义如下。

引脚 1（GND）：接地端。

引脚 2（DQ）：数据输入 / 输出引脚，也可做开漏单总线接口引脚。当被用在寄生电源下时，也可以向器件提供电源。

引脚 3（VDD）：可选择的 VDD 引脚。当工作于寄生电源时，此引脚必须接地。

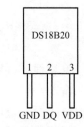

图 9-2　DS18B20 的引脚示意图

4. DS18B20 的硬件连接

DS18B20 与单片机连接时，可按单节点系统（一个从机设备）操作，也可按多节点系统（多个从机设备）操作。通常设备通过一个漏极开路或三态端口连至数据线，并外接一个约 5kΩ 的上拉电阻，如图 9-3 所示。

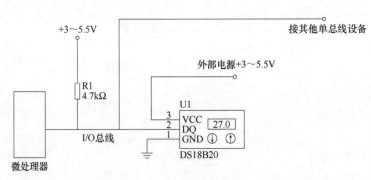

图 9-3　DS18B20 典型电路

9.1.2　DS18B20 的使用方法

1. DS18B20 的工作原理

DS18B20 的内部结构如图 9-4 所示，主要包括 64 位 ROM、温度传感器、非易失性温度报警触发器 TH 和 TL、配置寄存器。

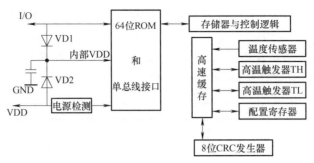

图 9-4　DS18B20 的内部结构

　　64 位 ROM 中的值是出厂前被光刻好的，它可以看作该 DS18B20 的地址序列码。64 位光刻 ROM 的排列顺序如下：开始 8 位是产品类型标号，接着的 48 位是该 DS18B20 自身的序列号，最后 8 位是前面 56 位的循环冗余校验码（CRC=X8+X5+X4+1），如图 9-5 所示。光刻 ROM 的作用是使每一个 DS18B20 都各不相同，这样就可以实现一根总线上挂接多个 DS18B20 的目的。

最高位字节(MSB)		最低位字节(LSB)
8位CRC码	48位序列号	8位产品类型标号

图 9-5　64 位 ROM 结构地址序列码

　　DS18B20 温度传感器的片内存储器包括一个高速暂存 RAM 和一个非易失性的电擦除可编程只读存储器（EEPROM），后者存放高温、低温触发器（TH、TL）和配置寄存器。

　　高速暂存 RAM 包含了 9 个连续字节，其内容见表 9-1。前两个字节是测得的温度信息，第 1 个字节的内容是温度值的低 8 位，第 2 个字节是温度值的高 8 位。第 3 个和第 4 个字节是 TH、TL 的易失性副本，第 5 个字节是配置寄存器的易失性副本，这 3 个字节的内容在每一次上电复位时被刷新。第 6 ～ 8 个字节用于内部计算保留。第 9 个字节用于循环冗余校验（CRC）。

表 9-1　高速暂存 RAM 内容

字节（从低到高）	寄存器内容
1	温度值低 8 位
2	温度值高 8 位
3	高温限值 TH
4	低温限值 TL
5	配置寄存器
6	保留
7	保留
8	保留
9	CRC

配置寄存器的内容用于确定温度值的数字转换分辨率，其结构如图 9-6 所示。其中，低 5 位为高电平，TM 是测试模式位，用于设置 DS18B20 在工作模式还是在测试模式，在 DS18B20 出厂时该位被设置为 0，用户不要去改动。R1 和 R0 用来设置分辨率，具体见表 9-2。DS18B20 出厂时分辨率被设置为 12 位。

图 9-6　配置寄存器结构

表 9-2　DS18B20 的分辨率设置

R1	R0	分辨率	最长温度转换时间
0	0	9 位	93.75ms
0	1	10 位	187.5ms
1	0	11 位	375ms
1	1	12 位	750ms

当 DS18B20 接收到温度转换命令后，开始启动转换。转换完成后的温度值就以 16 位有符号数的二进制补码形式存储在高速暂存器 RAM 的第 1、2 字节中，其数据存储格式见表 9-3。单片机可通过单总线接口从低位到高位读取该数据。

表 9-3　数据存储格式

位序	D7	D6	D5	D4	D3	D2	D1	D0
低字节	2^3	2^2	2^1	2^0	2^{-1}	2^{-2}	2^{-3}	2^{-4}
高字节	S	S	S	S	S	2^6	2^5	2^4

以 12 位转换为例，转换后的温度值以 0.0625℃ /LSB 形式表达，其中高字节的前 5 位 S 为符号位。如果测得的温度大于 0，则符号位 S 为 0，只要将测到的数值乘以 0.0625 即可得到实际温度；如果温度小于 0，则符号位 S 为 1，测到的数值需要取反加 1 再乘以 0.0625 即可得到实际温度。例如：+125℃的数字输出为 07D0H，+25.0625℃的数字输出为 0191H，−25.0625℃的数字输出为 FE6FH，−55℃的数字输出为 FC90H。

当完成温度转换后，DS18B20 把测得的温度值与 RAM 中 TH、TL 的报警限值做比较，如满足报警条件，则将器件内的报警标志位置位。

2. DS18B20 的控制指令

通过单总线端口访问 DS18B20 的过程如下：

1）初始化。

2）ROM 操作指令。

3）DS18B20 功能指令。

每一次 DS18B20 的操作都必须满足以上的步骤，若缺少步骤或时序混乱，则器件无法正常工作。

DS18B20 对 ROM 的操作命令见表 9-4。

表 9-4　对 ROM 的操作命令

序号	指令类别	命令字	功能
1	搜索 ROM 指令	0F0H	用于识别总线上所有的 DS18B20 序列码, 以确立所有从机器件
2	读 ROM 指令	33H	用于读取单个 DS18B20 的地址序列码, 仅适用于总线上存在单个 DS18B20 的情况
3	匹配 ROM 指令	55H	后跟 64 位 ROM 编码序列, 让总线控制器在多点总线上定位一个特定的 DS18B20, 为下一步对该 DS18B20 进行读写做准备
4	忽略 ROM 指令	0CCH	允许总线控制器不用提供 64 位 ROM 编码就使用功能指令
5	报警搜索指令	0ECH	只有符合报警条件的从机会对此指令做出响应

DS18B20 的功能指令见表 9-5。

表 9-5　DS18B20 的功能指令

序号	指令类别	命令字	功能
1	温度转换指令	44H	用于启动一次温度转换。转换后的结果以 2B 的形式被存储在高速暂存器中
2	写暂存器指令	4EH	用于向 DS18B20 的暂存器写入数据, 顺序依次是 TH、TL 及配置寄存器, 数据以最低有效位开始传送
3	读暂存器指令	0BEH	用于读取 DS18B20 暂存器的内容, 读取将从第 1 字节一直到第 9 字节, 控制器可以在任何时间发出复位命令来终止
4	复制暂存器指令	48II	用丁把 TH、TL 和配置寄存器的内容复制到 EEPROM
5	重调 EEPROM 指令	0B8H	用于把 TH、TL 和配置寄存器的内容从 EEPROM 复制回暂存器, 这种重调操作在 DS18B20 上电时自动执行
6	读供电模式指令	0B4H	若为寄生电源模式, DS18B20 将拉低总线; 若为外部电源模式, DS18B20 将拉高总线

3. DS18B20 的工作时序

DS18B20 必须采用软件的方法模拟单总线的协议时序来完成对 DS18B20 芯片的访问。由于 DS18B20 是在一根 I/O 线上读写数据, 因此, 对读写的数据位有着严格的时序要求。DS18B20 有严格的通信协议来保证各位数据传输的正确性和完整性。该协议定义了几种信号的时序: 初始化时序、读时序、写时序。所有时序都是将主机作为主设备, 单总线器件作为从设备。而每一次命令和数据的传输都是从主机主动启动写时序开始, 如果要求单总线器件回送数据, 在进行写命令后, 主机需启动读时序完成数据接收。数据和命令的传输都是低位在先。

（1）DS18B20 的初始化时序

DS18B20 的初始化时序如图 9-7 所示。主机先把总线拉成低电平并保持 480 ～ 960μs, 然后主机释放总线需要等待 15 ～ 60μs, DS18B20 发出存在信号（低电平 60 ～ 240μs）, 然后 DS18B20 释放总线, 准备开始通信。

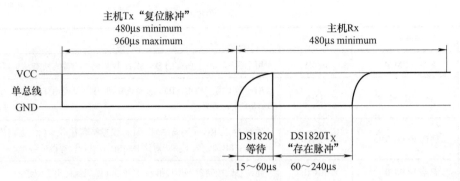

图 9-7　DS18B20 的初始化时序

（2）DS18B20 的读时序

DS18B20 的读时序如图 9-8 所示。对于 DS18B20 的读时序分为读 0 时序和读 1 时序两个过程。主机把单总线拉低之后，在 15μs 之内就得释放单总线，通过 DS18B20 把数据传输到单总线上。DS18B20 完成一个读时序过程至少需要 60μs。

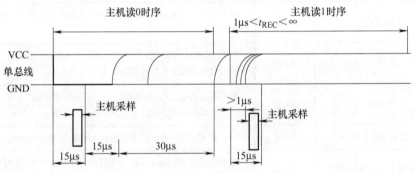

图 9-8　DS18B20 的读时序

（3）DS18B20 的写时序

DS18B20 的写时序如图 9-9 所示。对于 DS18B20 的写时序仍然分为写 0 时序和写 1 时序两个过程。DS18B20 写 0 时序和写 1 时序的要求不同，当要写 0 时序时，单总线要被拉低至少 60μs，保证 DS18B20 能够在 15 ～ 45μs 能够正确地采样 I/O 总线上的 "0" 电平；当要写 1 时序时，单总线被拉低之后，在 15μs 之内就得释放单总线。

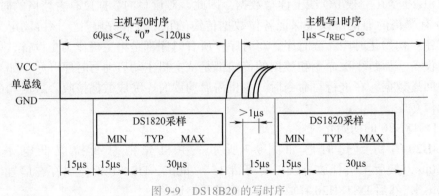

图 9-9　DS18B20 的写时序

4. DS18B20 应用程序设计

DS18B20 温度测量应用包括单总线驱动程序和 DS18B20 驱动程序两部分。单总线驱动程序由复位、读一个字节、写一个字节组成，而 DS18B20 驱动程序由读 ROM、启动温度转换、读温度组成。下面说明常用驱动程序的设计。

（1）单总线驱动程序

单总线驱动程序包括单总线复位程序以及读 / 写一个字节程序，如图 9-10 所示。

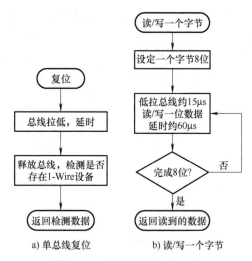

图 9-10　单总线驱动程序流程

（2）DS18B20 驱动程序

DS18B20 的驱动程序是在单总线驱动程序的基础上设计的，程序按 DS18B20 的操作顺序，由主机向芯片发出命令或接收数据。读 ROM、启动温度转换、读温度程序流程，分别如图 9-11a、b、c 所示。

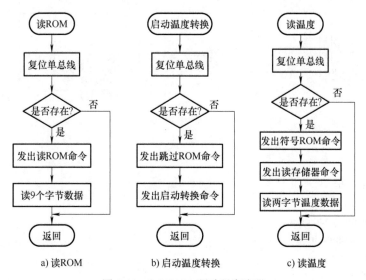

图 9-11　DS18B20 驱动程序流程

9.1.3　设计案例：单总线 DS18B20 温度测量系统

【例 9-1】利用 DS18B20 和 LED 数码管实现单总线温度测量系统，原理仿真电路如图 9-12 所示。DS18B20 的测量范围是 −55 ～ 128℃。本例由于只接有两个数码管，所以显示的数值为 00 ～ 99。学生通过本例应掌握 DS18B20 的特性以及单片机 I/O 实现单总线协议的方法。

在 Proteus 环境下进行仿真时，可手动调整 DS18B20 的温度值，即用鼠标单击 DS18B20 图标上的 "↑" 或 "↓" 来改变温度，注意手动调节温度的同时，LED 数码管上会显示出与 DS18B20 窗口相同的 2 位温度数值，以表示测量结果正确。电路中 74LS47 是 BCD−7 段译码器 / 驱动器，用于将单片机 P0 口输出欲显示的 BCD 码转化成相应的数字显示的段码，并直接驱动 LED 数码管显示。

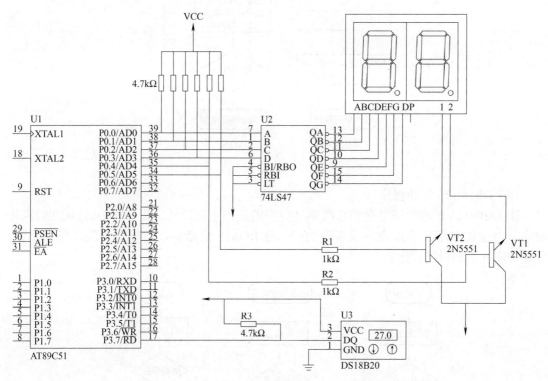

图 9-12　DS18B20 仿真电路图

参考程序如下：

```
#include <reg51.h>
#include <intrins.h>
#define uchar unsigned char
#define uint unsigned int
#define out P0
sbit smgl=out^4;
sbit smg2=out^5;
```

```c
sbit DQ=P3^7;
void delay5(uchar);
void init_ds18b20(void);
uchar readbyte(void);
void writebyte(uchar);
uchar retemp(void);
void main(void)                 // 主函数
{
    uchar i,temp;
    delay5(1000);
    while(1)
    {
        temp=retemp();
        for(i=0;i<10;i++)           // 连续扫描数码管 10 次
        {
            out=(temp/10)&0x0f;
            smg1=0;
            smg2=1;
            delay5(1000);           // 延时 5ms
            out=(temp%10)&0x0f;
            smg1=1;
            smg2=0;
            delay5(1000);           // 延时 5ms
        }
    }
}
void delay5(uchar n)                // 延时 5μs 函数
{
    do
    {
    _nop_();
    _nop_();
    _nop_();
    n--;
    }
    while(n);
}
void init_ds18b20(void)             // 对 DS18B20 初始化函数
{
    uchar x=0;
    DQ=0;
    delay5(120);
    DQ=1;
    delay5(16);
    delay5(80);
```

```
    }
    uchar readbyte(void)              // 读取 1B 数据
    {
        uchar i=0;
        uchar date=0;
        for (i=8;i>0;i--)
        {
            DQ=0;
            delay5(1);                //15μs 内拉低释放总线
            DQ=1;
            date>>=1;
            if(DQ)
            date|=0x80;
            delay5(11);
        }
        return(date);
    }
    void writebyte(uchar dat)         // 写 1B 函数
    {
        uchar i=0;
        for(i=8;i>0;i--)
        {
            DQ=0;
            DQ=dat&0x01;              // 写 "1", 在 15μs 内拉低
            delay5(12);              // 写 "0", 拉低 60μs
            DQ=1;
            dat>>=1;
            delay5(5);
        }
    }
    uchar retemp(void)                // 读取温度函数
    {
        uchar a,b,tt;
        uint t;
        init_ds18b20();
        writebyte(0xcc);
        writebyte(0x44);
        init_ds18b20();
        writebyte(0xcc);
        writebyte(0xbe);
        a=readbyte();
        b=readbyte();
        t=b;
        t<<=8;
        t=t|a;
```

```
        tt=t*0.0625;
        return(tt);
    }
```

9.2 I²C 总线的串行扩展

I²C（Inter Interface Circuit，芯片间总线）是应用广泛的芯片间串行扩展总线。目前世界上采用的 I²C 总线有两个规范，分别由荷兰飞利浦公司和日本索尼公司提出，现在多采用飞利浦公司的 I²C 总线技术规范，它已成为电子行业认可的总线标准。采用 I²C 技术的单片机以及外围器件种类很多，目前已广泛用于各类电子产品、家用电器及通信设备中。

9.2.1 I²C 总线系统的基本结构

I²C 总线只有两条信号线，一条是数据线（SDA），另一条是时钟线（SCL）。SDA 和 SCL 是双向的，各器件的数据线都接到 SDA 上，各器件的时钟线均接到 SCL 上。I²C 总线系统的基本结构如图 9-13 所示。带有 I²C 总线接口的单片机可直接与具有 I²C 总线接口的各种扩展器件（如存储器、I/O 芯片、A/D、D/A、键盘、显示器、日历 / 时钟）连接。由于

链 9-2 I²C 总线的串行扩展

I²C 总线采用纯软件的寻址方法，无需片选线的连接，这样就大大简化了总线数量。I²C 总线的运行由主器件控制。主器件是指启动数据的发送（发出起始信号）、发出时钟信号、传送结束时发出终止信号的器件，通常由单片机来担当。从器件可以是存储器、LED 或 LCD 驱动器、A/D 或 D/A 转换器、时钟 / 日历器件等，从器件必须带有 I²C 总线接口。

当 I²C 总线空闲时，SDA 和 SCL 两条线均为高电平。由于连接到总线上器件的输出级必须是漏极或集电极开路的，因此只要有一个器件任意时刻输出低电平，都将使总线上的信号变低，即各器件的 SDA 及 SCL 都是"线与"的关系。由于各器件输出端为漏极开路，故必须通过上拉电阻接正电源，以保证 SDA 和 SCL 在空闲时被上拉为高电平。SCL 上的时钟信号对 SDA 上的各器件间的数据传输起同步控制作用。SDA 上的数据起始、终止及数据的有效性均要根据 SCL 上的时钟信号来判断。

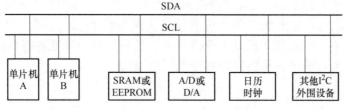

图 9-13 I²C 总线系统的基本结构

在标准的 I²C 普通模式下，数据的传输速率为 100kbit/s，高速模式下可达 400kbit/s。总线上扩展的器件数量不是由电流负载决定的，而是由电容负载确定的。I²C 总线上的每个器件的接口都有一定的等效电容，器件越多，电容值就越大，从而导致信号传输有所延迟。

总线上允许的器件数以器件的电容量不超过 400pF（通过驱动扩展可达 4000pF）为宜，据此可计算出总线长度及连接器件的数量。每个接到 I²C 总线上的器件都有唯一的地址。主机与其他器件间的数据传送可以是由主机发送数据到其他器件，这时主机即为发送器。总线上接收数据的器件则为接收器。在多主机系统中，可能同时有几个主机企图启动总线传送数据。为了避免混乱，I²C 总线要通过总线仲裁，以决定由哪一台主机控制总线。

　　I²C 总线应用系统允许多个主器件，但是在实际应用中，经常遇到的是以单一单片机为主器件，其他外围接口器件为从器件的情况。

9.2.2　I²C 总线的数据传送规定

1. 数据位的有效性规定

　　I²C 总线进行数据传送时，时钟信号为高电平期间，SDA 上的数据必须保持稳定，只有在 SCL 上的信号为低电平期间，SDA 上的高电平或低电平状态才允许变化，如图 9-14 所示。

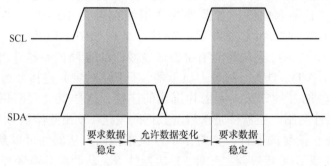

图 9-14　数据位的有效性规定

2. 起始信号和终止信号

　　SCL 为高电平期间，SDA 由高电平向低电平的变化表示起始信号；SCL 为高电平期间，SDA 由低电平向高电平的变化表示终止信号，如图 9-15 所示。起始信号和终止信号都是由主机发出的，在起始信号产生后，总线就处于被占用的状态；在终止信号产生后，总线就处于空闲状态。连接到 I²C 总线上的器件，若具有 I²C 总线的硬件接口，则很容易检测到起始信号和终止信号。接收器件收到一个完整的数据字节后，有可能需要完成一些其他工作，如处理内部中断服务等，可能无法立刻接收下一个字节，这时接收器件可以将 SCL 拉成低电平，从而使主机处于等待状态。直到接收器件准备好接收下一个字节时，再释放 SCL 使之为高电平，从而使数据传送可以继续进行。

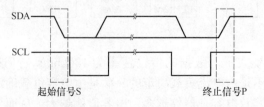

图 9-15　起始信号和终止信号

3. I²C 总线上数据传送的应答

每一个字节必须保证是 8 位长度。数据传送时，先传送最高位字节（MSB），每一个被传送的字节后面都必须跟随一位应答位（即一帧共有 9 位），如图 9-16 所示。由于某种原因，从机不对主机寻址信号应答时（如从机正在进行实时性的处理工作而无法接收总线上的数据），它必须将 SDA 置于高电平，而由主机产生一个终止信号以结束总线的数据传送。

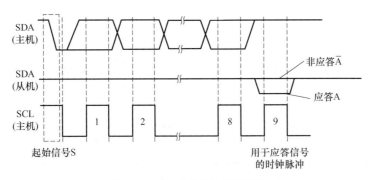

图 9-16　I²C 总线上的应答信号

如果从机对主机进行了应答，但在数据传送一段时间后无法继续接收更多的数据时，从机可以通过对无法接收的第一个数据字节的"非应答"通知主机，主机则应发出终止信号以结束数据的继续传送。

当主机接收数据时，它收到最后一个数据字节后，必须向从机发出一个结束传送的信号。这个信号是由对从机的"非应答"来实现的。然后，从机释放 SDA，以允许主机产生终止信号。

4. I²C 总线上的数据帧格式

I²C 总线上传送的数据信号是广义的，既包括地址信号，又包括真正的数据信号。在起始信号后必须传送一个从机的地址（7 位），第 8 位是数据的传送方向位（R/T），用"0"表示主机发送数据（T），用"1"表示主机接收数据（R）。每次数据传送总是由主机产生的终止信号结束。但是，若主机希望继续占用总线进行新的数据传送，则可以不产生终止信号，马上再次发出起始信号对另一从机进行寻址。

在总线的一次数据传送过程中，可以有以下几种组合方式：

1）主机向从机发送数据，数据的传送方向在整个传送过程中不变，如图 9-17 所示。

S	从机地址	0	A	数据	A	数据	A/$\overline{A}$	P

图 9-17　主机向从机发送数据

有阴影部分表示数据由主机向从机传送，无阴影部分则表示数据由从机向主机传送。A 表示应答，$\overline{A}$ 表示非应答，S 表示起始信号，P 表示终止信号。

2）主机在第一个字节后，立即由从机读数据，如图 9-18 所示。

| S | 从机地址 | 1 | A | 数据 | A | 数据 | $\overline{A}$ | P |

图 9-18　主机读从机数据

3）传送过程中，当需要改变传送方向时，起始信号和从机地址都被重复产生一次，但两次读 / 写方向位正好反向，如图 9-19 所示。

| S | 从机地址 | 0 | A | 数据 | A/$\overline{A}$ | S | 从机地址 | 1 | A | 数据 | $\overline{A}$ | P |

图 9-19　数据传送过程

5. I²C 总线的寻址

I²C 总线有明确规定，采用 7 位寻址字节（寻址字节是起始信号后的第一个字节），见表 9-6。

表 9-6　I²C 寻址字节

位序	D7	D6	D5	D4	D3	D2	D1	D0
说明			从机地址的 3 位可编程位				R/$\overline{W}$	

D7 ～ D1 位组成从机的地址。D0 位是数据传送方向位，用 "0" 表示主机向从机写数据，用 "1" 表示主机由从机读数据。

主机发送地址时，总线上的每个从机都将这 7 位地址码和自己的地址比较，如果相同，则认为自己被主机寻址，根据 R/T 位将自己确认为发送器或者接收器。

从机的地址由固定部分和可编程部分组成。在一个系统中，可能希望接入多个相同的从机，从机地址中可以编程的部分决定了可接入总线该类器件的最大数目。如一个从机的 7 位寻址位有 4 位是固定位，3 位是可编程位，这时仅能寻址 8 个同样的器件，即可以有 8 个同样的器件接入到该 I²C 总线系统中。

6. I²C 总线数据传送格式

I²C 总线上每传送一位数据都与一个时钟脉冲相对应，传送的每一帧数据均为 1B。但启动 I²C 总线后传送的字节数没有限制，只要求每传送一个字节后，对方回答一个应答位。在 SCL 为高电平期间，SDA 的状态就是要传送的数据。SDA 上数据的改变必须在 SCL 为低电平期间完成。在数据传输期间，只要 SCL 为高电平，SDA 都必须稳定，否则 SDA 上的任何变化都当作起始或终止信号。

I²C 总线数据传送必须遵循规定的数据传送格式。图 9-20 所示为一次完整的数据传送应答时序。根据总线规范，起始信号表明一次数据传送的开始，其后为寻址字节。

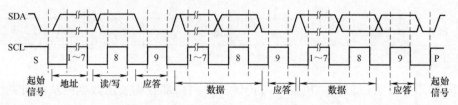

图 9-20　I²C 总线一次完整的数据传送应答时序图

在寻址字节后是按指定读、写的数据字节与应答位。在数据传送完成后主器件都必须发送终止信号。在起始与终止信号之间传输的数据字节数由主器件（单片机）决定，理论上没有字节限制。

I^2C 总线一次完整的数据传送应答时序由上述数据传送格式可以看出：

1）无论何种数据传送格式，寻址字节都由主器件发出，数据字节的传送方向则由寻址字节中的方向位来规定。

2）寻址字节只表明了从器件的地址及数据传送方向。从器件内部的 n 个数据地址，由器件设计者在该器件的 I^2C 总线数据操作格式中，指定第一个数据字节作为器件内的单元地址指针，并且设置地址自动加减功能，以减少从器件地址的寻址操作。

3）每个字节传送都必须有应答信号（A/A）相随。

4）从器件在接收到起始信号后都必须释放数据总线，使其处于高电平，以便主器件发送从器件地址。

9.2.3　AT89S51 的 I^2C 总线扩展系统

目前，许多公司都推出带有 I^2C 总线接口的单片机及各种外围扩展器件，常见的有 Atmel 公司的 AT24C×× 系列存储器、Philips 公司的 PCF8553（时钟 / 日历且带有 256×8 位 RAM）和 PCF8570（256×8 位 RAM）、Maxim 公司的 MAX117/118（A/D 转换器）和 MAX517/518/519（D/A 转换器）等。I^2C 总线扩展系统中的主器件通常由带有 PC 总线接口的单片机来担当，从器件必须带有 I^2C 总线接口。AT89S51 单片机没有 I^2C 接口，可利用并行 I/O 线结合软件来模拟 I^2C 总线上的时序。因此，在许多的应用中，都将 I^2C 总线的模拟传送作为常规的设计方法。

图 9-21 所示为 AT89S51 单片机与具有 I^2C 总线器件的扩展接口电路。图中，FM24C02 为 EPROM 芯片，PCF8570 为静态 256×8 位 RAM，PCF8574 为 8 位 I/O 接口，SAA1064 为 4 位 LED 驱动器。虽然各种器件的原理和功能有很大的差异，但它们与 AT89S51 单片机的连接是相同的。

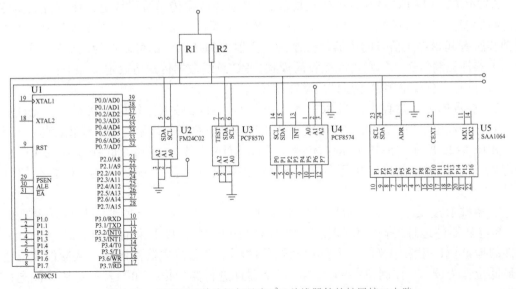

图 9-21　AT89S51 单片机与具有 I^2C 总线器件的扩展接口电路

9.2.4　设计案例：利用 I²C 总线扩展 EEPROM AT24C02 的 IC 卡设计

1. AT24C02 简介

AT24C02 是美国 Atmel 公司的低功耗 CMOS 型 EEPROM，内含 256×8 位存储空间，具有工作电压宽（$2.5 \sim 5.5V$）、擦写次数多（大于 10000 次）、写入速度快（小于 10ms）、抗干扰能力强、数据不易丢失、体积小等特点，并且它是采用 I²C 总线方式进行数据读写的串行操作，只占用很少的资源和 I/O 线。AT24C02 有一个 16B 页写缓冲器，该器件通过 I²C 总线接口进行操作，还有一个专门的写保护功能。

2. AT24C02 的引脚功能

AT24C02 的引脚示意图如图 9-22 所示，各引脚功能如下：

图 9-22　AT24C02 的引脚示意图

SCL：串行时钟输入引脚，用于产生器件所有数据发送或接收的时钟。

SDA：双向串行数据 / 地址引脚，用于器件所有数据的发送或接收。

A0、A1、A2：器件地址输入端。这些输入引脚用于多个器件级联时设置器件地址，当这些引脚悬空时默认值为 0。使用 AT24C02 最大可级联 8 个器件，如果只有一个 AT24C02 被总线寻址，这 3 个地址输入引脚 A0、A1、A2 可悬空或连接到 VSS 引脚。

WP：写保护。如果 WP 引脚连接到 VCC 引脚，所有的内容都被写保护，只能读。当 WP 引脚连接到 VSS 引脚或悬空，允许器件进行正常的读 / 写操作。

VSS：电源地（GND）。

VCC：电源电压（+5V）。

3. AT24C02 的工作原理

AT24C02 支持 I²C 总线数据传送协议，I²C 总线数据传送协议规定：任何将数据传送到总线的器件作为发送器，任何从总线接收数据的器件为接收器。数据传送是由产生串行时钟和所有起始停止信号的主器件控制的，主器件和从器件都可以作为发送器或接收器，但由主器件控制传送数据发送或接收的模式。I²C 总线数据传送协议定义如下：

1）只有在总线空闲时才允许启动数据传送。

2）在数据传送过程中，当 SCL 为高电平时，SDA 必须保持稳定状态，不允许有跳变，SCL 为高电平时，SDA 的任何电平变化将被看作总线的起始信号或停止信号。

如图 9-23 所示，SCL 保持高电平期间，SDA 电平从高到低的跳变作为 I²C 总线的起始信号。SCL 保持高电平期间，SDA 电平从低到高的跳变作为 I²C 总线的停止信号。

主器件通过发送一个起始信号启动发送过程，然后发送它所要寻址的从器件的地址。8 位从器件地址的高 4 位固定为 1010（见图 9-24），接下来的 3 位 A2、A1、A0 为器件的地址位，用来定义哪个器件以及器件的哪个部分被主器件访问。从器件 8 位地址的最低位作为读 / 写控制位。"1"表示对从器件进行读操作，"0"表示对从器件进行写操作。

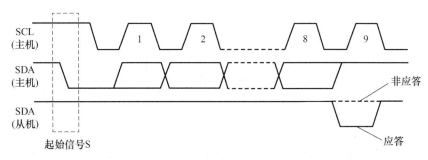

图 9-23　AT24C02 的工作原理时序图

在主器件发送起始信号和从器件地址字节后，AT24C02 监视总线并当其地址与发送的从地址相符时响应一个应答信号。AT24C02 再根据读 / 写控制位 R/W 的状态进行读或写操作。

1	0	1	0	A2	A1	A0	R/W

图 9-24　8 位的从器件地址示意图

I^2C 总线数据传送时，每成功地传送一个字节数据后，接收器都必须产生一个应答信号，如图 9-25 所示。应答的器件在第 9 个时钟周期时将 SDA 拉低，表示其已收到一个 8 位字节数据。AT24C02 在接收到起始信号和从器件地址之后响应一个应答信号，如果器件已选择了写操作，则在每接收一个 8 位字节数据之后响应一个应答信号。

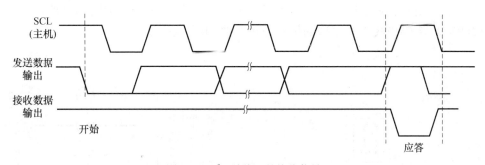

图 9-25　I^2C 总线上的接收信号

当 AT24C02 工作于读模式时，在发送一个 8 位字节数据后释放 SDA 并监视一个应答信号。一旦接收到应答信号，AT24C02 继续发送数据，如主器件没有发送应答信号，器件停止传送数据且等待一个停止信号。AT24C02 的写模式有字节写和页写两种。本设计中选择字节写模式，其时序如图 9-26 所示。该模式下，主器件发送起始命令和从器件地址信息（R/W 位置"0"）给从器件。在从器件产生应答信号后，主器件发送 AT24C02 的字节地址，主器件在收到从器件的另一个应答信号后，再发送数据到被寻址的存储单元。AT24C02 再次应答，并在主器件产生停止信号后开始内部数据的擦写。在内部擦写过程中，AT24C02 不再应答主器件的任何请求。

对 AT24C02 读操作的初始化方式和写操作时一样，仅把 R/W 位置为"1"。有 3 种不同的读操作方式：立即地址读、选择读和连续读。设计中需要一次性读出 16B 的密码，故用连续读方式。

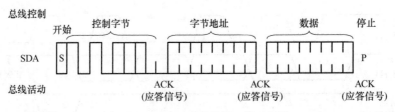

图 9-26　AT24C02 字节写工作时序图

如图 9-27 所示，连续读操作可通过立即读或选择性读操作启动，在 AT24C02 发送完一个 8 位字节数据后，主器件产生一个应答信号来响应，告知 AT24C02 主器件要求更多的数据。对应每个主机产生的应答信号，AT24C02 将发送一个 8 位字节数据；当主器件不发送应答信号而发送停止位时结束此操作。

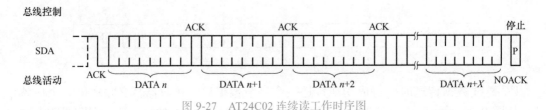

图 9-27　AT24C02 连续读工作时序图

【例 9-2】单片机通过 I^2C 串行总线扩展一片 AT24C02，实现单片机对 AT24C02 的读、写。由于 Proteus 元件库中没有 AT24C02，可用 FM24C02F 芯片代替，即在 Proteus 的"关键字"对话框元件查找栏中输入"24C02"，然后在左侧的元件列表中选择即可。

AT89S51 与 FM24C02F 接口的仿真原理电路如图 9-28 所示。

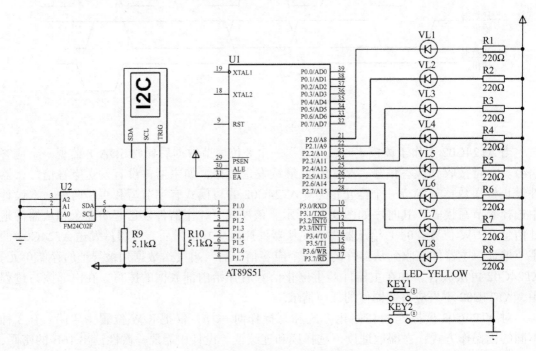

图 9-28　AT89S51 与 FM24C02F 接口的仿真原理电路

　　图 9-28 中 KEY1 作为外部中断 0 的中断源，当按下 KEY1 时，单片机通过 I²C 总线发送数据 0xaa 给 AT24C02（Proteus 元件库中没有 AT24C02 的仿真模型，故采用 FM24C02F 来代替），等发送数据完毕后，将数据 0xaa 送 P2 口通过 LED 显示出来。

　　KEY2 作为外部中断 1 的中断源，当按下 KEY2 时，单片机通过 I²C 总线读 AT24C02，等读数据完毕后，将读出的最后一个数据 0xaa 送 P2 口通过 LED 显示出来。

　　最终显示的仿真效果是：按下 KEY1，标号为 VL1 ～ VL8 的 8 个 LED 中 VL3、VL4、VL5、VL6 亮，其余灭。按下 KEY2，则 VL1、VL3、VL5、VL7 亮，其余灭。

　　Proteus 提供的 I²C 调试器是调试 I²C 系统的得力工具，使用 I²C 调试器的观测窗口可观察 I²C 总线上的数据流，查看 I²C 总线发送的数据，也可作为从器件向 I²C 总线发送数据。

　　在原理电路中添加 I²C 调试器的具体操作是：先单击图 9-28 左侧工具箱中的虚拟仪器图标，此时在预览窗口中显示出各种虚拟仪器选项，单击 "I²C DEBUGGER" 选项，并在原理图编辑窗口单击鼠标左键，就会出现 I²C 调试器的符号，如图 9-28 所示。然后把 I²C 调试器的 "SDA" 端和 "SCL" 端分别连接在 I²C 总线的 "SDA" 和 "SCL" 上。

　　在仿真运行时，右击 I²C 调试器符号，弹出快捷菜单，单击 "Terminal" 选项，即可出现 I²C 调试器的观测窗口，如图 9-29 所示。从观测窗口上可看到按一下 KEY1 时，出现在 I²C 总线上的数据流。

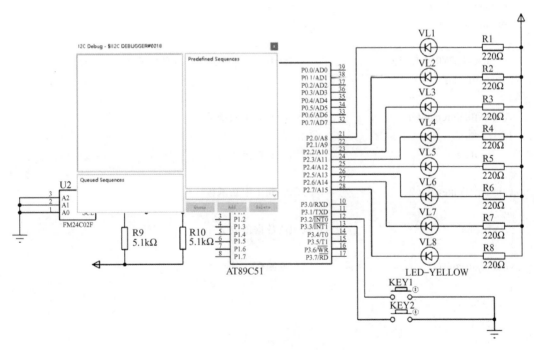

图 9-29　I²C 总线模拟原理图与仿真原理电路

参考程序如下：

```
#include <reg51.h>
#include <intrins.h>          // 包含有函数 _nop_() 的头文件
```

```
#define uchar unsigned char
#define uint unsigned int
#define out P2                          // 发送缓冲区的首地址
sbit scl=P1^1;
sbit sda=P1^0;
sbit keyl=P3^2;
sbit key2=P3^3;
uchar data mem[4]_at_ 0x55;            // 发送缓冲区的首地址
uchar mem[4]={0x41,0x42,0x43,0xaa};    // 欲发送的数据数组 0x41,0x42,0x43,0xaa
uchar data rec_mem[4] _at_ 0x60 ;      // 接收缓冲区的首地址
void start (void);                     // 起始信号函数
void stop (void);                      // 终止信号函数
void sack(void);                       // 发送应答信号函数
bit  rack  (void);                     // 接收应答信号函数
void ackn(woid);                       // 发送无应答信号函数
vold send_byte(uchar);                 // 发送一个字节函数
uchar rec byte(void) ;                 // 接收一个字节函数
void write(void);                      // 写一组数据函数
void read(void);                       // 读一组数据函数
void delay4us (void):                  // 延时 4μs
void main(void)                        // 主函数
{
    EA=1;EX0=1;EX1=1;                  // 总中断开，外部中断 0 与外部中断 1 允许中断
    while(1);
}
void ext0()interrupt 0                 // 外部中断 0 中断函数
{
    write();                           // 调用写数据函数
}
void ext1()interrupt 2                 // 外部中断 1 中断函数
{
    read()                             // 调用读数据函数 2
}
void read(void)                        // 读数据函数
{
    uchar i;
    bit f;
    start();                           // 起始函数
    send_byte(0xa0);                   // 发送从机的地址
    f=rack();                          // 接收应答
    if(!f)
    {
        start();// 起始信号
```

```
            send_byte(0xa0);
            f=rack();
            send_byte(0x00);              // 设置要读取从器件的片内地址
            f=rack();
            if(!f)
            {
                start();                  // 起始信号
                send_byte(0xa1);
                f=rack();
                if(!f)
                {
                    for(i=0;i<3;i++)
                    {
                        rec_mem[i]=rec_byte();
                        sack();
                    }
                    rec_mem[3]=rec_byte();
                    ackn();
                }
            }
        }
    stop();
    out=rec_mem[3];
    while(!key2)
        {;}
}
void write(void)                          // 写数据函数
{
    uchar i;
    bit f;
    start();
    send_byte(0xa0);
    f=rack();
    if(!f)
    {
        send_byte(0x00);
        f=rack();
        if(!f)
        {
            for(i=0;i<4;i++)
            send_byte(mem[i]);
            f=rack();
            if(f)
```

```
                break;
            }
        }
    }
    stop();
    out=0xc3;
    while(!key1)
    {;}
    void start(void)              // 起始信号
    {
        scl=1;
        sda=1;
        delay4us();
        sda=0;
        delay4us();
        scl=0;
    }
    void stop(void)               // 终止信号
    {
        scl=0;
        sda=0;
        delay4us();
        scl=1;
        delay4us();
        sda=1;
        delay5us();
        sda=0;
    }
    bit rack(void)                // 接收一个应答位
    {
        bit flag;
        scl=1;
        delay4us();
        flag=sda;
        scl=0;
        return(flag);
    }
    void sack(void)               // 发送接收应答位
    {
        sda=0;
        delay4us();
        scl=1;
        delay4us();
```

```
    scl=0;
    delay4us();
    sda=1;
    delay4us();
}
void ackn(void)                    // 发送非接收应答位
{
    sda=1;
    delay4us();
    scl=1;
    delay4us();
    scl=0;
    delay4us();
    sda=0;
}
uchar rec_byte(void)               // 接收一个字节函数
{
    uchar i,temp;
    for(i=0;i<8;i++)
    {
        temp<<=1;
        scl=1;
        delay4us();
        temp=sda;
        scl=0;
        delay4us();
    }
return(temp);
}
void send byte(uchar temp)         // 发送一个字节函数
{
    uchar i;
    scl=0;
    for(i=0;i<8;i++)
    {
        sda=(bit)(temp&0x80);
        scl=1;
        delay4us();
        scl=0;
        temp<<=1;
    }
    sda=1;
}
```

```
void delay4us(void)              // 延时 4μs
{
    _nop_();
    _nop_();
    _nop_();
    _nop_();
}
```

本 章 小 结

在以单片机为核心的系统当中，串行通信是经常用到的通信方式，MCS–51 系列的单片机的串行通信口只有一个，若实现与多个外设的串行连接，必须对其串行口进行扩展。

本章分别介绍了 51 单片机常用的两种串行扩展方式——单总线扩展方式与 I²C 总线扩展方式，重点是在理解串行通信基本原理的基础上，在应用中能够通过判断不同的实际情况来选择不同的串行扩展方式。

思考题与习题

一、填空题

1. 单总线系统只有一条数据输入输出线_____，总线上的所有器件都挂在该线上，电源也通过这条信号线供给。

2. 单总线系统中配置的各种器件，由 Dallas 公司提供的专用芯片实现。每个芯片都有 64 位 ROM，用激光烧写编码，其中存有_____位十进制编码序列号，它是器件的地址编号，确保它挂在总线上后，可唯一地被确定。

3. DS18B20 是_____温度传感器，温度测量范围为_____℃，在 –10 ～ +85℃ 范围内，测量精度可达_____℃。DS18B20 体积小、功耗低，非常适合于_____的现场温度测量，也可用于各种_____空间内设备的测温。

4. I²C 总线只有两条信号线，一条是_____（SDA），另一条是_____（SCL）。

5. I²C 总线上扩展的器件数量不是由_____负载决定的，而是由_____负载确定的。

6. 标准的 I²C 普通模式下，数据的传输速率为_____bit/s，高速模式下可达_____bit/s。

7. I²C 总线传输数据时，当 SCL 为_____时，允许 SDA 上变换数据。

二、判断题

1. 单总线系统中的各器件不需要单独的电源供电，电能是由器件内的大电容提供。
（　　）

2. DS18B20 可将温度转化成模拟信号，经过信号放大、A/D 转换，再由单片机进行处理。
（　　）

3. DS18B20 对温度的转换时间与分辨率有关。
（　　）

4. I²C 总线对各器件采用的是纯软件的寻址方法。
（　　）

三、简答题

1.I^2C 总线的优点是什么?

2.I^2C 总线的数据传输方向如何控制?

3.单片机如何对 I^2C 总线中的器件进行寻址?

4.I^2C 总线在数据传送时,应答是如何进行的?

5.简述单片机 I^2C 总线接口芯片的寻址方式,并举例说明。

第10章 单片机控制系统的典型应用

学习目标:本章要求掌握 AT89S51 单片机的几种典型应用设计案例,包括单片机与直流电动机、步进电动机的接口设计,利用脉冲宽度调制(PWM)控制舵机运行的实例,以及电话键盘及拨号系统的仿真设计。

10.1 单片机控制直流电动机

直流电动机多用在没有交流电源、方便移动、调速要求高的场所,如轧钢机、轮船推进器、电车、吊车、挖掘机等。它具有调速范围广、过载起动制动转矩大、易于控制等特点。

1. 构造

直流电动机的结构由定子和转子两大部分组成。直流电动机运行时静止不动的部分称为定子,定子的主要作用是产生磁场,由机座、主磁极、换向极、端盖、轴承和电刷装置等组成。运行时转动的部分称为转子,其主要作用是产生电磁转矩和感应电动势,是直流电动机进行能量转换的枢纽,所以通常又称为电枢,由转轴、电枢铁心、电枢绕组、换向器和风扇等组成。

2. 工作原理

直流电动机可精确地控制其旋转速度或转矩,直流电动机是通过两个磁场的相互作用产生旋转,其结构如图 10-1 所示。定子上装设了一对直流励磁的静止主磁极 N 和 S,在转子上装设电枢铁心,定子与转子之间有一气隙。在电枢铁心上放置了由两根导体连成的电枢线圈,线圈的首端和末端分别连到两个圆弧形的铜片上,此铜片称为换向片。换向片之间互相绝缘,由换向片构成的整体称为换向器。换向器固定在转轴上,换向片与转轴之间亦互相绝缘。在换向片上放置着一对固定不动的电刷 B1 和 B2,当电枢旋转时,电枢线圈通过换向片和电刷与外电路接通。

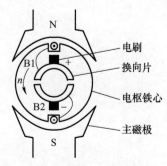

图 10-1 有刷直流电动机结构示意图

定子通过永磁体或受激励电磁铁产生一个固定磁场，由于转子由一系列电磁体构成，当电流通过其中一个绕组时会产生一个磁场。对有刷直流电动机而言，转子上的换向器和定子的电刷在电动机旋转时为每个绕组供给电能。通电转子绕组与定子磁体有相反极性，因而相互吸引，使转子转动至与定子磁场对准的位置。当转子到达对准位置时，电刷通过换向器为下一组绕组供电，从而使转子维持旋转运动，如图 10-2 所示。直流电动机的旋转速度与施加的电压成正比，输出转矩则与电流成正比。

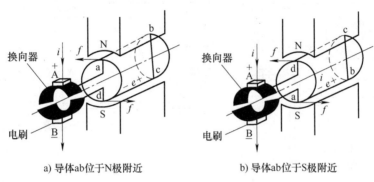

a) 导体ab位于N极附近　　　　　　　b) 导体ab位于S极附近

图 10-2　直流电动机工作示意图

3. 调速

直流电动机的调速一般有 3 种方式，改变电枢电压、改变激磁绕组电压和改变电枢回路电阻。使用单片机来控制直流电动机的变速，一般采用调节电枢电压的方式，通过单片机控制两个引脚的输出电压产生可变的脉冲，这样电动机上的电压也为宽度可变的脉冲电压。电动机起到一个低通滤波器的作用，将 PWM 信号转换为有效直流电平。特别是对于单片机驱动的直流电动机，由于 PWM 信号相对容易产生，这种驱动方式使用得更为广泛。

【例 10-1】使用单片机的两个 I/O 引脚来控制直流电动机，电路原理图如图 10-3 所示。编写程序，其中一个 I/O 引脚（P3.7 引脚）输出脉冲宽度调制（PWM）信号来控制直流电动机的转速，另一个 I/O 引脚（P3.6 引脚）控制直流电动机的旋转方向。

虚拟仿真时，当 P3.6 为高电平时，P3.7 发送 PWM 信号，将看到直流电动机正转。并且可以通过 "INC" 和 "DEC" 两个按键来增大和减小直流电动机的转速。反之，当 P3.6 为低电平时，P3.7 发送 PWM 信号，将看到直流电动机反转。其中选用 L298N 电动机的驱动芯片，通过芯片的使能端 ENA 接收单片机引脚产生的 PWM 信号，控制电动机转速，选用一位 8 段数码管显示电动机运转情况。

参考程序如下：

```
#include <REGX52.H>
sbit Button=P3^2;
sbit Motor=P3^7;
sbit Direction=P3^6;
unsigned char Counter,Compare;      // 计数值和比较值，用于输出 PWM
unsigned char KeyNum,Speed;
```

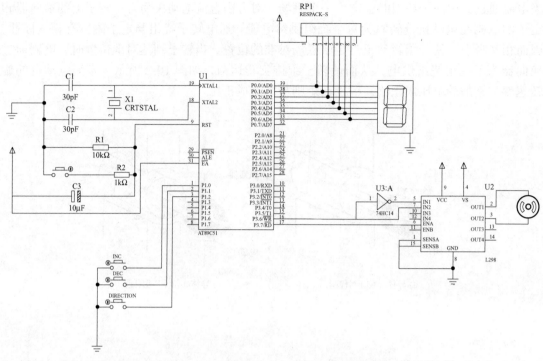

图 10-3　例 10-1 的 Proteus 电路原理图

unsigned char Num[10]={0x3f,0x06,0x5b,0x4f,0x66,0x6d,0x7d,0x07,0x7f,0x6f};

void Delay(unsigned int xms)
{
    unsigned char i, j;
    while(xms--)
    {
        i=2;
        j=239;
        do
        {
            while (--j);
        } while (--i);
    }
}

/* 获取独立按键键码, 按下按键的键码, 范围为 0 ~ 4, 无按键按下时返回值为 0 */
unsigned char Key()
{
    unsigned char KeyNumber=0;
    if(P1_0==0){Delay(20);while(P1_0==0);Delay(20);KeyNumber=1;}
    if(P1_1==0){Delay(20);while(P1_1==0);Delay(20);KeyNumber=2;}

```
        return KeyNumber;
}

void Nixie(unsigned char Number1)
{
        P0=Num[Number1];               // 段码输出
        Delay(10);                     // 段码输出
        P0=0x00;                       // 段码清 0, 消影
}
/* 定时器 0 初始化 ,100μs@12.000MHz */
void Timer0_Init(void)
{
        TMOD &=0xf0;                   // 设置定时器模式 , 按位与 1111 0000 后赋值
        TMOD |=0x01;                   // 设置定时器模式 , 按位或 0000 0001 后赋值
        TL0=0x9c;                      // 设置定时初值 :1001 1100(65536-100)
        TH0=0xff;                      // 设置定时初值 :1111 1111
        TF0=0;                         // 清除 TF0 标志
        TR0=1;                         // 定时器 0 开始计时
        ET0=1;
        EA=1;
        PT0=0;                         // 定时器 0 为低优先级
}

/* 定时器中断函数 */
void Timer0_Routine() interrupt 1
{
        static unsigned int T0Count;
        TL0=0x9c;                      // 设置定时初值
        TH0=0xff;                      // 设置定时初值
        Counter++;
        Counter%=200;                  // 计数值范围限制在 0 ～ 199 之间
        if(Counter<Compare)            // 计数值小于比较值
        {
                Motor=1;               // 输出 1
        }
        else                           // 计数值大于比较值
        {
                Motor=0;               // 输出 0
        }
}

void main()
{
        Timer0_Init();                 // 每隔 100μs 进入中断一次
        while(1)
```

```
        {
            if(Button==0)
            {
                Delay(20);
                while(Button==1);
                Delay(20);
                Direction= ~ Direction;
            }
            KeyNum=Key();                        // 获取按键值
            if(KeyNum==1&&Speed<3){Speed++;}     //INC 被按下，速度加快
            if(KeyNum==2&&Speed>0){Speed--;}     //DEC 被按下，速度减慢

            Speed%=4;                            // 控制 Speed 在 0 ～ 3 之间
            switch(Speed)                        // 设置比较值，改变 PWM 占空比
            {
                case 0: Compare=0; break;
                case 1: Compare=50; break;
                case 2: Compare=75; break;
                case 3: Compare=100; break;
            }
                Nixie(Speed);                    // 仿真时使用的函数

        }
    }
```

10.2　单片机控制步进电动机

步进电动机在非超载的情况下，电动机的转速、停止的位置只取决于脉冲信号的频率和脉冲数，而不受负载变化的影响。因而步进电动机只有周期性的误差而无累积误差，这项技术在速度、位置等控制领域有较为广泛的应用。

步进电动机按其励磁方式分类，可分为反应式、感应子式和永磁式。其中，反应式比较普遍，结构也比较简单，所以在工程上应用较多。

1. 步进电动机的工作原理

步进电动机是一种用电脉冲进行控制，将电脉冲信号转换成角位移的电动机，其机械角位移和转速分别与输入电动机绕组的脉冲个数和脉冲频率成正比，每一个脉冲信号可使步进电动机旋转一个固定的角度，这个角度称为步距角。脉冲的数量决定了旋转的总角度，脉冲的频率决定了电动机运转的速度。当步进驱动器接收到一个脉冲信号，它就驱动步进电动机按设定的方向转动一个步距角，它的旋转是以固定的角度一步一步运行的，可以通过控制脉冲个数来控制角位移量，从而达到准确定位的目的，同时可以通过控制脉冲频率来控制电动机转动的速度和加速度，从而达到调速的目的。

四相步进电动机（见图 10-4）有两种运行方式，即四相四拍和四相八拍。

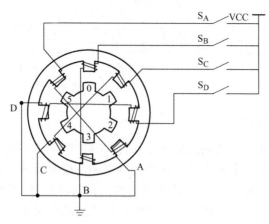

图 10-4 四相步进电动机步进示意图

1）拍数：完成一个磁场周期性变化所需脉冲数或导电状态（用 n 表示），或指电动机转过一个齿距角所需脉冲数，以四相步进电动机为例，有四相八拍运行方式，即 A-AB-B-BC-C-CD-D-DA-A。其八拍驱动方式逻辑时序见表 10-1。

表 10-1 八拍驱动方式逻辑时序

D	C	B	A	十六进制编码
0	0	0	1	0x01
0	0	1	1	0x03
0	0	1	0	0x02
0	1	1	0	0x06
0	1	0	0	0x04
1	1	0	0	0x0c
1	0	0	0	0x08
1	0	0	1	0x09

2）步距角：对应一个脉冲信号，电动机转子转过的角位移（用 θ 表示）。$\theta=360°$（转子齿数 $J \times$ 运行拍数），以常规二、四相，转子齿为 50 齿的电动机为例。四拍运行时步距角为 $\theta=360°/(50 \times 4)=1.8°$（俗称整步），八拍运行时步距角为 $\theta=360°/(50 \times 8)=0.9°$（俗称半步）。计算转速以基本步距角 1.8° 的步进电动机为例（现在市场上常规的二、四相混合式步进电动机步距角基本都是 1.8°），在四相八拍运行方式下，每接收一个脉冲信号，转过 0.9°，如果每秒钟接收 400 个脉冲，那么转速为每秒 $400 \times 0.9°=360°$，相当于每秒钟转一圈，每分钟 60 转。步进电动机工作分为单四拍、双四拍和八拍 3 种模式，其工作时序波形图分别如图 10-5a、b、c 所示。

a) 单四拍   b) 双四拍   c) 八拍

图 10-5   步进电动机工作时序波形图

2. 步进电动机的调速原理

步进电动机的调速通过改变输入步进电动机的脉冲频率来实现，因为步进电动机每给一个脉冲信号就转动一个固定的角度，这样就可以通过控制步进电动机的一个脉冲到下一个脉冲的时间间隔来改变脉冲频率，利用延时的长短具体控制步距角改变电动机的转速，从而实现步进电动机的调速。具体的延时时间可以通过软件来实现。

这就需要采用单片机对步进电动机进行加减速控制，实际上就是改变输出脉冲的时间间隔，单片机控制步进电动机加减法运转可实现的方法有软件和硬件两种，软件方法指的是依靠延时程序来改变脉冲输出的频率，其中延时的长短是动态的，这种方法在电动机控制中，要不停地产生控制脉冲，占用了大量的 CPU 时间，使单片机无法同时进行其他工作；硬件方法是依靠单片机内部的定时器来实现的，在每次进入定时中断后，改变定时常数，从而在加速时使脉冲频率逐渐增大，在减速时使脉冲频率逐渐减小，这种方法占用CPU 的时间较少，并且在各种单片机中都能实现，是一种比较实用的调速方法。

【例 10-2】利用单片机实现对步进电动机控制的 Proteus 电路原理如图 10-6 所示。编写程序，用 4 路 I/O 端口的输出实现环形脉冲的分配，控制步进电动机按固定方向连续转动。同时，通过"正转""反转""停" 3 个按键来控制电动机的正转、反转与停止。

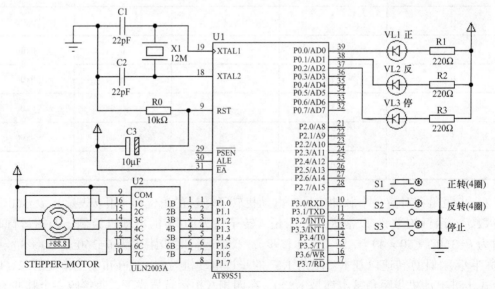

图 10-6   例 10-2 图

本例采用 ULN2003A 驱动芯片来驱动步进电动机。ULN2003A 是高耐压、大电流达林顿阵列系列产品，它由 7 个 NPN 达林顿管组成，多用于单片机、智能仪表、可编程序控制器

（PLC）等控制电路中。在 5V 的工作电压下能与 TTL 和 CMOS 电路直接相连，可直接驱动继电器等负载。ULN2003A 具有电流增益高、工作电压高、温度范围宽、带负载能力强等特点，其输入 5V 的 TTL 电平，输出可达 500mA/50V，适用于各类高速大功率驱动的系统。

参考程序如下：

```c
#include <reg52.h>
#define uint unsigned int
#define uchar unsigned char
uchar code FFW[]={0x01,0x03,0x02,0x06,0x04,0x0c,0x08,0x09};
uchar code REV[]={0x09,0x08,0x0c,0x04,0x06,0x02,0x03,0x01};

sbit S1=P3^0;
sbit S2=P3^1;
sbit S3=P3^2;

void DelayMS(uint ms)
{
    uchar i;
    while(ms--)
    {
        for(i=0;i<120;i++);
    }
}

void SETP  MOTOR_FFW(uchar n)
{
    uchar i,j;
    for(i=0;i<5*n;i++)
    {
        for(j=0;j<8;j++)
        {
            if(S3==0)   break;
            P1=FFW[j];
            DelayMS(25);
        }
    }
}

void SETP_MOTOR_REV(uchar n)
{
    uchar i,j;
    for(i=0;i<5*n;i++)
    {
        for(j=0;j<8;j++)
        {
```

```
                if(S3==0)   break;
                P1=REV[j];
                DelayMS(25);
            }
        }
    }

    void main()
    {
        uchar N=4;
        while(1)
        {
            if(S1==0)
            {
                P0=0xfe;
                SETP_MOTOR_FFW(N);
                if(S3==0) break;
            }
            else if(S2==0)
            {
                P0=0xfd;
                SETP_MOTOR_REV(N);
                if(S3==0) break;
            }
            else
            {
                P0=0xfb;
                P1=0x03;
            }
        }
    }
```

10.3　单片机控制舵机

舵机又称为伺服电动机，是一种位置（角度）伺服的驱动器，适用于需要角度不断变化并可以保持的控制系统。舵机主要分为模拟舵机和数字舵机，前者需要不断发送目的地的 PWM 信号，才能旋转到指定位置；后者只需给一个目的地的 PWM 信号，即可旋转到指定位置。本节以 180°SG90 模拟舵机为例进行说明。

1. 结构

SG90 舵机主要由舵盘、减速齿轮组、位置反馈电位计、直流电动机、控制电路板等组成。

2. 工作原理

舵机的控制信号为周期是 20ms 的脉冲宽度调制（PWM）信号，其中脉冲宽度为

0.5 ～ 2.5ms，相对应舵盘的位置为 0° ～ 180°，呈线性变化。也就是说，给它提供一定的
脉宽，它的输出轴就会保持在一个相对应的角度，无论外界
转矩怎样改变，直到给它提供一个另外宽度的脉冲信号，它
才会改变输出角度到新的对应位置上。舵机内部有一个基准
电路，产生周期为 20ms、宽度为 1.5ms 的基准信号，还有
一个比较器，将外加信号与基准信号相比较，判断出方向和
大小，从而产生电动机的转动信号。舵机输出轴转角与输入
信号脉冲宽度的关系如图 10-7 所示。

【例 10-3】利用单片机实现对舵机控制的 Proteus 原理
电路如图 10-8 所示。编写程序，控制舵机按固定角度连续
转动。同时，通过"正转""反转"两个按键来控制电动机
的正转、反转。

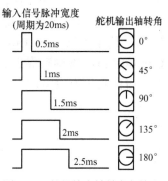

图 10-7　舵机输出轴转角与输入
信号脉冲宽度的关系

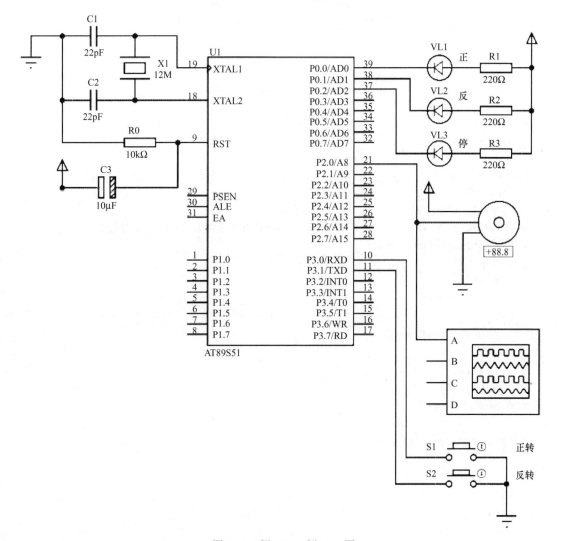

图 10-8　例 10-3、例 10-4 图

为了保证脉冲信号宽度的精准性，本系统选用 12MHz 晶振，采用定时器 T0 中断来调节占空比产生 PWM 信号，即在定时器中断函数中去调节高低电平持续的时间，每 0.1ms 中断一次。设舵机初始位置位于 0°，双击电路图中的舵机图标，参数设置如图 10-9 所示，其中 Minimum Control Pulse 指调整靠近最左侧角度（如 0°）的精度，Maximum Control Pulse 指调整靠近最右侧角度（如 180°）的精度。仿真过程中，高电平持续时间与转过的角度有一定的误差。

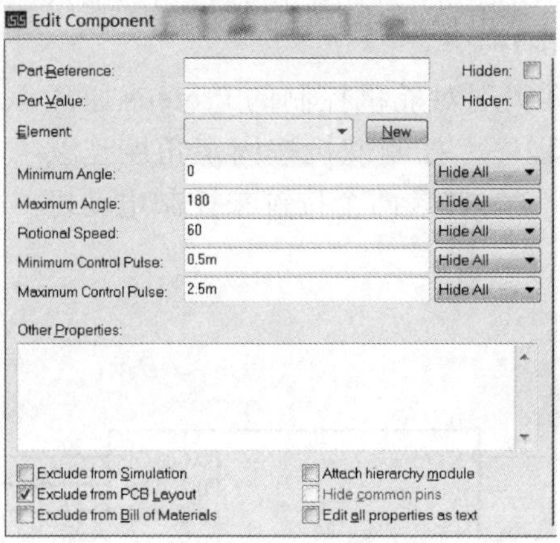

图 10-9　舵机参数设置

参考程序如下：

```c
#include <reg51.h>
sbit pwm=P2^0;
unsigned char pwm_va1=0;             // 变量定义
unsigned char pwm_va2;               // 调节 pwm_va2 值改变舵机转的角度，占空比
void delay(unsigned int count)
{    int i=0;
     int j=0;
     for(i=0;i<count;i++)
       {
           for(j=0;j<112;j++)
           ;
       }
}
void pwm_motor(void)
{
   if(pwm_va1<=pwm_va2)
     {
         pwm=1;
     }
     else
     {
         pwm=0;
```

```
        }
        if(pwm_va1==200)
        {
            pwm_va1=0;
        }
    }
    void int_timer(void)
    {
        TMOD=0x01;
        TH0=(65536−100)/256;
        TL0=(65536−100)%256;
        TR0=1;
        ET0=1;
        EA=1;
    }
    void main()
    {
        int_timer();
        while(1)
        {
            pwm_va2=3;
            delay(1000);              // 输出角度约为 0°
            pwm_va2=9;
            delay(1000);              // 输出角度约为 45°
            pwm_va2=13;
            delay(1000);              // 输出角度约为 90°
            pwm_va2=18;
            delay(1000);              // 输出角度约为 135°
            pwm_va2=25;
            delay(1000);              // 输出角度约为 180°
        }
    }
    void timer1() interrupt 1
    {
        TH0=(65536−100)/256;
        TL0=(65536−100)%256;
        pwm_va1++;
        pwm_motor();
    }
```

【例 10-4】利用单片机实现对舵机控制的仿真原理电路如图 10-8 所示。编写程序，控制舵机从 0° 开始通过不断按下"正转"键转至 180°，然后按下"反转"键转至 0°。

参考程序如下：

```
#include<reg52.h>
```

```
#define uchar unsigned char
#define uint unsigned int
sbit pwm=P2^0;                    // 控制舵机信号
sbit S1=P3^0;                     // 按键 S1 接 P3^0, 控制顺时针旋转
sbit S2=P3^1;                     // 按键 S2 接 P3^1, 控制逆时针旋转
uchar count=0;
uchar n=5;                        // 初始位置在 0° 附近 , 改变 n 值可以改变舵机的初始位置 , 可
                                  // 以改变 n
                                  // 值设定初始位置

void delay5ms()
{
    unsigned char a,b;
  for(b=19;b>0;b--)
  for(a=130;a>0;a--);
}
void key()
{
    if(S1==0)
  {
    delay5ms();
    if(S1==0)
    {
      while(S1==0);               // 当键盘松开时
      if(n<=25)                   // 判断是否旋转到 180°
      n++;
      else
      n=25;
        }
    }
    if(S2==0)
  {
    delay5ms();
    if(S2==0)
    {
      while(S2==0);               // 当键盘松开时
      if(n>=6)                    // 判断是否旋转到 0°
            n--;
      else
            n=5;
    }
    }
}
void InitTimer()                  //12MHz, 延时 0.1ms
{
  TMOD=0x01;
```

```
        TH0=(65536-100)/256;
        TL0=(65536-100)%256;
        EA=1;
        ET0=1;
        TR0=1;
    }
    void main()
    {
        InitTimer();
        while(1)
        {
            key();
        }
    }
    void Timer() interrupt 1
    {
        TH0=(65536-100)/256;
        TL0=(65536-100)%256;
        count++;
        if(count<200)
        {
            if(count<n)
            {
                pwm=1;
            }
            else
            {
                pwm=0;
            }
        }
        else
        {
            count=0;
            pwm=0;
        }
    }
```

10.4　电话键盘及拨号系统的模拟应用

1. 设计要求

设计一个模拟电话拨号的显示装置，即把电话键盘中拨出的某一电话号码，显示在
LCD 上。电话键盘共有 12 个键，除了 0 ～ 9 的 10 个数字键外，还有"*"键用于实现删
除功能，即删除一位最后输入的号码；"#"键用于清除显示屏上所有的数字显示。还要求

每按下一个键要发出声响，以表示按下该键。

2. 功能扩展

根据现实生活中电话按键的功能，在原有 12 个键的基础上，增加了 6 个功能按键，它们分别是：enter 键，功能是按出一串电话号码以后可以实现呼叫的功能；cancel 键，功能是当呼叫 5 声（或者更多声，这个可以在程序中设置）无人接听时，可以取消呼叫进入初始页面；storage 键，用于模拟实际电话中储存号码的功能，就是按下该键时可以把已经存储的电话号码调出来然后用于呼叫；hello 键，这个键其实相当于在 LCD 1602 上显示一个待机页面，就是按下该键后可以在显示屏上显示 "Hello Word！ Hello NCWU！" 的页面；另外两个键分别接在外部中断 0 和外部中断 1 上，也就是接在 P3.2 和 P3.3 口，其功能分别是用来实现拨号的拒绝与接受，就是当按下 enter 键后，LCD 会显示正在呼叫，如果按下 refuse 键（接 P3.2 口），就是拒绝接听号码，LCD 会显示 "No reply.Please redial later！" 的页面，提示无人接听；如果按下 receive 键（接 P3.3 口），就是接受正在呼叫的电话，LCD 会显示 "talking..." 的页面，提示正在通话中。具体完成功能汇总见表 10-2。

表 10-2　完成功能汇总表

序号	完成功能
1	系统上电后在 LCD 显示屏第一行显示设计者个人信息
2	第二行可以显示所拨的电话号码，并且每按下一个键蜂鸣器会发出声音
3	按下一串号码以后可以按 enter 键发出呼叫，蜂鸣器持续发出声音
4	若呼叫被拒绝，LCD 会显示无人接听页面，并让蜂鸣器停止发声
5	若呼叫被接受，LCD 会显示正在通话中，并让蜂鸣器停止发声
6	若连续呼叫 5 声仍无人接听，则取消呼叫，按 cancel 键返回初始页面
7	按 storage 键可以快速调出已经储存的电话号码以便用于呼叫
8	按 hello 键，LCD 显示待机页面

本系统主要包括控制模块、显示模块、输入模块、音频发声模块以及晶振和复位电路，主要采用 AT89S51 作为主控芯片，LCD 1602 作为显示芯片，4×4 的矩阵键盘以及外部中断按键作为输入模块，压电有源蜂鸣器 1475 作为音频发声模块。系统组成框图如图 10-10 所示。

图 10-10　系统组成框图

3. 系统硬件组成

电话键盘及拨号系统的硬件电路仿真如图 10-11 所示。系统初始化后，由单片机通过扫描键盘上所按下的键，然后显示在 LCD 1602 上，键盘接在单片机的 P1 口，LCD 显示屏接在单片机的 P0 口，P0 口输出高电平，所以外接 RP1 作为上拉电阻。系统中单片机 AT89S51 为核心部件，通过对单片机编写程序，采用行扫描法对键盘进行识别。获取按键后，由单片机控制 LCD 显示。LCD 1602 显示的原理是利用液晶的物理特性，通过电压对其显示区域进行控制，有电就有显示，LCD 内带字符发生器的控制器，可以让控制器工作在文本方式，根据在 LCD 上开始显示的行列号及每行的列数找出显示 RAM 对应的地址，设置光标，在此送上该字符对应的 ASCII 即可显示。

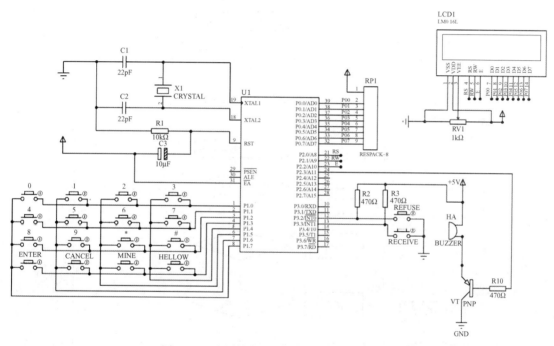

图 10-11 电话键盘及拨号系统硬件仿真电路图

4. 系统软件程序设计

（1）主程序设计

单片机上电复位以后首先初始化 LCD，然后设置 LCD 1602 第一行显示设计者的信息，然后打开总中断、外部中断 0 和外部中断 1，设置中断为脉冲触发，设置 LCD 各个部分的显示内容，然后进行键盘扫描，获取按键，以及根据各按键的不同执行相应的操作，最后等待释放，释放以后再进行按键扫描，循环以上操作，主程序功能流程图如图 10-12 所示。

（2）LCD 显示子程序设计

LCD 1602 的显示函数很简单，只要严格按照其时序图操作，并结合其相关指令集，写好 LCD 的初始化程序、清屏程序、写指令程序、写数据程序和读数据程序等一系列驱动程序，即可完成LCD的所有显示需要。本设计由于需要显示的内容比较多，且有些需要重复显示，有些只要显示一次，故只给出液晶显示的基本流程，如图10-13所示。

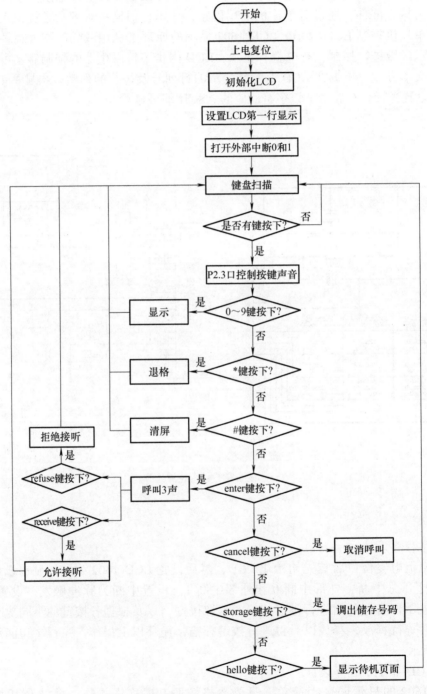

图 10-12　系统主程序流程图

（3）按键拨号子程序设计

矩阵键盘上有很多按键，每一个按键都对应一个键值，这里使用键值＝首行号＋首列号的行扫描方法来确定按键的物理位置，具体使用流程图如图 10-14 所示。

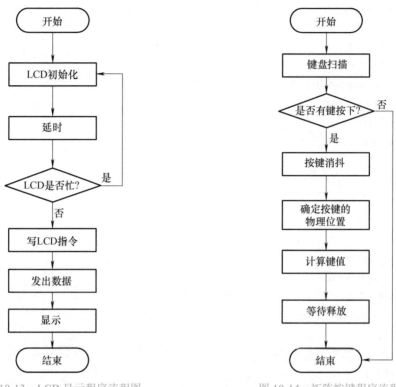

图 10-13　LCD 显示程序流程图　　　　　　　图 10-14　矩阵按键程序流程图

5. 参考程序

```
#include <reg51.h>
#define uchar unsigned char
#define uint unsigned int
uchar keycode, DDram_value=0xc0;   // 写入 LCD 的第二行第一列
sbit rs=P2^0;
sbit rw=P2^1;
sbit e=P2^2;
sbit speaker=P2^3;
uchar speakerCnt=0,k=1;
uchar code table[]={0x30,0x31,0x32,0x33,0x34,0x35,0x36,0x37,0x38,0x39,0x20};
uchar code table_designer[]="Calling...";
uchar code z_cy[]="NCWU";
uchar code aa_bb[]="Hello word!";
uchar code cc_dd[]="Hello NCWU!";
```

```
uchar code t_h[]="talking...";
uchar code t_refuse[]="No reply.Please redial later!";
uchar code   wd[]={0x31,0x37,0x38,0x30,0x33,0x38,0x34,0x37,0x39,0x32,0x36};
void lcd_delay();
void delay(uint n);
void lcd_init(void);
void lcd_busy(void);
void fa_sheng(void);
void lcd_wr_con(uchar c);
void lcd_wr_data(uchar d);
uchar checkkey(void);
uchar keyscan(void);

void main()
{
    uchar num,t,x;
    lcd_init();
    lcd_wr_con(0x06);
    lcd_wr_con(0x80);
    for (t=0; t<12; t++)
      lcd_wr_data(z_cy[t]);
        EA=1;
        EX0=1;
        IT0=1;
        EX1=1;
        IT1=1;
    while (1)
    {
        keycode=keyscan();
        if ((keycode>=0) && (keycode<=9))
        {
            lcd_wr_con(0x06);            // 写指令 , 设置光标右移
            lcd_wr_con(DDram_value);     // 写指令 , 送上光标对应位置
            lcd_wr_data(table[keycode]); // 写数据 , 把按键对应数字送到光标处
            DDram_value++;               // 光标右移加一
            fa_sheng();
        }
        else if (keycode==0x0a)          //0x0a=10, 按下 '*' 退格
        {
            lcd_wr_con(0x04);            // 写指令 , 设置光标左移
            DDram_value--;               // 光标左移减 1
            if (DDram_value <=0xc0)
```

```
    {
        DDram_value=0xc0;
    }
    else if (DDram_value>=0xcf)
    {
        DDram_value=0xcf;
    }
    lcd_wr_con(DDram_value);        // 写指令 , 送上光标对应位置
    lcd_wr_data(table[10]);         // 写数据 , 对应显示为空 , 即退格
    fa_sheng();
}
else if (keycode==0x0b)             //0x0b=11, 按下 '#' 清屏
{
    lcd_wr_con(0x04);              // 写指令 , 设置光标左移
    while(DDram_value!=0xc0)
    {
    lcd_wr_con(DDram_value);
    lcd_wr_data(table[10]);
    DDram_value--;
    }
    lcd_wr_con(DDram_value);
    lcd_wr_data(table[10]);
    fa_sheng();
    DDram_value=0xc0;             // 光标重新回到第二行第一列
    speakerCnt=0;

}
else if (keycode==0x0c)            //12, 按下发送键
{
    lcd_wr_con(0x06);             // 写指令 , 设置光标右移
    lcd_wr_con(0x80);             // 写指令 , 光标出现在第一行第一列
    for (num=0; num<16; num++)
    lcd_wr_data(table_designer[num]);
    for (speakerCnt=0;speakerCnt<=2;speakerCnt++)
{
    speaker=0;
    delay(2000);
    speaker=1;
    delay(2000);
    }
    }
else if(keycode==0x0d)             //13,cancel 取消
```

```
    {lcd_wr_con(0x01);
      DDram_value=0xc0;
      lcd_wr_con(0x06);
      lcd_wr_con(0x80);
      for (t=0; t<12; t++)
      lcd_wr_data(z_cy[t]);
      fa_sheng();
          }
      else if(keycode==0x0e)          //14,调取储存的号码
        {
          lcd_wr_con(0x06);
          lcd_wr_con(0xc0);
          for (x=0; x<11; x++)
          lcd_wr_data(wd[x]);
          fa_sheng();
        }
        else if(keycode==0x0f)        //15,Hello 页面
        { lcd_wr_con(0x01);
          lcd_wr_con(0x06);
          lcd_wr_con(0x80);
          fa_sheng();
          for (t=0; t<13; t++)
          lcd_wr_data(aa_bb[t]);
          lcd_wr_con(0x06);
          lcd_wr_con(0xc0);
          for (x=0; x<13; x++)
          lcd_wr_data(cc_dd[x]);
      }
      }
}


void lcd_delay()                    // 液晶屏显示延时函数
{
    uchar y;
    for (y=0; y<255; y++)
        ;
}

void int0()    interrupt 0
{   uchar j;
      speakerCnt=5;
```

```
        lcd_wr_con(0x01);
        lcd_wr_con(0x06);
        lcd_wr_con(0x80);
            for(j=0;j<16;j++)
        lcd_wr_data(t_refuse[j]);
        lcd_wr_con(0x06);
        lcd_wr_con(0xc0);
        for(j=16;j<30;j++)
    lcd_wr_data(t_refuse[j]);
        }
    void int1()    interrupt 2
    {
        uchar m;
        speakerCnt=5;
        //EX0=0;
        lcd_wr_con(0x01);
        lcd_wr_con(0x06);
        lcd_wr_con(0x80);
        for(m=0;m<13;m++)
        lcd_wr_data(t_h[m]);
        //EX0=1;
        }


void fa_sheng(void)
{    if (k>=1)
        {
                speaker=0;                  // 发出按键响声 , 低电平发声 , 高电平不发声
                delay(400);
                speaker=1;
                delay(400);
                k--;
            }
            k=1;
}


void lcd_init(void)                     //LCD 初始化函数 , 写入各种命令
{
    lcd_wr_con(0x01);                   // 清屏
    lcd_wr_con(0x38);                   // 两行显示 ,5 × 7 点阵 ,8 位数据接口
    lcd_wr_con(0x0c);                   // 开整体显示 , 光标关 , 无闪烁
    lcd_wr_con(0x06);                   // 设置光标为右移 , 整体数据不动
}
```

```
void lcd_busy(void)              // 判断 LCD 是否忙的函数
{
    P0=0xff;
    rs=0;                        //1 数据 ,0 指令
    rw=1;                        //1 读 ,0 写
    e=1;
    e=0;
    while (P0&0x80)              // 非 0 即可执行
    {
        e=0;
        e=1;                     // 下降沿触发使能 , 上升沿不触发 , LCD 处于忙状态 , e 恒为 1,
                                 // 死循环
    }
    lcd_delay();
}


void lcd_wr_con(uchar c)         // 向 LCD 写指令
{
    lcd_busy();
    e=0;
    rs=0;                        // 指令
    rw=0;                        // 写操作
    e=1;
    P0=c;
    e=0;
    lcd_delay();
}


void lcd_wr_data(uchar d)        // 向 LCD 写数据
{
    lcd_busy();
    e=0;
    rs=1;                        // 数据
    rw=0;                        // 写操作
    e=1;
    P0=d;
    e=0;
    lcd_delay();
}


void delay(uint n)               // 延时函数
```

```
{
    uchar i;
    uint j;
    for (i=50; i>0; i--)
        for (j=n; j>0; j--)
            ;
}

uchar checkkey(void)            // 检测是否有键按下
{
    uchar temp;
    P1=0xf0;                    //P1 口低 4 位为低电平 , 在没有键按下时所有列线都为高电平
    temp=P1;                    // 读入 P1 口的电平
    //temp=temp&0xf0;
    delay(200);                 // 延时 , 去抖动
    if (temp==0xf0)             // 如果 P1 口两次状态相同 , 则无键按下
    {
        return (0);             // 函数返回值为 0
    }
    else
    {
        return (1);             // 有键按下 , 函数返回值为 1
    }
}

uchar keyscan(void)             // 键盘扫描并返回所按下的键号函数
{
    uchar hanghao, liehao, keyvalue, buff;
    if (checkkey()==0)          // 如果函数返回值为 0, 无键按下
    {
        return (0xff);          // 返回 0xff
    }
    else                        // 有键按下 , 继续执行
    {
        P1=0x0f;                //P1 口高 4 位列线为低电平 , 低 4 位行线为高电平
        buff=P1;                // 读入 P1 口的电平
        if (buff==0x0e)         //P1.0 为低电平 , 则第一行有键按下
        {
            hanghao=0;          // 第一行首键号为 0
        }
        else if (buff==0x0d)    //P1.1 为低电平 , 则第二行有键按下
        {
```

```
            hanghao=4;              // 第二行首键号为 4
        }
        else if (buff==0x0b)
        {
            hanghao=8;
        }
        else if (buff==0x07)
        {
            hanghao=12;
        }
        P1=0xf0;
        buff=P1;
        if (buff==0xe0)             //P1.4 为低电平 , 则对应列有键按下
        {
            liehao=3;               // 得到按下键的首列号为 3
        }
        else if (buff==0xd0)        //P1.5 为低电平 , 则对应列有键按下
        {
            liehao=2;               // 得到按下键的首列号为 2
        }
        else if (buff==0xb0)
        {
            liehao=1;
        }
        else if (buff==0x70)
        {
            liehao=0;
        }
        keyvalue=hanghao+liehao;
        while (P1!=0xf0)            // 判断按键是否松开
            ;
        return (keyvalue);
    }
}
```

本 章 小 结

　　本章介绍部分单片机控制系统的典型应用，包含单片机控制直流电动机、步进电动机和舵机，同时介绍了电话键盘及拨号模拟系统的设计，为进一步设计单片机控制系统提供参考。

思考题与习题

1. 直流电动机多用在没有_____、_____的场合，具有_____等特点。

2. 直流电动机的旋转速度与施加的_____成正比，输出转矩则与_____成正比。

3. 单片机控制直流电动机采用的是_____信号，将该信号转换为有效的_____。

4. 步进电动机是将_____信号转变为_____或_____的_____控制器件。

5. 给步进电动机加一个脉冲信号，电动机则转过一个_____。

6. 单片机调节_____就可改变步进电动机的转速；而改变各相脉冲的先后顺序，就可以改变步进电动机的_____。

参 考 文 献

[1] 张毅刚，彭喜元 . 单片机原理及接口技术 [M]. 北京：人民邮电出版社，2008.
[2] 张毅刚，彭喜元 . 单片机原理与应用设计 [M]. 北京：电子工业出版社，2008.
[3] 李泉溪 . 单片机原理与应用实例仿真 [M]. 北京：北京航空航天大学出版社，2009.
[4] 陈海宴 .51 单片机原理及应用：基于 Keil C 与 Proteus[M]. 北京：北京航空航天大学出版社，2010.
[5] 李全利 . 单片机原理及应用：C51 编程 [M]. 北京：高等教育出版社，2012.
[6] 李全利，仲伟峰，徐军 . 单片机原理及应用 [M]. 北京：清华大学出版社，2006.
[7] 郭天祥 . 新概念 51 单片机 C 语言教程：入门、提高、开发、拓展全攻略 [M]. 北京：电子工业出版社，2009.